RESIDUE REVIEWS

VOLUME 8

AF865900

RESIDUE REVIEWS

RESIDUES OF PESTICIDES AND OTHER
FOREIGN CHEMICALS IN FOODS AND FEEDS

RÜCKSTANDS-BERICHTE

RÜCKSTÄNDE VON PESTICIDEN UND ANDEREN
FREMDSTOFFEN IN NAHRUNGS- UND FUTTERMITTELN

EDITED BY

FRANCIS A. GUNTHER

RIVERSIDE

VOLUME 8

SPRINGER-VERLAG
BERLIN · HEIDELBERG · NEW YORK
1965

DOI 10.1007/978-1-4615-8392-9

MyCopy version of the original edition 1965

Title No. 6610
www.springer.com/mycopy

Preface

That residues of pesticide and other "foreign" chemicals in foodstuffs are of concern to everyone everywhere is amply attested by the reception accorded previous volumes of "Residue Reviews" and by the gratifying enthusiasm, sincerity, and efforts shown by all the individuals from whom manuscripts have been solicited. Despite much propaganda to the contrary, there can never be any serious question that pest-control chemicals and food-additive chemicals are essential to adequate food production, manufacture, marketing, and storage, yet without continuing surveillance and intelligent control some of those that persist in our foodstuffs could at times conceivably endanger the public health. Ensuring safety-in-use of these many chemicals is a dynamic challenge, for established ones are continually being displaced by newly developed ones more acceptable to food technologists, pharmacologists, toxicologists, and changing pest-control requirements in progressive food-producing economies.

These matters are also of genuine concern to increasing numbers of governmental agencies and legislative bodies around the world, for some of these chemicals have resulted in a few mishaps from improper use. Adequate safety-in-use evaluations of any of these chemicals persisting into our foodstuffs are not simple matters, and they incorporate the considered judgments of many individuals highly trained in a variety of complex biological, chemical, food technological, medical, pharmacological, and toxicological disciplines.

It is hoped that "Residue Reviews" will continue to serve as an integrating factor both in focusing attention upon those many residue matters requiring further attention and in collating for variously trained readers present knowledge in specific important areas of residue and related endeavors; no other single publication attempts to serve these broad purposes. The contents of this and previous volumes of "Residue Reviews" illustrate these objectives. Since manuscripts are published in the order in which they are received in final form, it may seem that some important aspects of residue analytical chemistry, biochemistry, human and animal medicine, legislation, pharmacology, physiology, regulation, and toxicology are being neglected; to the contrary, these apparent omissions are recognized, and some pertinent manuscripts are in preparation. However, the field is so large and the interests in it are so varied that the editor and the Advisory Board earnestly solicit suggestions of topics and authors to help make this international book-series even more useful and informative.

"Residue Reviews" attempts to provide concise, critical reviews of timely advances, philosophy, and significant areas of accomplished or needed endeavor in the total field of residues of these chemicals in foods, in feeds, and in transformed food products. These reviews are either general or specific, but properly they may lie in the domains of analytical chemistry and its methodology, biochemistry, human and animal medicine, legislation, pharmacology, physiology, regulation, and toxicology; certain affairs in the realm of food technology concerned specifically with pesticide and other food-additive problems are also appropriate subject matter. The justification for the preparation of any review for this book-series is that it deals with some aspect of the many real problems arising from the presence of residues of "foreign" chemicals in foodstuffs. Thus, manuscripts may encompass those matters, in any country, which are involved in allowing pesticide and other plant-protecting chemicals to be used safely in producing, storing, and shipping crops. Added plant or animal pest-control chemicals or their metabolites that may persist into meat and other edible animal products (milk and milk products, eggs, etc.) are also residues and are within this scope. The so-called food additives (substances deliberately added to foods for flavor, odor, appearance, etc., as well as those inadvertently added during manufacture, packaging, distribution, storage, etc.) are also considered suitable review material.

Manuscripts are normally contributed by invitation, and may be in English, French, or German. Preliminary communication with the editor is necessary before volunteered reviews are submitted in manuscript form.

Department of Entomology
University of California
Riverside, California
November 10, 1964

F. A. G.

Table of Contents

Les résidus de biphényle dans les agrumes

Par

ANNA RAJZMAN *

Avec 5 figures

Table des matières

* The National and University Institute of Agriculture, The Volcani Institute of Agricultural Research, Rehovot, Israel.

I. Introduction

Les emballages imprégnés de biphényle (diphényle) constituent actuellement un des moyens de lutte le plus efficace contre les pourritures des agrumes se développant au cours du transport et de l'entreposage. Le biphényle volatilisé des emballages inhibe le développement de certains champignons susceptibles de s'attaquer aux fruits, et réduit sensiblement les pertes en agrumes, mais les fruits ainsi protégés absorbent une certaine quantité de ce produit, et ont été classés de ce fait dans la catégorie d'aliments contenant un adjuvent chimique. Certains pays ont établi des limites de tolérance pour les résidus de biphényle, et ont soumis la vente et l'emploi des agrumes protégés par ce produit à diverses restrictions. L'absorption du biphényle par les fruits a créé de nombreux problèmes et a suscité des recherches dans des domaines très variés. Les recherches relatives à la détermination du biphényle dans les agrumes et les emballages, à la localisation des résidus dans le fruit, et au rôle de divers facteurs dans l'absorption et l'élimination du biphényle, font l'objet de la présente revue. Elle est précédée par un aperçu sur l'introduction du biphényle dans l'industrie des agrumes et sur la place qu'il y occupe actuellement.

II. Biphényle dans l'industrie des agrumes

Le problème du biphényle se présente sous divers aspects sur lesquels existe une très riche littérature. Certaines publications dans lesquelles ce problème a été traité (REITH 1956, SOUCI 1959, SCHELHORN 1956, CHARLEY 1959) et d'autres travaux cités dans cet aperçu sont indiqués à titre d'orientation.

a) Pertes en agrumes

Les agrumes gardent, presque intacte, pendant des périodes relativement longues, leur valeur alimentaire et marchande, et se prêtent au transport et à l'entreposage, à condition d'être protégés contre les attaques des champignons, causant les pourritures des agrumes. Certains champignons se développent très rapidement et au bout de quelques jours peuvent rendre les fruits attaqués inconsommables.

Les champignons susceptibles de s'attaquer aux agrumes sont assez nombreux, mais les plus grandes pertes constatées dans divers pays producteurs sont causées surtout par les pourritures à Penicillium, dues à la moisissure verte *(Penicillium digitatum)* et à la moisissure bleue *(Penicillium italicum)*, par les pourritures de la région pédonculaire (stem end rot) dues aux diverses espèces, notamment *Diplodia natalensis, Diaporthe (Pomopsis) citri, Alternaria citri,* et par la pourriture brune (brown rot) due aux diverses espèces de *Phytophtora.*

Les pertes causées par le *P. digitatum* et le *P. italicum,* qui peuvent contaminer les fruits avant et après la récolte, sont relativement bien plus importantes que celles causées par les autres champignons, généralement limitées aux fruits contaminés dans les orangeraies avant la cueillette. Le

P. digitatum et le *P. italicum* sont des parasites de blessures qu'on rencontre dans les orangeraies et sur tout le trajet emprunté par les fruits dans les maisons d'emballage et au cours de l'entreposage (CUILLÉ 1953, KIELY et LONG 1960, MOREAU et MOREAU 1961, BARKAI-GOLAN 1961). Ils s'attaquent généralement aux fruits blessés au cours de la cueillette, ou au cours de nombreuses manipulations auxquelles sont soumis les agrumes entre la récolte et la consommation. La maladie se propage par les spores et par contact de fruits pourris et de fruits sains. Les dégâts ne se limitent pas uniquement aux fruits pourris, et des pertes importantes sont également dues à la souillure des fruits sains par la poussière des spores. Les spores se développent sur les fruits malades en quantité considérable, de sorte qu'un fruit pourri, capable d'en émettre des milliards, peut contaminer et souiller un très grand nombre de fruits sains. En plus, les émanations provenant des fruits envahis par le *P. digitatum*, riches en ethylène, (BIALE 1961), se propagent dans les dépôts, accélèrent le vieillissement des fruits, les rendent plus sensibles aux maladies et diminuent ainsi leur valeur alimentaire et marchande.

Les pertes dues aux divers champignons peuvent, si les fruits ne sont pas protégés, être très importantes et atteindre 30 à 80 pour cent des fruits transportés (FARKAS 1938 et 1939 a, REICHERT et LITTAUER 1928, REICHERT 1938, HUELIN 1942, HOPKINS et LOUCKS 1947 a, WINSTON 1948, KIELY 1949, LAURIOL 1951, NADEL-SCHIFFMANN 1951 et 1961, CUILLÉ 1953, CUILLÉ et YVON 1954, LONG 1953, FLETCHER 1954, MOREAU 1954, LITTAUER 1956, TURNER 1959, KIELY et LONG 1960, RYGG *et al.* 1961). Une quantité assez importante s'altère également chez le distributeur et le consommateur, où des pertes respectives de 11 et six pour cent ont été relevées (TURNER 1959). Elles peuvent être plus importantes (GRIERSON et HAYWARD 1960), surtout si l'état général des fruits au cours du transport a déjà été relativement mauvais.

La production et la consommation des agrumes augmentent continuellement et avec elles les quantités de fruits entreposés et transportés à longue distance. L'export annuel mondial d'agrumes a augmenté entre 1948—1952 et 1961 de 70 pour cent environ, et est passé de 1962 milliers de tonnes métriques en 1948—1952 à près de 3500 milliers en 1961 (*FAO* 1962 a). Il suffit de prendre en considération que pour l'exportation d'une telle importance, chaque pourcentage de fruits pourris se chiffre par dizaines de milliers de tonnes ou par centaines de millions de fruits perdus pour la consommation, pour mesurer toute l'étendue de l'importance économique et diététique d'une conservation judicieuse des agrumes.

b) Lutte contre les pourritures des agrumes

1. Historique. — Les travaux pionniers accomplis à la fin du 19e. siècle aux Etats-Unis, où les grandes distances entre les orangeraies et les centres urbains augmentaient les pertes en fruits, ont contribué à un progrès marqué dans le domaine de la conservation des agrumes (TURNER 1959). Les mesures de protection recommandées vers 1908 par POWELL, telles que l'emploi du froid et les manipulations attentives des fruits au cours de la récolte et dans les maisons d'emballage, ont permis de diminuer les pertes, mais se sont montrés à longue insuffisantes, surtout que les pertes totales augmentaint avec le rapide développement de la production.

Les recherches se sont orientées vers la destruction des champignons par divers gaz toxiques (KLOTZ 1936) ou par le lavage des fruits avec des solutions fongicides.

Parmi divers produits expérimentés à l'époque, tels que le hypochlorite de sodium (ANONYME 1925) ou le bicarbonate de sodium (BARGER 1928), le lavage des agrumes avec des solutions de borax (BROGDEN et TROWBRIDGE 1925), a donné les meilleurs résultats (FULTON et BOWMAN 1924, BARGER 1925, BARGER et HAWKINS 1925), mais s'est révélé également insuffisant.

D'autres produits, comme la formaline (REICHERT et LITTAUER 1931), l'acétaldehyde (TROUT et TOMKINS 1931), l'ammoniaque (TOMKINS et TROUT 1931), le chlore, l'ozone, le trichlorure d'azote (KLOTZ 1936), l'*o*-phényl-phénol ou son sel de sodium (SHARMA 1935), ont été étudiés. Certains traitements permettaient de diminuer sensiblement les pertes, mais causaient parfois des dégâts physiologiques aux fruits, et l'application pratique de ces procédés dans les maisons d'emballage se heurtait le plus souvent à de grandes difficultés techniques. Des essais de réduire les pertes par l'irradiation avec la lumière ultra-violette (FULTON et COBLENTZ 1929, REICHERT et LITTAUER 1931), ou par l'emploi de hautes températures (TINDAL et FISH 1931), sont restés infructueux.

Tous ces divers traitements, même les plus efficaces et dont certains, comme la fumigation par le trichlorure d'azote ou lavage par des solutions de borax, d'*o*-phényl-phénate de sodium, d'hypochlorite de sodium, sont entrés en usage et sont employés avec succès dans l'industrie des agrumes, se révèlent toujours insuffisants au cours du transport. Ils détruisent tout au plus les champignons existant sur les fruits au moment du traitement, mais n'ont aucun effet remanant et ne confèrent aux fruits aucune résistance contre les contaminations postérieures aux traitements.

2. Découverte des emballages au biphényle. — Afin d'empêcher ou de retarder le développement des champignons s'attaquant aux fruits au cours du transport et de l'entreposage, TOMKINS (1934) oriente ses recherches vers une substance non nuisible pour l'homme, qui, incorporée dans les papiers habituellement employés pour l'emballage des agrumes, pourrait, en se volatilisant lentement, inhiber à distance le développement des champignons sans causer de dommages aux fruits ou accélérer leur mûrissement. Parmi diverses substances étudiées, la première répondant à la majorité de desiderata formulés, l'iode, présentait certains inconvénients pour l'usage pratique. TOMKINS (1935) sélectionne ensuite un grand nombre de substances volatiles dont il étudie l'effet inhibiteur sur le développement des champignons (généralement *Trichoderma viride*, et parfois *P. digitatum*). La substance, ayant une certaine activité, est ensuite incorporée dans le papier d'emballage et son effet étudié sur des oranges inoculées avec une suspension de spores de *P. digitatum*. Parmi diverses substances organiques de la série aliphatique et aromatique étudiées, dont le nombre dépasse largement une centaine, une seule, le biphényle, a donné des résultats satisfaisants. TOMKINS (1935) constate que les papiers imprégnés de biphényle réduisent très effectivement le nombre de fruits pourris, et en plus inhibent la formation des spores, de sorte que dans les conditions commerciales, la propagation de la maladie pourrait être considérablement réduite (Tableau I).

Tableau I. *Pertes (en pour cent) dans les lots d'oranges* [a] *comparables, enveloppées dans du papier ordinaire et dans du papier au biphényle* (TOMKINS 1935)

Tempé- rature °C.	Papiers	Durée du stockage, jours					
		7	14	21	28	35	42
25	Ordinaires	65	75	80	85	85	85
	Au biphényle	5	30	60	65	70	75
18	Ordinaires	5	60	70	80	90	95
	Au biphényle	0	0	10	35	55	60
10	Ordinaires	0	0	50	50	50	55
	Au biphényle	0	0	0	5	5	5
5	Ordinaires	0	0	0	15	30	65
	Au biphényle	0	0	0	0	0	5

[a] Oranges inoculées avec une suspension de spores de *Penicillium digitatum.*

Les premiers essais faits sur l'échelle commerciale ont confirmé l'efficacité des papiers au biphényle. FARKAS (1938 et 1939 a) constate que le taux des fruits pourris est réduit de six à sept fois et se maintient bien en dessous de cinq pour cent, et que les fruits pourris ne mouillent pas les papiers d'emballage et ne souillent pas les fruits avoisinants. Les fruits peuvent être conservés pendant une période d'un à deux mois plus longue que ceux enveloppés dans du papier ordinaire.

Aux Etats-Unis, *The Field Department of Sunkist Growers,* en collaboration avec la *Crown Zellerbach Corporation* confirment par leurs expériences, commencées en 1938, l'efficacité des papiers au biphényle dans la lutte contre les moisissures, surtout pour les variétés d'agrumes sensibles à la pourriture (HARVEY et SINCLAIR 1953).

D'après les travaux préliminaires, les papiers au biphényle répondaient aussi aux exigences posées généralement par les consommateurs et les Services de Santé. Les papiers au biphényle n'affectaient pas l'aspect ni le goût des fruits, mais communiquaient à certains d'eux une légère odeur qui disparaissait après un à deux jours d'aération (TOMKINS 1935, FARKAS 1938 et 1939 a); néanmoins, en pratique, l'avantage obtenu par la réduction du taux de pourriture pourrait prévaloir sur l'inconvénient d'une légère odeur (TOMKINS 1935).

L'administration répétée du biphényle à un rat, un singe et un homme n'a révélé aucun effet nocif (FARKAS 1939 a). Selon FARKAS (1938), les pulpes d'oranges analysées ne contenaient pas de biphényle; les écorces en contenaient de très faibles quantités, de l'ordre de 0.1 mg. par fruit, et conviendraient mieux à la préparation des confitures que celles traitées par le borax, puisque le biphényle pourrait s'éliminer avec les vapeurs d'eau au cours de l'ébullition.

Après la découverte des propriétés protectrices du biphényle, d'autres possibilités pour son emploi ont été envisagées. D'après LITTAUER et MINTZ

(1937—1945), un enduit cireux à base de biphényle assurait aux fruits une certaine protection, mais leur laissait un résidu visible. Diverses formes de protection par l'emballage collectif, comme la dispersion du biphényle entre les fruits enveloppés dans du papier (LITTAUER et MINTZ 1937—1945) et entre les parois des sacs en papier «Kraft» (WINSTON 1950), ou l'emploi de feuilles imprégnées de biphényle , placées dans des caisses et des cartons entre les couches de fruits (LITTAUER et MINTZ 1937—1945, HUELIN 1942, RAMSEY *et al.* 1944) se sont montrées efficaces.

A la suite de ces divers travaux, les emballages au biphényle ont commencé à être employés par l'industrie des agrumes, et ce sont surtout les papiers individuels et les feuilles imprégnées de biphényle qui sont entrés en usage.

La découverte de TOMKINS (1935) avait une grande importance pratique. Elle rendait possible une protection efficace des fruits sans qu'aucun changement soit introduit dans le travail habituel par les maisons d'emballage, et a trouvé, grâce à l'efficacité des emballages, une large application pratique.

Les emballages au biphényle ont commencé à être employés en Israel dès 1939 et aux Etats-Unis dès 1942 (KLOTZ 1957), et se sont ensuite répandus dans divers pays comme l'Australie du Sud, le Brésil, le Liban, l'Egypte, le Chypre, l'Afrique du Sud, l'Italie, le Tripolis, et vraisemblablement dans divers autres pays (DEL MATTO 1951, SOUCI 1959).

c) Effet inhibiteur du biphényle

L'efficacité des emballages au biphényle est due aux propriétés inhibitrices particulières du biphényle. L'effet inhibiteur du biphényle sur le développement des champignons a été mis en évidence sur *Fomes Annosus* par BATEMAN et HENNINGSEN (1923). Le biphényle affecte le développement de divers micro-organismes (HERTZ et LEVINE 1942, FAULKNER 1944, HEIBERG et RAMSEY 1946, HORSFALL et RICH 1953, BEECH et CARR 1955), et particulièrement le développement d'un certain nombre de champignons, responsables de la pourriture des agrumes. Il inhibe efficacement le développement du *P. digitatum*, du *P. italicum*, du *Diplodia natalensis*, du *Botrytris cinerea*, du *Phomopsis citri*, mais est inactif ou n'affecte pas suffisamment le développement de l'*Alternaria citri*, du *Colletotrichum glosporidis*, du *T. viride*, du *Sclerotina sclerotiorum*, du *Phytophtora citrophtora* (TOMKINS 1935, LITTAUER et MINTZ 1937—1945, FARKAS et AMAN 1940, RAMSEY *et al.* 1944) et de certaines races de *P. digitatum* résistantes au biphényle et mises récemment en évidence aux Etats-Unis (HARDING 1959 et 1962, HARDING et SAVAGE 1961, DURAN et NORMAN 1961).

Il est géneralement admis que le biphényle agit en état de vapeur. Il inhibe la germination des spores, retarde la croissance du mycélium et prévient la formation de nouvelles spores (FARKAS et AMAN 1940, RAMSEY *et al.* 1944). C'est un bon inhibiteur de la croissance du mycélium, mais un faible inhibiteur de la germination des spores (HORSFALL *et al.* 1951). Le biphényle agit comme fongistat et la croissance du mycélium, ainsi que la germination des spores, reprennent après la suppression de l'action du biphényle (FARKAS et AMAN 1940, RAMSEY *et al.* 1944). L'intensité de l'effet fongistatique dépend de la concentration du biphényle dans l'air. L'air saturé de vapeurs de biphényle, ce qui correspond par exemple à 25° C. à 0.08 mg. de biphényle par litre d'air, arrête complètement le développement des cultures de *P. digitatum*, de *P. italicum* et de *Diplodia;* 0.030 mg. et 0.014 mg. de biphényle par litre d'air réduisent l'intensité de la croissance de 75 et 50 pour cent respectivement (FARKAS et AMAN 1940). L'effet de la concentration des vapeurs de biphényle sur les champignons se développant sur les fruits ne semble pas avoir été étudié.

Une action excessive et prolongée des vapeurs de biphényle sur les cultures des champignons, fait apparaître certaines anomalies au cours de leur développement ultérieur (RAMSEY *et al.* 1944), et des races résistantes au biphényle, observées sur le *P. digitatum* (FARKAS et AMAN 1940), le *P. italicum* (HARDING 1959), et le *Diplodia* (LITTAUER et GUTTER 1953).

d) Effet et efficacité des emballages

Les emballages, grâce à la réserve de biphényle et sa faible volatilité, maintiennent autour des fruits, pendant toute la durée du transport et de l'entreposage, une atmosphère riche en biphényle, et constituent un moyen exceptionnel de protection des agrumes (ECKERT et KOLBEZEN 1959).

Ils réduisent dans de très grandes proportions le taux de pourriture en le maintenant à un taux relativement bas, souvent inférieur à un pour cent, mais ne sont pas actifs contre tous les agents d'altération. Parmi divers autres traitements qui peuvent réduire fortement les pourritures, ce sont uniquement les emballages au biphényle qui inhibent, en outre, le développement et l'émission des spores (KLOTZ 1957, WINSTON et CUBBEDGE 1959, ECKERT et KOLBEZEN 1959), et réduisent très sensiblement de 43,5 à 3,3 pour cent, par exemple, le pourcentage des fruits souillés (RYGG *et al.* 1961 et 1962). Cette particularité du biphényle est très appréciée par les acheteurs, car les fruits qui restent propres au cours du transport, sont plus attrayants et se conservent mieux par la suite, que les fruits triés ou nettoyés (RYGG *et al.* 1961). Les emballages au biphényle semblent aussi conférer aux fruits une résistance passagère aux maladies, se manifestant pendant une à deux semaines après la suppression des emballages (HOPKINS et LOUCKS 1947 a, GRIERSON et HAYWARD 1960), de sorte que ces fruits se conservent mieux au cours de la période de vente et chez le consommateur, que les fruits ayant été soumis à d'autres traitements.

L'efficacité des emballages, combinés ou non avec d'autres traitements protecteurs, est testée depuis 25 ans environ dans divers pays producteurs. Il résulte de très nombreux travaux, dont certains sont indiqués ci-dessous, que les emballages au biphényle rendent de grands services au cours du transport et de l'entreposage, et se montrent supérieurs aux autres traitements.

En Australie, les papiers au biphényle sont considérés comme nécessaires pour obtenir une réduction efficace de la pourriture, et comme supérieurs aux divers autres traitements dans la lutte contre les moisissures verte et bleue et contre la pourriture pédonculaire (HUELIN 1942, TINDALE 1952 et 1959, LONG 1953, KIELY et LONG 1960).

En Nouvelle-Zélande, les pertes en citrons peuvent, après deux à trois mois d'entreposage, atteindre 30 à 40 pour cent, tandis que les papiers au biphényle permettent de maintenir à température ambiante pendant trois à quatre mois 93 pour cent de citrons dans un état vendable (FLETCHER 1954).

Aux Etats-Unis, d'après d'innombrables tests faits depuis 1938, le biphényle s'est révélé comme un excellent fongistat et a un record notable dans la lutte contre les pourritures, particulièrement celles des citrons. Les emballages au biphényle employés seuls ou combinés à d'autres traitements se sont révélés supérieurs à divers autres moyens de protection envisagés (HARDING *et al.* 1952, BOTHAN 1959, HARVEY et ATROPS 1953, HARVEY et SINCLAIR 1953, GRIERSON *et al.* 1959, GRIERSON et HAYWARD 1960, HOPKINS et MCCORMACK 1957 et 1959 a et b, RYGG *et al.* 1961 et 1962).

En France, l'on note des améliorations obtenues sur les marchés de fruits grâce aux papiers au biphényle qui empêchent la contamination des fruits porteurs de plaies (LAURIOL 1951). D'après les travaux effectués en Algérie, ces papiers exercent incontestablement une action désinfectante plus efficace que le lavage des fruits par des solutions à base de borate de soude, de thymol, de formol, ou de 2,4-D (CASSIN 1952).

En Inde, les emballages au biphényle se montrent supérieurs aux divers autres traitements fongicides et, conjointement avec un enduit cireux, permettent de conserver les agrumes pendant 13 semaines (SRIVASTAVA 1959 et 1960, SRIVASTAVA *et al.* 1962).

En Israel, d'après des tests effectués d'une façon ininterrompue depuis les travaux de TOMKINS (1935) les papiers au biphényle se révèlent toujours efficaces et supérieurs à tous les autres traitements, et rendent de très grands services à l'entreposage prolongé et à la protection de certaines variétés de fruits particulièrement sensibles aux pourritures [FARKAS 1938 et 1939 a, LITTAUER et MINTZ 1937—1945, LITTAUER 1956, MINTZ 1956, NADEL-SCHIFFMANN 1961, LITTAUER (LATAR) et GUTTER 1962].

Les papiers au biphényle utilisés en Italie depuis 1949 ont été expérimentés avec succès sur diverses variétés de citrons (DEL MATTO 1951).

Au cours des dernières années, des dégâts excessifs dûs aux moisissures ont été constatés en Europe dans certains transports d'agrumes protégés par les cartons au biphényle, et provenant de quelques maisons d'emballages des Etats-Unis (RYGG *et al.* 1961). Ceci a jeté un doute sur l'efficacité des emballages en usage, mais les recherches entreprises ont confirmé leur efficité (RYGG *et al.* 1961), et ont montré que ces dégâts étaient dûs à des races de *P. digitatum* résistantes au biphényle et trouvées dans ces maisons d'emballage (HARDING 1959 et 1962, HARDING et SAVAGE 1961, DURAN et NORMAN 1961, RYGG *et al.* 1961).

e) Biphényle comme adjuvent alimentaire

Le biphényle, employé sous forme d'emballage, répond à la majorité des exigences généralement formulées envers les adjuvents alimentaires. Par sa structure moléculaire, le biphényle n'est pas cancérinogène (ATHENSTAEDT 1962).

Les travaux sur le métabolisme du biphényle chez le Chien, le Rat, le Lapin, et le Singe, montrent que ce produit est transformé en *p*-hydroxy-biphényle et 4,4- et 3,4-dihydroxy-biphényle et en conjugués sulfuriques, glucuroniques ou mercapturiques (STROUD 1940; WEST et MATHURA 1954; WEST *et al.* 1953, 1955 et 1956; HAZLETON *et al.* 1956; BLOCK et CORNISH 1959). La dose létale LD_{50} administrée per os correspond, chez le Lapin et le Rat à 2.4 et 3.3 g. de biphényle par kg. respectivement (DEICHMAN *et al.* 1947). Des recherches relatives à la toxicité chronique, basées sur des études très variées et de longue durée, faites sur l'Homme, le Rat, le Lapin, la Souris, le Chien, et le Singe, n'ont révélé ni une intolérance, ni un effet nocif significatif ou cumulatif du biphényle. Certains symptômes pathologiques apparaissant sous l'effet de quantités élevées de biphényle disparaissaient lorsque l'administration du biphényle était suspendue (FARKAS 1939 a, WEST et JEFFERSON 1942, MACINTOSH 1945, WEST et MATHURA 1954, ROGLIANI et PROCACCINI 1956, HAZLETON *et al.* 1956, BOOTH *et al.* 1956, AMBROSE *et al.* 1960). Aucun effet nocif significatif n'a été observé à la suite des injections souscutanées, des applications répétées du biphényle sur la peau, des inhalations ou des expositions des sujets aux vapeurs de biphényle (FARKAS 1939 a, MACINTOSH 1945, DEICHMAN *et al.* 1947, HALEY *et al.* 1959). L'apparition de maladies allergiques causées par le biphényle n'a pas été démontrée et semble invraisemblable (SOUCI 1959).

Les Services de Santé de divers pays ont basé sur certains de ces travaux leurs autorisations pour l'emploi du biphényle et l'établissement des tolérances pour les résidus.

Du point de vue organo-leptique, le biphényle n'est point décelable visuellement sur les fruits et n'altère pas leurs goûts (TOMKINS 1935, FLETCHER 1954, FEUERSANGER 1955, ECKERT et KOLBEZEN 1963). D'après HOPKINS et LOUCKS (1947 a) l'on a détecté une légère saveur, pas désagréable, dans les jus extraits des fruits fraîchement sortis des cartons au biphényle. Ce goût était plus difficile à déceler dans les jus extraits des fruits préalablement aérés.

Les emballages au biphényle possèdent une légère odeur caractéristique qu'ils communiquent aux fruits. L'odeur est perceptible sur la surface des fruits fraîchement sortis des emballages contenant encore le biphényle, et elle disparaît assez rapidement par aération des fruits (TOMKINS 1935, FARKAS 1938 et 1939 a, TOMKINS et ISHERWOOD 1945, DEL MATTO 1951, FLETCHER 1954, FEUERSANGER 1955, ECKERT et KOLBEZEN 1959 et 1963, SOUCI 1959, IHLOFF et KALITZKI 1961). Diverses tentatives ont été faites pour supprimer la perceptibilité de cette odeur. Certains consommateurs attribuaient, à tort, au biphényle, à cause de son odeur, un effet nocif pour la santé (ECKERT et KOLBEZEN 1959, SOUCI 1959) ce qui a provoqué une opposition à l'emploi des emballages au biphényle, et des recherches ont été entreprises pour remplacer le biphényle par d'autres moyens de protection.

f) Tentatives pour supprimer la perceptibilité de l'odeur

Diverses tentatives, faites pour masquer, par adjonction de substances odorantes, l'odeur du biphényle dans les emballages, dans l'espoir de le masquer également sur les fruits, ou de remplacer les emballages par des bains ou des enduits cireux à base de biphényle, ne semblent pas avoir abouti. Le traitement des agrumes par l'immersion dans des solutions ou des émulsions cireuses à base de biphényle (LAURIOL 1954, BLINC 1958, PAYNE et PRESTON 1958) assure, d'après LAURIOL (1954), pour un temps relativement court, dans la même mesure que le lavage par les solutions de borax, une certaine protection aux fruits, mais le développement des pourritures devient ensuite plus rapide qu'après le traitement par le borax. D'après les essais entrepris aux Etats-Unis en 1958 avec les enduits cireux à base de biphényle l'on observait après l'arrêt de l'activité du biphényle, une plus rapide formation des spores qu'après la suppression des emballages au biphényle (SOUCI 1959).

g) Recherches d'un substitut au biphényle

Après la découverte des propriétés protectrices du biphényle, les recherches se sont poursuivies en vue de trouver d'autres substances capables de réduire efficacement les pertes en agrumes. Elles se sont intensifiées à la suite des objections formulées contre le biphényle. Un effort très intense, effectué depuis de nombreuses années, surtout aux Etats-Unis, pour trouver un produit susceptible d'être incorporé dans les emballages et répondant mieux que le biphényle à toutes les exigences, reste, dans l'ensemble, à l'heure actuelle, infructueux. Les produits prometteurs trouvés tout récemment (ECKERT et KOLBEZEN 1963, TOMKINS 1963) demandent encore à être étudiés.

Dès la découverte des emballages au biphényle, l'emploi des substances à base d'un dérivé de biphényle, l'*o*-phényl-phénol a été envisagé. Les papiers imprégnés d'*o*-phényl-phénol ou de son sel de sodium, combinés généralement avec l'hexamine, se révèlent assez efficaces, mais moins que les papiers au biphényle et causent parfois des dégâts physiologiques aux fruits [TOMKINS 1936 b et 1938, VAN DER PLANK *et al.* 1940, LITTAUER et MINTZ 1937—1945, IL'ENKO-PETROVSKAYA 1956, LITTAUER (LATAR) et GUTTER 1962]. Les papiers imprégnés d'acétate, de butyrate ou d'iso-butyrate d'*o*-phényl-phénol, réduisent, d'après TOMKINS (1963) les pourritures des agrumes aussi efficacement que les papiers au biphényle, mais, d'après les essais préliminaires, causent dans certaines conditions, des légers dommages aux fruits. Un enduit cireux à base d'*o*-phényl-phénol réduit sensiblement les pertes, mais ne peut, à lui seul, remplacer les emballages au biphényle (HOPKINS et MCCORMACK 1959 a et 1959 b, WINSTON et CUBBEDGE 1959).

Divers autres produits ont été étudiés. La thiourée qui donnait de bons résultats (HOPKINS et LOUCKS 1947 b, CHILDS et SIEGLER 1946, BLONDEL 1947) a été proscrite par les Services de Santé de divers pays (CHARLEY 1959). Le traitement par l'ozone (HOPKINS et LOUCKS 1949) ou par divers bains fongicides (CHILDS et SIEGLER 1946) n'ont pas donné des résultats satisfaisants. Un très grand nombre de diverses substances minérales et organiques, appliquées par LAURIOL (1951, 1952 et 1954) sous forme d'aérosols, d'émulsions cireuses, de solutions de lavage, n'ont fourni aucune possibilité d'utilisation pratique. D'après MOREAU (1956) les dérivés organiques du bore (les albotènes), employés comme bains désinfectants, réduisent sensiblement les altérations des agrumes.

Aux Etats-Unis, des milliers de diverses substances, susceptibles surtout d'être incorporées dans les emballages, ont été étudiées. Parmi quelques centaines de produits ayant des propriétés fongicides ou fongistatiques établies, la meilleure d'entre eux, la 2-amino-pyridine, ne donnait pas entière satisfaction (WINSTON *et al.* 1947). Sur 24 substances, une seule, le cupferron, se montra efficace (ANONYME 1950). Sur quelques milliers de substances testées au cours de nombreuses années de recherches (WINSTON et MECKSTROTH 1952; WINSTON *et al.* 1949, 1951 et 1953; MECKSTROTH *et al.* 1959), quelques-unes seulement présentaient un degré suffisant de propriétés inhibitrices, mais causaient généralement des dégâts physiologiques aux fruits. La pyrrolidine (WINSTON et MECKSTROTH 1952), l'éthyl-thionocarbamate (WINSTON et CUBBEDGE 1959) signalés comme produits prometteurs, n'ont pas trouvé d'application pratique. Sur plus de 400 substances volatiles, seulement quelques aldehydes et carbamates présentaient un certain intérêt (WOLFE et ROISTACHER 1954). Parmi de nombreux produits étudiés, l'ammoniaque donnait des résultats très prometteurs. Il protégeait les agrumes sans laisser de résidus et sans communiquer aux fruits une odeur étrangère, mais il était moins efficace que le biphényle, causait parfois des dégâts chimiques, et surtout, contrairement au biphényle, n'inhibait pas la sporulation (HOPKINS et MCCORMACK 1957, KLOTZ 1957, ROISTACHER *et al.* 1960, GUNTHER *et al.* 1959 b). Sur quelques centaines de produits testés récemment, deux seulement, l'iso-propylamine et le dichloro-iso-cyanurate de sodium méritaient des études ultérieures (ECKERT et KOLBEZEN 1959, ECKERT *et al.* 1961), et, avec ce dernier produit, un mode d'imprégnation de feuilles de papier a été breveté (LOEHR 1962). Un autre produit, 2-amino-butane, se montre actif sous forme de bains désinfectants et d'enduits cireux (ECKERT *et al.* 1962). D'après des études toute récentes de ECKERT et KOLBEZEN (1963), le dibromo-tetra-chloro-éthane (DBTCE) semble présenter un grand intérêt. Employé sous forme de cartons d'emballages, il est supérieur dans certaines conditions au biphényle, réduit la sporulation des champignons et inhibe le développement des races de *Penicillium* résistantes au biphényle. L'odeur, que le DBTCE communique aux agrumes, disparaît après quelques heures d'aération et plus rapidement que l'odeur communiquée par le biphényle.

Dans l'ensemble, il existe des produits prometteurs, mais à l'heure actuelle, aucun moyen susceptible de remplacer avantageusement le biphényle n'a encore été mis à la disposition de l'industrie des agrumes. Malgré les objections formulées en général contre l'emploi des produits chimiques dans l'alimentation, et contre le biphényle en particulier, il n'est pas possible de renoncer actuellement à la conservation des agrumes par des moyens chimiques, sans modification très coûteuse des moyens de transport (SOUCI 1959). La réfrigération qui est partiellement en usage, ne convient pas à toutes les variétés d'agrumes et n'est pas suffisamment efficace pour remplacer les traitements chimiques. Elle ralentit le développement des champignons, mais celui-ci se poursuit, causant des pertes importantes, et dès que les agrumes sont placés à la température ambiante, le développement des champignons devient très rapide et la protection supplémentaire par un fongicide ou un fongistat devient indispensable (WINSTON 1948, LAURIOL 1951 et 1952,

LITTAUER et NADEL-SCHIFFMANN 1952, CUILLÉ 1953, CUILLÉ et YVON 1954, MOREAU 1954, ULRICH 1954, GRIERSON *et al.* 1959, GRIERSON et HAYWARD 1960, WINSTON et CUBBEDGE 1959, RYGG *et al.* 1961).

Actuellement, la meilleure protection peut être obtenue par l'emploi de substances actives au moment de l'emballage (WINSTON et CUBBEDGE 1959). La seule objection à l'emploi du biphényle, est l'odeur éphémère, décelable sur certain fruits, et qui constitue en même temps une preuve de l'efficacité des emballages au cours du transport. D'après SCHELHORN (1956) l'opposition à l'emploi du biphényle est dans certains pays plus grande qu'à celui d'autres substances plus dangereuses, comme le borax ou l'hexamine, et, renoncer au biphényle, pourrait augmenter considérablement les pertes en agrumes, les prix, et faire apparaître d'autres désavantages.

En attendant que le problème de la perceptibilité de l'odeur soit résolu, ou qu'un autre moyen de protection répondant à toutes les exigences soit mis à la disposition de l'industrie des agrumes, le biphényle rend possible un approvisionnement permanent en fruits frais des marchés très éloignés des pays producteurs, et son emploi semble être aussi nécessaire et justifié que celui d'autres substances chimiques dans la production industrielle des aliments.

III. Sources des résidus de biphényle

a) Les emballages

Les emballages constituent la source essentielle des résidus et dans divers problèmes concernant ces derniers, il est nécessaire de tenir compte du fait que les emballages employés en pratique industrielle ne sont pas partout les mêmes. Les emballages au biphényle sont décrits d'une façon plus ou moins complète dans divers travaux (FARKAS 1939 a, WINSTON 1950, DEL MATTO 1951, HARVEY et ATROPS 1953, HARVEY et SINCLAIR 1953, SCHELHORN 1956, CHARLEY 1959, SOUCI 1959).

Il existe actuellement deux modes essentiels d'emballage: individuel et collectif. Les emballages de chaque catégorie peuvent différer entre eux par la teneur en biphényle et le mode d'imprégnation. Les quantités de biphényle, fixées par certains pays producteurs comme nécessaires pour protéger les agrumes, ont été déterminées empiriquement et dépendent en principe des conditions particulières dans lesquelles a lieu le transport et l'entreposage des fruits.

1. L'emballage individuel. — Les fruits sont enveloppés dans du papier fin imprégné de biphényle et rangés dans des emballages communs, généralement des caisses à claire-voie. En Israel, en 1938—1940, LITTAUER et MINTZ (1937—1945) trouvent que dans les conditions commerciales du transport et de l'entreposage, 30 à 60 mg. de biphényle par papier empêchent le développement du *P. digitatum* et du *P. italicum*, et 120 mg. le développement du *Diplodia*. Ils fixent, en conséquence, à 40 mg. la quantité minimale de biphényle nécessaire pour protéger à l'aide d'un papier d'emballage un fruit de 180 à 200 g. environ. La quantité de biphényle varie avec le calibre des fruits et est réglée par la surface du papier correspondant, imprégné à raison de 40 mg. de biphényle par 625 cm.² (ou 100 square inches). Pour parer à des irrégularités éventuelles de diverses natures, la quantité usuelle a été fixée de 40 à 60 mg. Elle a été limitée en 1958 à 40 à 50 mg. et a été réduite en 1961 à 35 à 40 mg.

En Australie du Sud, les papiers contenant moins de 30 mg. de biphényle sont considérés comme inefficaces (KIELY et LONG 1960), et en pratique commerciale, les papiers doivent contenir 40 mg. de biphényle par 100 square inches. Approximativement, les mêmes quantités ont été fixées en Afrique du Sud.

2. L'emballage collectif. — Les fruits sont placés dans des emballages communs, des caisses ou des cartons, et les feuilles de papier, imprégnées de biphényle, sont placées entre les couches de fruits, ou seulement en dessous et à la surface des fruits. Dans d'autres systèmes, des colliers imprégnés de biphényle sont insérés dans les cartons de façon à renforcer leurs parois, ou la surface interne des cartons est imprégnée de biphényle.

Aux Etats-Unis, dès 1952 (KLOTZ 1957), les cartons ont commencé à remplacer les caisses, et actuellement ils constituent dans ce pays la forme la plus usuelle d'emballages employés pour les agrumes destinés aux marchés locaux et à l'exportation (SOUCI 1959). Ces cartons, d'une contenance de 40 pounds (ou 18 kg.) de fruits environ, sont nonventillés ou ventillés, et munis à cet effet de trous de 2.5 cm. de diamètre, régulièrement répartis sur les parois, le fond et le couvercle du carton. Deux feuilles imprégnées de biphényle sont placées, l'une au fond du carton, et l'autre sous le couvercle qui est souvent télescopique et augmente l'épaisseur des parois du carton. Les quantités minimales de biphényle nécessaire pour protéger les agrumes à l'aide de feuilles ou de cartons ont été fixées à quatre pounds de biphényle par 1000 square feet de la surface imprégnée (ce qui correspond environ à 1,25 g. de biphényle par 100 square inches ou 625 cm.²). La quantité de biphényle par emballage commun est réglée par les dimensions et le nombre de feuilles employées. Les feuilles insérées dans les cartons généralement en usage, sont de 11 sur 17 inch (28 sur 43 cm.) et contiennent 2.35 g. de biphényle par feuille, soit 4.7 g. par carton. Ceci correspond à 47 mg. de biphényle par fruit de 180 g. environ, sensiblement la même quantité que celle employée pour protéger les agrumes avec des papiers individuels.

3. Justification des quantités de biphényle employées pour l'imprégnation des emballages. — La teneur des emballages en biphényle a, à priori, une grande importance pour le taux de résidus, et pour le maintenir aussi bas que possible, elle ne doit pas dépasser la quantité minimum nécessaire pour protéger les fruits. Les quantités fixées sont néanmoins infiniment plus élevées que les très faibles quantités de l'ordre de 0.08 mg. de biphényle par litre d'air, qui, d'après FARKAS et AMAN (1940) empêchent à 25° C. le développement des cultures de champignons. En admettant, pour fixer les idées, que les fruits placés dans une caisse ou un carton sont entourés à raison d'un litre d'air par kg., théoriquement 0.08 mg. de biphényle volatilisé de l'emballage doivent suffire à protéger un kg. de fruits, et les 40 mg. fixés comme nécessaires pour protéger un seul fruit de 200 g. doivent suffire pour protéger 500 kg. de fruits. Cette disproportion énorme entre la quantité pratiquement et théoriquement nécessaire est due au fait que le biphényle volatilisé des emballages ne sert pas uniquement à protéger les fruits, mais est continuellement en partie absorbé et en partie dispersé dans l'air du dépôt. Les quantités absorbées sont relativement très importantes, puisque un kg. de fruits peut facilement absorber deux mg. de biphényle par jour, soit par heure 0.08 mg., la quantité nécessaire à sa protection. Les quantités dispersées sont généralement aussi très élevées, et pour maintenir autour des fruits, pendant tout le transport et l'entreposage, une atmosphère riche en biphényle, les emballages doivent contenir des quantités suffisantes pour couvrir ces fuites.

Les analyses des emballages prélevés à diverses époques du stockage montrent que les quantités fixées empiriquement pour l'imprégnation se trouvent parfaitement justifiées, puisqu'une grande partie ou la totalité de biphényle disparaît des emballages au cours du transport et de l'entreposage.

D'après les données provenant de l'Afrique du Sud (CHRIST 1962) les papiers contenant 40 mg. de biphényle ont perdu, entre l'emballage et l'expédition des fruits par bâteaux réfrigérés, 20 à 30 mg. de biphényle, soit 50 à 75 pour cent. Après trois semaines de transport simulé, les papiers contenaient encore environ huit mg. de biphényle, et après sept jours d'entreposage, simulant la période de vente, certains papiers ne contenaient plus de biphényle, tandis que dans d'autres, il restait un maximum de six mg. de biphényle par papier. Les papiers contenant 22 mg. de biphényle ont pratiquement perdu tout le biphényle au cours de la période précédant l'expédition des fruits par bâteaux.

RYGG *et al.* (1962) entreposent les cartons de citrons d'abord pendant quatre semaines, simulant le transport, à 40°, 48°, ou 56° F. et ensuite, pendant une semaine simulant la vente, à 68° F. Les feuilles au biphényle contenant au début 2.14 g. ont perdu au cours de l'entreposage, selon la température du transport, 68, 75, ou 82 pour cent de biphényle dans les cartons ventillés, et 28, 34, ou 44 pour cent dans les cartons nonventillés. Au cours d'un entreposage d'un mois à 39° F., suivi de deux semaines d'entreposage à 80° F., les feuilles contenant 2.35 g. de biphényle ont perdu dans les cartons ventillés et nonventillés 96 et 81 pour cent de biphényle respectivement (RYGG *et al.* 1961).

4. Le mode d'imprégnation. — Le matériel d'emballage est imprégné de biphényle pur ou de biphényle mélangé avec certains ingrédients, ajoutés dans le but de faciliter l'imprégnation, d'éviter une trop rapide évaporation du biphényle ou de masquer son odeur. Le matériel est généralement imprégné d'un seul côté, et le biphényle est réparti uniformément sur toute la surface traitée. Les papiers fins sont parfois imprégnés par quelques bandes espacées de six à sept mm. de largeur, ou par de nombreuses bandes fines, régulièrement réparties sur toute la surface du papier.

Diverses méthodes d'imprégnation ont été brevetées. Après la première méthode d'imprégnation des papiers individuels de TOMKINS (1936 a), FARKAS (1936 b) propose l'imprégnation du papier fin par bandes espacées, et les premiers papiers fabriqués en Israel sont imprégnés par bandes avec du biphényle pur fondu. Pour faciliter l'imprégnation, MISPLEY et BARBER (1939) mélangent le biphényle avec de l'huile minérale. MISPLEY et MACRILL (1956) se servent d'essence de citron ou de bergamote pour masquer l'odeur, d'huile de paraffine comme véhicule et de cire de paraffine pour retenir le biphényle. D'après PAYNE et PRESTON (1958), l'imprégnation des papiers par le biphényle dissout dans un polyphénol hydrogéné liquide, permet de masquer son odeur et d'avoir des papiers suffisamment actifs pour la protection des agrumes.

Les feuilles de papier fort et les cartons sont, suivant le procédé, imprégnés de biphényle additionné d'essence de citron, ou de cire de paraffine, d'huiles essentielles et d'autres produits odorants («Phenodor X») (HARVEY et ATROPS 1953, KNODEL et ELVIN 1952), ou de paraffine, d'huile minérale et d'essence de citron (HARDING 1959). D'après CATAVELLA (1952), le matériel d'emballage est imprégné à chaud avec un mélange de biphényle et de paraffine, ou à froid avec une pâte formée de biphényle, d'huiles minérales et d'eau. LLOYD et PRESTON (1954 et 1959) emploient, pour l'imprégnation des papiers fins ou des feuilles de papier fort, une dispersion de biphényle dans l'eau en présence d'un sel de sodium d'un composé polymérique et d'un colloid protecteur.

b) Biphényle dispersé dans l'air du dépôt

Les fruits peuvent également absorber le biphényle de l'atmosphère du dépôt, où sa concentration, insuffisante pour protéger les fruits, est bien plus faible que celle créée autour des agrumes par les emballages. D'après RAJZMAN (1961 b, 1961 d, et 1961 e), les agrumes sans emballages au biphényle, entreposés ensemble avec des caisses de fruits protégés par des papiers, peuvent contenir des résidus loin d'être négligeables. Des quantités de l'ordre de 12 p.p.m. de biphényle ont été trouvées dans les oranges; les résidus de biphényle dans les pulpes des fruits ont été très faibles ou nuls. L'absorption du biphényle de l'atmosphère du dépôt, constitue un facteur gênant au cours des recherches, et doit être prise en considération, au cours de l'entreposage des agrumes, pour éviter l'apparition des résidus dans les fruits non protégés par le biphényle, et une augmentation éventuelle des résidus dans les fruits dont les emballages ont déjà perdu le biphényle ou ont été supprimés.

IV. Réglements sur les agrumes protégés par le biphényle

L'emploi du biphényle a été d'abord légalisé en 1950 en Grande Bretagne, où l'emploi des papiers individuels contenant au maximum 40 mg. de biphényle par 100 square inches de papier, a été autorisé.

En 1956, aux Etats-Unis, the Food, Drug and Cosmetic Act a établi, par le *Federal Register* 21 (144), 5619—5628, la première tolérance pour les résidus de biphényle, les limitant, dans ou sur les grapefruit, les citrons et les oranges, à 110 p.p.m. [règlement en vigueur en 1962 (*FAO* 1962 b)]. Jusqu'en 1958, l'emploi du biphényle devait être déclaré par une mention sur les emballages, spécifiant que les fruits ont été protégés par le biphényle pour les maintenir à l'état frais au cours du transport (SOUCI 1959).

L'établissement de la tolérance était basée sur les résultats obtenus au cours de nombreuses années de recherches, faites dans des domaines très variés, afin de déterminer l'intérêt économique de l'emploi des emballages au biphényle, d'obtenir des preuves sur l'inocuité du biphényle pour l'homme, et d'accumuler des données sur les résidus de biphényle dans les agrumes livrés à la consommation (HAZLETON 1956). Les données analytiques correspondaient à des centaines d'échantillons d'agrumes de diverses variétés et de diverses origines, et représentaient ainsi les résidus de biphényle dans les agrumes ayant subi un sort habituel, mais variable, auquel sont soumis les fruits dans les maisons d'emballages et au cours du transport et de l'entreposage. La tolérance de 110 p.p.m. correspondait à des quantités maxima de biphényle trouvées dans ces fruits et considérées comme maxima susceptibles de se trouver dans les agrumes mis en vente.

En Grande Bretagne, les résidus de biphényle sont, depuis 1958, limités à 100 p.p.m., et il est défendu d'introduire du biphényle dans les produits alimentaires par l'emploi de fruits contenant plus de 100 p.p.m. de biphényle. En même temps, les résidus d'*o*-phényl-phénol sont limités à 70 p.p.m., et la somme de résidus de biphényle et d'*o*-phényl-phénol dans les fruits, exprimés en pourcentage de leurs tolérances respectives, ne doit pas dépasser 100 [Statuary Instruments no. 1312 (1958), en vigueur en 1962 (*FAO* 1963)].

Au Canada, les résidus de biphényle dans les agrumes sont limités à 110 p.p.m. (*FAO* 1962 b).

La législation suédoise autorise l'emploi du biphényle pour le traitement de la surface des agrumes en quantité ne dépassant pas 0.01 pour cent de biphényle [Decree of *Rikers Kommers Kollegium on Food Additives* for the year 1961 (*FAO* 1963)].

La tolérance établie en 1959 en Allemagne Fédérale, est nettement plus faible que celle établie aux Etats-Unis ou en Grande Bretagne. Elle est basée sur de nombreuses analyses de résidus de biphényle dans les agrumes importés en Europe (*FAO* 1962 b), et correspond à 70 p.p.m. de biphényle. Les agrumes traités par le biphényle doivent être munis d'une déclaration «avec le biphényle, écorce impropre à la consommation». Sont exempts d'une telle déclaration les jus et les pulpes d'agrumes, ainsi que les aliments ne contenant pas plus de 20 g. d'agrumes traités par le biphényle par un kg. Les aliments préparés avec des écorces, sont considérés comme des produits imités ou falsifiés (*Bundesgesetzblatt*, 22. 12. 1959; *Fruchtbehandlungsverordnung* 19. 12. 1959).

En Hollande, le décret du 26. 7. 1962 limite les résidus de biphényle dans les marmelades à 30 p.p.m. (*Staatsblad*, text 345, 13. 9. 1962).

En France, l'usage du biphényle a été autorisé en 1960 et une tolérance de 70 p.p.m. a été approuvée par le *Conseil Supérieur d'Hygiène Publique* (*FAO* 1962 b).

A la *Communauté Economique Européenne* (C.E.E.), il a été proposé d'adopter 70 p.p.m. comme limite de tolérance pour les résidus de biphényle (*FAO* 1962 b). Dans un projet concernant l'emploi des produits de conservation présenté au *Conseil de C.E.E.*, une stipulation spécifique autorise l'emploi du biphényle, mais seulement jusqu'au 31 Décembre 1965 [*Journal Officiel des Communautés Européennes* 11. 11. 1962 (*FAO* 1963)].

Les règlements en vigueur dans les pays producteurs tendent à ce que les agrumes exportés soient conformes aux législations dans les pays importateurs.

En Espagne, l'usage du biphényle est interdit (*FAO* 1962 b).

En Australie, les papiers d'emballage doivent contenir 40 mg. de biphényle par 100 square inches (*FAO* 1962 b).

En Afrique du Sud, les quantités de biphényle dans les papiers d'emballage sont maintenues à un niveau le plus bas donnant une protection effective aux fruits, et elles sont rigoureusement contrôlées (*FAO* 1962 b).

En Israel, les papiers au biphényle employés pour l'emballage des fruits destinés à l'exportation doivent contenir les quantités de biphényle fixées par la *Division de l'Entreposage des Fruits* de la *Station des Recherches Agronomiques* (*FAO* 1963), et qui correspondent depuis 1960/61 à 35 à 40 mg. par 625 cm.[2] La teneur en biphényle des papiers est contrôlée par la même division.

V. Méthodes de détermination du biphényle

a) Quelques propriétés du biphényle

Le biphényle $C_6H_5-C_6H_5$, hydrocarbure aromatique formé de deux noyaux benzéniques, liés directement l'un à l'autre, se présente sous la forme de lamelles brillantes incolores avec P.F. 70° à 71° C., P.E. 254° C. Le biphényle est volatile et entraînable par la vapeur d'eau. Sa pression de vapeur est relativement faible, de l'ordre de 0.003, 0.009, 0.05 et 5 mm. de mercure à 15°, 24°, 40°, et 100° C. respectivement (Bradley et Cleasby 1953, Jordan 1954) (Fig. 1). Il est pratiquement insoluble dans l'eau,

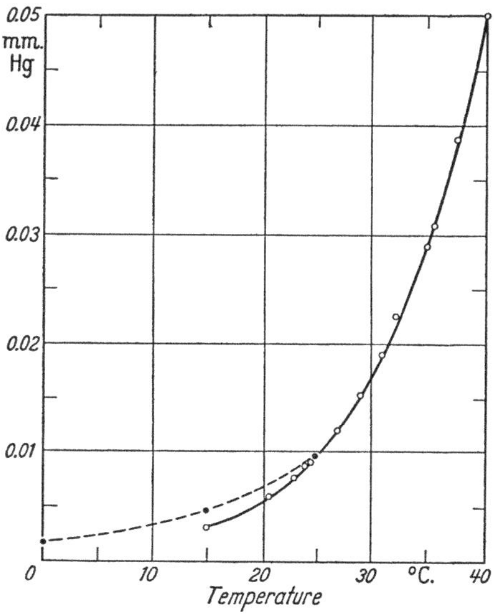

Fig. 1. Pressions de vapeur du biphényle: d'après les données de Bradley et Cleasby (1953) O——O et de Farkas et Aman (1940) ●— — —●

soluble dans les huiles essentielles d'agrumes et dans les solvents organiques généraux, comme le tri et tetrachlorométhane, l'heptane, le cyclohexane, l'éther de pétrole, l'éther éthylique, l'acétone, le méthanol, l'éthanol, l'acide acétique, etc. Le biphényle possède une exaltation optique notable et présente dans l'ultra-violet et infra-rouge des spectres d'absorption caractéristiques. Traité vers 70° à 80° C. par l'acide nitrique en présence d'acide acétique et d'anhydrique acétique, le biphényle donne un mélange de dérivés mononitrés, et par nitration directe à chaud, un mélange de dérivés dinitrés. Traité par l'acide sulfurique concentré, il donne presque exclusivement le dérivé paramonosulfonique. En présence de chlorure d'aluminium anhydre, le biphényle donne, avec le chloroforme, une coloration bleue (TOMKINS et ISHERWOOD 1945), et diverses autres colorations, suivant le hydrocarbure halogéné employé (BENK et KREHL 1957).

Le biphenyle donne, avec le réactif formol-sulfurique, diverses colorations: bleue, bleu-verte, violette ou jaune (LE ROSEN *et al.* 1952, SILVERMANN et BRANSHAW 1955, BRIESKORN et GEUTING 1960), et en présence d'acide sulfurique concentré, de traces de formaldehyde et de fer ferrique, une coloration bleue intense (RAJZMAN 1960).

b) Les principes généraux des méthodes

Les méthodes destinées à la détermination du biphényle dans les agrumes et dans les milieux biologiques, où de très faibles quantités de biphényle se trouvent incorporés dans une grande masse de divers produits, comportent généralement trois phases: l'extraction, la purification, et la détermination (GUNTHER et BLINN 1955).

1. L'extraction du biphényle. — L'extraction correspond à la séparation grossière du biphényle et son transfert dans un solvent organique. Les fruits entiers, les écorces ou les pulpes sont finement désintégrés, additionnés au besoin d'eau, et soumis à une distillation. Le biphényle est entraîné par la vapeur d'eau et est extrait du distillat par un solvent organique ou par les huiles essentielles, provenant de l'échantillon à analyser.

Suivant la méthode, le biphényle est extrait des premiers 100 ml. de distillat recueillis au cours d'une distillation simple (RAJZMAN 1961 a et 1963 a), ou de deux litres recueillis au cours d'une distillation conventionnelle à la vapeur d'eau (TOMKINS et ISHERWOOD 1945, STEYN et ROSSELET 1949, IHLOFF et KALITZKI 1955), ou au cours d une distillation continue à reflux, dans un appareil muni d'un extracteur contenant le solvent (type Cleavenger, Moritz). La distillation dure 45 minutes (BÖHME et BERTLING 1957, BÖHME et HOFMANN 1961, KOETHER 1958) ou deux à trois heures (NEWHALL *et al.* 1954, KIRCHNER *et al.* 1954, DICKEY et GREEN 1955, IHLOFF et KALITZKI 1957, SCHENK 1957, WINKLER 1959, GUNTHER *et al.* 1959 a et 1963).

Dans certains cas, le biphényle est extrait par macération des écorces (HOEKE et CATS 1957, BOHM 1961) ou par rinçage des fruits intacts avec un solvent organique (BENK et KREHL 1957).

2. Purification des extraits. — Les extraits ainsi obtenus, contiennent, en dehors du biphényle, un certain nombre de substances entraînées au cours de la distillation, particulièrement les huiles essentielles d'agrumes, qui interfèrent dans presque toutes les méthodes envisagées pour la détermination du biphényle.

La purification des extraits constitue une phase très importante et généralement la plus laborieuse, et divers moyens ont été envisagés, à savoir:

La destruction des substances interférentes par l'acide sulfurique concentré (TOMKINS et ISHERWOOD 1945, IHLOFF et KALITZKI 1955, BÖHME et BERTLING 1957, GUNTHER *et al.* 1959 a et 1963, RAJZMAN 1961 a et 1963 a), ou par le permanganate de potassium (DICKEY et GREEN 1955, IHLOFF et KALITZKI 1957, KOETHER 1958, GUNTHER *et al.* 1959 a et 1963).

La séparation du biphényle par chromatographie à l'aide de chromatostrips (KIRCHNER *et al.* 1954, STANLEY *et al.* 1957), par filtration sur une colonne d'alumine (BÖHME et BERTLING 1957, WINKLER 1959, BÖHME et HOFMANN 1961), ou par chromatographie en phase gazeuse (THOMAS 1960).

La séparation du biphényle par sublimation (BOHM 1961).

L'élimination de substances interférentes résiduelles au cours de l'évaporation de l'acide acétique (RAJZMAN 1963 a).

3. Identification et détermination du biphényle. — Les méthodes instrumentales sont basées sur l'absorption caractéristique du biphényle dans la région ultra-violette (COX 1945, STEYN et ROSSELET 1949, DICKEY et GREEN 1954, KIRCHNER *et al.* 1954, BÖHME et BERTLING 1957, IHLOFF et KALITZKI 1957, STANLEY *et al.* 1957, GUNTHER *et al.* 1959 a et 1963, WINKLER 1959), et infra-rouge du spectre (NEWHALL *et al.* 1954, IHLOFF et KALITZKI 1961), ou sur la détermination du biphényle par la chromatographie en phase gazeuse (THOMAS 1960).

Les méthodes chimiques généralement colorimétriques sont basées:

Sur la transformation du biphényle en dérivés sulfonés avec un spectre caractéristique dans la région ultra-violette (KOETHER 1958), en dérivés nitrés, décelables sous le microscope (SCHENK 1957), et en colorants diazoiques (BRUCE et HOWARD 1956, HOEKE et CATS 1957, BÖHME et HOFMANN 1961).

Sur le développement de diverses colorations par condensation du biphényle avec les hydrocarbures halogénés en présence de chlorure d'aluminium (TOMKINS et ISHERWOOD 1945, BENK et KREHL 1957), par action sur le biphényle de l'acide sulfurique en présence de traces de formaldehyde et de fer ferrique (RAJZMAN 1961 a et 1963 a), et par action du réactif formol-sulfurique (IHLOFF et KALITZKI 1955, BENK et KREHL 1957, BRIESKORN et GEUTING 1960, BOHM 1961).

Les méthodes destinées à la détermination du biphényle dans les emballages (TOMKINS et ISHERWOOD 1945, KNODEL et ELVIN 1952, DICKEY et GREEN 1955, ALMIN 1956, THODE 1957, RAJZMAN 1960) sont généralement basées sur les mêmes principes, mais souvent le biphényle est extrait directement des emballages par un solvent organique et déterminé dans l'extrait non purifié.

c) Revue des méthodes

Pour rendre cette partie plus concise, le mode de distillation, particulier pour chaque méthode, et indiqué au paragraphe b) 1., sera ici omis.

1. Méthode de TOMKINS et ISHERWOOD (1945). — La première méthode proposée pour la détermination du biphényle dans les agrumes est celle de TOMKINS et ISHERWOOD (1945). Le mode d'extraction et de purification des extraits, employé par ces auteurs, a servi de base à un certain nombre d'autres méthodes, et il a paru rationnel de citer celle-ci en premier lieu.

TOMKINS et ISHERWOOD (1945) extraient le distillat par le chloroforme, l'extrait est traité par son volume d'acide sulfurique p. sp. 1.84, la couche acide, fortement colorée, est décantée et l'opération répétée encore quatre fois. La couche chloroformique est amenée à son volume initial après chaque traitement par l'acide sulfurique. L'extrait purifié, d'une couleur jaune pâle, est lavé et séché, et une partie aliquote est mise en contact avec une mince couche de chlorure d'aluminium sublimé. Il se développe en présence du biphényle une coloration bleue. L'intensité de la coloration est déterminée visuellement. La quantité de biphényle dans l'extrait est calculée à partir de la quantité d'extrait donnant une coloration d'une intensité égale à celle d'une coloration étalon. La présence d'essences masque complètement la couleur bleue. La récupération du biphényle n'est pas toujours complète. D'après TOMKINS et ISHERWOOD (1945), l'erreur de détermination peut atteindre −20 pour cent, et la méthode doit être considérée comme grossièrement quantitative.

Pour la détermination du biphényle dans les papiers d'emballage, les papiers sont extraits par le chloroforme et l'extrait est soumis au développement de la coloration.

D'après BAXTER (1957), la méthode n'est pas suffisamment exacte pour la détermination du biphényle dans les agrumes. La cause d'erreur observée par TOMKINS et ISHERWOOD (1945) n'est pas claire. Elle est attribuée, par certains auteurs, à la disparition du biphényle sous l'action de l'acide sulfurique concentré. STEYN et ROSSELET (1949) constatent, en purifiant les solutions cyclohexaniques contenant le biphényle et les essences d'oranges, des pertes en biphenyle atteignant 40 pour cent. Selon KOETHER (1958), le traitement par l'acide sulfurique des solutions du biphényle dans l'éther de pétrole cause des pertes par sulfonation. D'autre part, l'acide sulfurique est employé par certains auteurs, sans causer de pertes, pour la purification des extraits cyclohexaniques (BÖHME et BERTLING 1957, GUNTHER *et al.* 1959 a et 1963, SOUCI et MAIER-HAARLANDER 1963) et chloroformiques (RAJZMAN 1961 a et 1963 a). Toutefois, d'après RAJZMAN (1961 a et 1963 a), un traitement prolongé des solutions chloroformiques du biphényle par l'acide sulfurique concentré peut, dans certaines conditions, suivant la quantité d'acide employée et sa teneur en eau, causer une perte en biphényle par sulfonation, et la discordance entre les auteurs pourrait être due au fait que les acides sulfuriques employés n'ont pas été rigoureusement les mêmes. Mais il est à remarquer que l'erreur observée par TOMKINS et ISHERWOOD (1945) est très irrégulière et parfois nulle, et elle pourrait être, en partie au moins, due, non à une disparition du biphényle, mais à une dilution irrégulière des extraits par l'adjonction de chloroforme au cours de la purification de ces extraits.

2. Méthodes instrumentales. — *a) Spectrophotométrie ultra-violette.* — COX (1945) pose le principe de la détermination du biphényle par spectrophotométrie ultra-violette. Les solutions cyclohexaniques du biphényle exhibent à 251 mμ un maximum bien marqué avec $E^{1\%}_{1\,\text{cm.}}$ égale à 1200, de sorte que les solutions contenant 0.001 pour cent de biphényle donnent des lectures convenables. Le mode d'extraction du biphényle et de purification des extraits, proposé par TOMKINS et ISHERWOOD (1945), est, d'après COX (1945), satisfaisant, mais doit être légèrement modifié, et le chloroforme remplacé par le cyclohexane spectrophotométriquement pur. Selon DAVENPORT (1953), les solutions à 0.001 pour cent de biphényle dans de l'éther de pétrole léger ne se prétent pas à la détermination du biphényle, puisque la loi de BEER-LAMBERT est suivie seulement jusqu'à une certaine limite, et l'erreur peut atteindre huit pour cent. Mais d'après VANDENBELT et HEINRICH (1954), la loi de BEER-LAMBERT est suivie même pour des solutions contenant jusqu'à 0.003 pour cent de biphényle et l'erreur observée par DAVENPORT (1953) serait due à l'instrument de mesure utilisé.

STEYN et ROSSELET (1949) extraient le distillat des fruits par le cyclohexane spectrophotométriquement pur et, pour éviter l'emploi de l'acide sulfurique, déterminent le biphényle sans élimination préalable des essences. Une partie de l'extrait est diluée 100 fois, ce qui donne, dans les conditions décrites dans la méthode, une concentration en biphényle ne dépassant pas 0.001 pour cent. L'absorption est mesurée à 250 mμ et est traduite en biphényle à l'aide d'une courbe de référence. La valeur obtenue correspond au biphényle présent dans l'extrait et à une certaine valeur apparente, due à la présence d'essences. Pour trouver cette valeur apparente, la quantité d'essences est déterminée par la mesure de l'absorption de l'extrait non dilué à 375 mμ (à cette longueur d'onde l'absorption des solutions de biphényle à 0.1 pour cent est nulle), et est convertie en biphényle à l'aide d'une courbe de relation, établie à 250 mμ entre les essences et le biphényle. Par soustraction, on obtient la quantité de biphényle dans l'extrait. D'après STEYN et ROSSELET (1949), il est possible de déterminer ainsi le biphényle avec une exactitude de $\pm$ deux pour cent. Cette méthode, tout en paraissant très simple, n'a pas trouvé d'application pratique. Elle a été mise au point avec les essences d'oranges Navel et les différences optiques entre les essences de diverses variétés d'agrumes ont été trouvées, comme l'avaient prévu STEYN et ROSSELET (1949), trop importantes pour pouvoir établir, entre le biphényle et les essences, une courbe de relation constante et valable. Il était difficile d'obtenir des résultats reproductibles (NEWHALL *et al.* 1954), et l'exactitude de la méthode a été évaluée comme insuffisante (BAXTER 1957).

KIRCHNER, MILLER et RICE (1954) extraient le biphényle du distillat des fruits par l'heptane ou l'iso-octane, et le séparent des essences d'agrumes à l'aide de chromatostrips (lames de verre recouvertes d'une couche adsorbante à base d'acide silicique et d'amidon). Le chromatogramme est développé par l'éther de pétrole et la localisation des taches de biphényle est décelée par examen sous la lumière ultra-violette. Une évaluation visuelle permet de déterminer le biphényle avec une erreur de 11.3 pour cent. Pour une détermination plus exacte, le biphényle est élué par l'éthanol et est déterminé par la mesure de l'absorption à 248 mμ. La méthode se prête pour la détermination des quantités de biphényle allant de 0.1 p.p.m. dans les pulpes à 600 p.p.m. dans les écorces d'agrumes avec une erreur de $\pm$2.8 pour cent.

STANLEY, VANNIER et GENTIL (1957) améliorent la méthode de KIRCHNER *et al.* (1954), en apportant certaines modifications relatives à la purification des solvents et à l'application des échantillons. La méthode ainsi modifiée donne des résultats raisonnablement exacts, mais elle demande une considérable préparation préliminaire, de sorte qu'elle se prête mieux à un travail de routine qu'à l'analyse des échantillons occasionnels (BAXTER 1957, WINKLER 1959).

DICKEY et GREEN (1955) extraient le distillat des fruits ou du matériel d'emballage par l'heptane purifié. Les substances interférentes sont éliminées par agitation de l'extrait avec une solution de permanganate de potassium, acidifiée par l'acide acétique. La couche heptanique est séparée, lavée avec une solution de carbonate de soude et le biphényle déterminé à 248 mμ. D'après BAXTER (1957) et WINKLER (1959), la destruction des substances interférentes par le permanganate de potassium est rapide, mais elle est irrégulière et incomplète, et la méthode a tendance à donner des résultats trop élevés; les échantillons sans biphényle donnent parfois des lectures plus élevées que ceux contenant de très faibles quantités de biphényle. L'erreur devient significative seulement avec les écorces contenant moins de 20 p.p.m. de biphényle. La méthode se prête à des analyses occasionnelles et permet de retrouver le biphényle avec une exactitude de 103 pour cent.

BÖHME et BERTLING (1957) extraient le distillat de fruits par le cyclohexane. L'extrait est traité à plusieurs reprises par l acide sulfurique concentré, jusqu'à ce qu'une nouvelle portion d'acide reste incolore. L'extrait cyclohexanique, lavé à l'eau et desséché, est filtré sur une colonne d'alumine acide. La colonne est lavée avec du cyclohexane pour éliminer les essences, et le biphényle est élué par le méthanol, et est déterminé dans la solution méthanolique, par la mesure de l'absorption à 250 mμ. La loi de BEER-LAMBERT est suivie pour les solutions contenant jusqu'à quatre mg. de biphényle par 100 ml. de méthanol. L'erreur de détermination peut atteindre 15 pour cent. BÖHME et BERTLING (1957) constatent que le traitement des solutions cyclohexaniques de biphényle par l'acide sulfurique concentré, ne cause aucune perte en biphényle, mais ce traitement, même très prolongé, n'élimine pas toutes les substances interférentes. Les extraits cyclohexaniques, provenant des oranges et des citrons sans biphényle, exhibent, après le traitement par l'acide sulfurique, des restes d'extinction correspondant à 2.5 à 6, et à 7 p.p.m. de biphényle respectivement. Une partie des substances interférentes résiduelles peut être éliminée par filtration sur une colonne d'alumine acide. Ces auteurs constatent que les essences d'agrumes, placées sur une colonne d'alumine, sont, au cours du lavage par le cyclohexane, très rapidement éliminées avec les premières fractions du solvent, tandis que le biphényle commence à passer seulement quand une quantité relativement grande de solvent a déjà traversé la colonne. BÖHME et BERTLING (1957) suggèrent de séparer le biphényle et les essences par filtration des extraits sur une colonne d'alumine, sans purification préalable par l'acide sulfurique.

WINKLER (1959) extrait le distillat des fruits par le limonène et sépare le biphényle par chromatographie sur une colonne d'alumine. Le limonène est élué par le *n*-heptane purifié, et le biphényle, élué ensuite par une solution d'éther éthylique dans du *n*-heptane, est déterminé à 248 mμ: 0.2 à 2.0 mg. de biphényle, ajoutés aux écorces d'oranges, ont été retrouvés avec une exactitude de 96 à 106 pour cent. Certains petits changements peuvent sensiblement améliorer la méthode.

GUNTHER *et al.* (1959 a et 1963) extraient le distillat des fruits par le cyclohexane spectrophotométriquement pur. L'extrait est lavé par une solution de soude, puis traité à plusieurs reprises par l'acide sulfurique concentré, jusqu'à ce qu'une nouvelle portion d'acide reste incolore. L'extrait est ensuite agité avec une solution de permanganate de potassium, acidifiée par l'acide acétique. La couche cyclohexanique, décantée et lavée par une solution de bicarbonate de soude, est traitée comme précédemment par l'acide sulfurique concentré. L'extrait est finalement lavé à l'eau et est désséché par le sulfate de soude. Une partie aliquote d'extrait est convenablement diluée (10 ou 100 fois) avec du cyclohexane, et l'absorption de la solution est mesurée à 248 mμ. La quantité de biphényle est calculée d'après une courbe de référence, établie pour le biphényle dissout dans le cyclohexane. La méthode permet de retrouver 98 à 100 pour cent de biphényle, et est suffisamment sensible pour les besoins d'expertises. D'après GUNTHER *et al.* (1963), la méthode a été employée avec succès pendant quelques années et dans plusieurs laboratoires officiels pour un travail de routine. GUNTHER *et al.* (1959 a et 1963) démontrent qu'une très rigoureuse purification des extraits, permet d'éliminer une très grande partie de composés entraînés au cours de la distillation. Les extraits cyclohexaniques purifiés et non dilués, provenant des agrumes sans biphényle, exhibent entre 270 et 237 mμ un minimum d'absorption se traduisant à 248 mμ par une très faible, mais variable teneur apparente en biphényle, de l'ordre de une à quatre p.p.m. Ce reste d'absorption est attribué (GUNTHER *et al.* 1963), au *p*-cymène. Par contre, les solutions cyclohexaniques de biphényle exhibent entre 270 et 237 mμ une absorption caractéristique avec un maximum à 248 mμ. Les extraits obtenus dans les conditions décrites par les méthodes, et provenant des agrumes contenant entre 0.7 et 11.6 p.p.m. de biphényle, doivent être, avant les mesures, dilués dix fois, et les extraits provenant des agrumes contenant plus de 11.6 p.p.m., doivent être dilués 100 fois. A cette dilution, l'absorption due aux restes des substances interférentes est pratiquement réduite à zéro ce qui rend possible une détermination exacte du biphényle. D'après l'évaluation de SOUCI et MAIER-HAARLANDER (1963), la méthode de GUNTHER *et al.* (1959 a et 1963) est très appropriée pour la détermination du biphényle dans les agrumes. Les courbes de référence sont reproductibles et la méthode permet de récupérer le biphényle avec une exactitude suffisante. Le cyclohexane spectrophotométriquement pur, coûteux, peut être remplacé par le cyclohexane pour chromatographie, à condition de tracer une courbe de référence pour chaque livraison de solvent. SOUCI et MAIER-HAARLANDER (1963) introduisent quelques changements concernant l'échantillonnage et recommandent la méthode de GUNTHER *et al.* pour la détermination des résidus de biphényle.

β) Spectrophotométrie infra-rouge. — KNODEL et ELVIN (1952) déterminent le biphényle dans les cartons d'emballage. Le carton est extrait par le tetrachlorure de carbone à chaud, l'extrait est concentré et filtré. Le biphényle est déterminé à partir du pic d'absorption de l'extrait, mesuré en cm. à 14.34 μ par la technique de ligne de base. La quantité de biphényle est calculée d'après une courbe de référence établie pour le biphényle dissout dans le tetrachlorure de carbone. La méthode permet de retrouver le biphényle avec une erreur moyenne de 1.9 pour cent. Les divers constituants, présents dans le carton ou dans le mélange d'imprégnation («Phenodor *X*»), n'interfèrent pas dans la détermination du biphényle par la technique de ligne de base.

NEWHALL *et al.* (1954) adaptent la méthode précédente à la détermination du biphényle dans les agrumes. Le biphényle est extrait du distillat par les essences provenant de l'échantillon de fruits ou par le limonène employé comme solvent. Il est déterminé, dans le mélange essence-biphényle, par la mesure à 14.34 μ du pic d'absorption, et par la technique de ligne de base. La courbe de référence est établie pour le biphényle dissout dans le limonène. La méthode permet de déterminer le biphényle dans les échantillons d'essences contenant entre 0.08 à 0.8 pour cent de biphényle avec une exactitude de 98 pour cent. L'emploi des essences d'oranges comme solvent simplifie l'extraction et la détermination du biphényle. Les variations dans les propriétés optiques des essences d'oranges individuelles n'affectent pas l'exactitude des résultats lorsque l'on emploie la technique de ligne de base. D'après BAXTER (1957), la méthode de NEWHALL *et al.* (1954) n'est pas avantageuse pour la détermination des résidus, car beaucoup de laboratoires ne possèdent pas de spectrophotomètre infra-rouge.

ALMIN (1956) détermine le biphényle dans les papiers d'emballage par la spectrophotométrie ultra-violette ou infra-rouge. Le papier est extrait par le cyclohexane et l'absorption de l'extrait mesurée à 250 mμ. L'extrait d'un échantillon du même papier sans biphényle permet d'apporter la correction correspondante à la présence des produits d'encollage. Pour la détermination du biphényle dans la région infra-rouge du spectre, le papier est extrait par le tetrachlorure de carbone, et l'absorption de l'extrait est mesurée à 14.34 μ. L'encollage n'affecte pas les mesures. L'huile minérale, présente dans le mélange d'imprégnation, n'affecte pas la détermination du biphényle par aucune de ces méthodes.

IHLOFF et KALITZKI (1961) extraient le biphényle du distillat des fruits par les essences d'agrumes et le déterminent dans l'échantillon d'essences par la mesure de l'absorption à 13.6 μ. La courbe de référence est établie pour le biphényle dissout dans le limonène. La méthode permet de déceler les quantités dépassant un mg. de biphényle dans un ml. d'essences, et de retrouver le biphényle avec une exactitude de 87 à 120 pour cent. IHLOFF et KALITZKI (1961) choisissent la longueur d'onde de 13.6 μ où le biphényle exhibe une plus forte absorption qu'à 14.34 μ, et où les mesures ne sont pas affectées par la présence dans les fruits de faibles quantités d'*o*-phényl-phénol, de l'ordre de 10 p.p.m. Des quantités plus élevées sont éliminées par lavage des échantillons d'essences avec l'eau alcalinisée.

γ) Chromatographie en phase gazeuse. — THOMAS (1960) détermine le biphényle dans les jus concentrés d'agrumes. Le biphényle est extrait par distillation en présence d'une solution méthanolique du thymol comme étalon interne. Le distillat est extrait par le chloroforme et le biphényle déterminé à l'aide d'une colonne de célite imprégnée d'huile de silicone et d'un détecteur d'ionisation — argon. La méthode permet de déterminer une à dix p.p.m. de biphényle avec une erreur de $\pm$0.42 p.p.m. D'après THOMAS, les interférences ne sont pas sérieuses.

3. Méthodes chimiques. — *a) Sulfonation du biphényle.* — KOETHER (1958) extrait le distillat des fruits par l'éther de pétrole. L'extrait est traité par une solution de permanganate de potassium, et est soumis à une deuxième distillation au cours de laquelle le biphényle est extrait de nouveau par l'éther de pétrole. L'extrait est soumis à l'évaporation du solvent, et le résidu, additionné d'acide sulfurique concentré, est maintenu pendant dix minutes à 105° C. Le produit de sulfonation est dissout dans l'eau et l'absorption de la solution mesurée à 263 mμ. La loi de BEER-LAMBERT, vérifiée jusqu'à $E^{263}_{1\text{cm.}} = 0.8$, est suivie pour les solutions contenant jusqu'à 0.5 mg. de biphényle sulfoné (exprimé en biphényle) par 100 ml. La courbe de référence doit être vérifiée de temps en temps. Le biphényle est retrouvé avec une erreur de -1.2 pour cent. L'erreur moyenne de détermination due aux substances interférentes correspond à 0.15 mg. de biphényle pour 100 g. de fruits. Le produit de sulfonation du biphényle, un mélange indéterminé d'acides biphényle mono- et di-sulfoniques, présente en solution aqueuse, dans la région ultra-violette du spectre, une courbe d'absorption avec une allure générale semblable à celle du biphényle, mais avec un déplacement du maximum d'absorption vers 263 mμ et une augmentation d'extinction de l'ordre de 30 pour cent. Le traitement par le permanganate de potassium n'affecte pas le biphényle, contrairement à l'acide sulfurique, qui entraîne une perte par sulfonation.

β) Nitration du biphényle. — BRUCE et HOWARD (1956) déterminent le biphényle dans l'urine, le sang, e.t.c. Le milieu biologique est extrait par le chloroforme. L'extrait est agité avec une solution de permanganate de potassium, acidifiée par l'acide acétique, séparé et lavé à l'eau. L'extrait purifié est additionné d'acide acétique, et après évaporation d'une partie de chloroforme, est soumis à la nitration à 70° C. Le dérivé mono-nitré formé, identifié comme 4-nitro-biphényle, est extrait par le chloroforme et, après l'évaporation du solvent, réduit en amine. Celle-ci diazotée et couplée avec le *N*-(1-naphtyl)éthylènediamine, donne une coloration pourpre. L'intensité de la coloration est mesurée à 570 mμ. La réaction suit la loi de BEER-LAMBERT pour les quantités de biphényle comprises entre 10 et 100 microgrammes dans l'échantillon à analyser. D'après BRUCE et HOWARD, la méthode est empirique, et environ 20 pour cent de biphényle se perd avant ou pendant la nitration, mais si le mode opératoire est exactement suivi, l'on obtient des résultats satisfaisants. D'après WINKLER (1959), la méthode est très sensible, mais trop compliquée pour les analyses de routine. Selon BÖHME et HOFMANN (1961), la méthode présente certains désavantages, et, en particulier, une partie du biphényle se perd au cours de la concentration des extraits chloroformiques. Par contre, BRUCE et HOWARD (1956) et RAJZMAN (1960) n'observent pas de pertes en concentrant les solutions chloroformiques de biphényle contenant l'acide acétique, et RAJZMAN (1963 a) en évaporant complètement le chloroforme et une partie de l'acide acétique.

HOEKE et CATS (1957) adaptent la méthode de BRUCE et HOWARD (1956) à la détermination du biphényle dans les agrumes. Les écorces d'agrumes sont macérées avec du chloroforme et l'extrait chloroformique est traité par l'acide chlorhydrique 4 *N*. L'extrait chloroformique est ensuite soumis à la détermination du biphényle suivant le mode opératoire de BRUCE et HOWARD (1956).

BÖHME et HOFMANN (1961) extraient le distillat des fruits par une petite quantité de cyclohexane, l'extrait est additionné d'éther de pétrole et est filtré sur une colonne d'alumine acide. Les essences sont éliminées par le lavage de la colonne avec de l'éther de pétrole, le biphényle élué par le chloroforme, et l'extrait chloroformique est traité à chaud par l'acide nitrique fumant. Les dérivés nitrés formés sont réduits en amines, diazotés et couplés avec *N*-(1-naphtyl)éthylènediamine. L'intensité de la coloration est mesurée à 560 mμ. La réaction suit la loi de BEER-LAMBERT au moins jusqu'à quatre mg. de biphényle pour 500 ml. de solution. L'élimination des essences par filtration sur une colonne d'alumine est presque complète et les substances interférentes résiduelles correspondent environ à 0.05 mg. de biphényle pour 0.5 ml. d'essences. Le biphényle traité par l'acide nitrique fumant à chaud donne un mélange de trois dérivés dinitrés, identifiés comme 4,4'-, 2,4'-, et 2,2'-dinitro-biphényle qui, isolés et transformés séparément en colorants diazoiques, donnent trois matières colorantes: bleue, violette, et vin-rouge respectivement avec des maximum d'absorption distincts. Le mélange d'isomères obtenu par nitration du biphényle donne une matière colorante avec un maximum d'absorption à 560 mμ (la couleur du mélange, la répartition quantitative des trois isomères et sa reproductibilité ne sont pas indiquées dans la méthode).

SCHENCK (1957) décèle le biphényle dans les écorces d'oranges. Le biphényle est extrait du distillat par les essences provenant de 1 échantillon à analyser. L'extrait est traité par l'acide nitrique fumant, puis alcalinisé, et le dérivé nitré identifié comme 4,4'-dinitro-biphényle, est extrait par l'éther sulfurique. Après l'évaporation du solvent, le dérivé nitré est séparé par sublimation, couvert par l'acide sulfurique, d'où il se dépose sous forme de cristaux, décelables sous microscope. La méthode permet de déceler deux mg. de biphényle dans 100 g. d'écorce d'agrumes.

γ) Action de l'acide sulfurique, de traces de formaldehyde, et de fer ferrique. — RAJZMAN (1960) détermine le biphényle dans les papiers d'emballage. Le papier est extrait à chaud ou à froid par le chloroforme. Une partie aliquote d'extrait répondant, d'après un essai préliminaire, aux besoins de la détermination, est réduite, ou diluée par le chloroforme, à un ml., et est complétée à 10 ml. par l'acide acétique contenant 16.6 mg. de formaldehyde par litre. Une partie aliquote de mélange, ne dépassant pas 0.2 ml., additionnée de cinq ml. d'acide sulfurique contenant des traces de fer ferrique, développe, en présence du biphényle, une coloration bleue intense stable. L'intensité de la coloration est mesurée à 610 mμ. La réaction suit la loi de BEER-LAMBERT pour les solutions chloroformiques contenant jusqu'à 0.8 mg. de biphényle par un ml., et jusqu'à 14 microgrammes de biphényle dans la partie aliquote de mélange, prise pour le développement de la coloration. La courbe de référence est reproductible. La méthode est simple et rapide, et permet de déterminer le biphényle avec une exactitude restant dans les limites des erreurs expérimentales. La méthode est basée sur une réaction, décrite par RAJZMAN (1960), d'après laquelle de très faibles quantités de biphényle, dissoutes dans certains solvents organiques comme l'éthanol, l'acide acétique, l'acétone, l'éther sulfurique, ou méthanol, donnent immédiatement, avec l'acide sulfurique, des traces de formaldehyde et de fer ferrique, une solution d'une couleur bleue intense spécifique. Avec le biphényle dissout dans le chloroforme, la réaction se développe très lentement, et la couleur du mélange ne se prête pas aux mesures. Par dilution de l'extrait chloroformique avec une quantité convenable d'acide acétique, l'on obtient une solution se prêtant au développement immédiat de la coloration. La réaction est très sensible et permet une détection visuelle de faibles quantités de biphényle de l'ordre d'un microgramme dans cinq ml. de réactif. L'intensité de la coloration varie avec la quantité de formaldehyde, et atteint le maximum quand le rapport entre les quantités de formaldehyde et de biphényle est égal à 0.18 : 1. La réaction suit la loi de BEER-LAMBERT seulement quand ce rapport se trouve entre 0.09 et 0.22 : 1, soit environ entre une et deux molécules de formaldehyde pour deux molécules de biphényle. La coloration bleue pourrait être due à la formation du bis-(*p*-biphényle)-méthane et à son oxydation en dérivé *p*-quinoïdal coloré.

RAJZMAN (1961 a et 1963 a) adapte de réaction décrite plus haut à la détermination du biphényle dans les agrumes. Les deux méthodes (RAJZMAN 1961 a et 1963 a) diffèrent par certains détails dans la technique de la purification des extraits. Les premiers 100 ml. de distillat sont extraits par le chloroforme. L'extrait est traité à plusieurs reprises par $^1/_3$ de son volume d'acide sulfurique à 95.2 pour cent w./w., jusqu'à ce que, d'après un test préliminaire, l'extrait soit suffisamment pur pour la détermination. Pour éliminer les substances interférentes résiduelles ne cédant pas au traitement par l'acide sulfurique, l'extrait est additionné d'acide acétique et soumis à l'évaporation du chloroforme et d'une partie d'acide acétique. Le biphényle est déterminé dans l'extrait purifié par colorimétrie, suivant la technique décrite ci-dessus. La méthode permet d'identifier visuellement des traces de biphényles dans les fruits et de déterminer, dans les limites des erreurs expérimentales, de très faibles quantités de l'orde de 0.06, 1.0, et 0.3 p.p.m. de biphényle dans les pulpes, les écorces et les fruits entiers respectivement. Les extraits chloroformiques purifiés, provenant des agrumes sans biphényle, traités par l'acide sulfurique, les traces de formaldehyde et de fer ferrique, ne donnent pas de colorations ni de lectures au colorimètre. La présence de l'*o*-phényl-phénol qui donne, avec les réactifs, une coloration rose (RAJZMAN 1960), ne gêne pas la détermination du biphényle, puisque l'*o*-phényl-phénol disparaît rapidement au cours de la purification des extraits par l'acide sulfurique. La méthode se prête au travail de routine.

Au cours de la distillation d'un mélange de biphényle et d'eau contenant de 20 à 100 mg. de biphényle, et de 300 à 2000 ml. d'eau, la plus grande partie du biphényle s'élimine avec les premiers 25 ml. de distillat. Les quantités de biphényle susceptibles de se trouver dans les échantillons d'agrumes, soumis à la distillation dans les conditions décrites dans la méthode, s'éliminent complètement avec les premiers 100 ml. de distillat. La distillation des écorces et des pulpes de fruits durent environ 20 et 40 minutes respectivement. La purification des extraits chloroformiques par l'acide sulfurique concentré peut, dans certaines conditions, causer une perte en biphényle par sulfonation. La perte augmente avec la quantité d'acide, la durée du traitement et le degré de concentration de l'acide sulfurique, et peut atteindre 100 pour cent. Un volume d'acide sulfurique à 95.2 pour cent w./w. peut être employé sans causer de pertes pour un traitement prolongé de trois volumes d'extraits chloroformiques.

δ) Action du réactif formol-sulfurique (0.2 ml. de solution de formaldehyde à 37 pour cent dans 10 ml. d'acide sulfurique concentré).

aa) Action par la réaction à la touche de FEIGL *(1956)*. — BENK et KREHL (1957) rincent les fruits intacts par l'éther de pétrole, l'extrait est soumis à l'évaporation du solvent, et le biphényle est décelé dans le résidu par la coloration bleu-verte qu'il donne avec le réactif formol-sulfurique. Ces auteurs décèlent également le biphényle par les colorations qu'il donne avec divers hydrocarbures halogénés en présence de chlorure d'aluminium. Les traces d'essences, gênant les réactions, sont éliminées au cours de l'évaporation du solvent. Ces tests semblent avoir une valeur limitée. D'une part, le biphényle risque de se volatiliser au cours de l'élimination des essences, d'autre part, il n'est pas toujours décelable sur la surface des fruits contenant même des quantités élevées de biphényle (RAJZMAN 1961 b).

IHLOFF et KALITZKI (1955 et 1957) extraient le distillat des fruits par l'éther de pétrole. L'extrait est purifié par l'acide sulfurique concentré ou par une solution de permanganate de potassium, acidifiée par l'acide acétique. Une partie aliquote d'extrait est soumis à l'évaporation du solvent, et le biphényle est décelé dans le résidu par la coloration bleu-verte qu'il donne avec le réactif formol-sulfurique. La limite inférieure de sensibilité correspond à 7.5 microgrammes de biphényle. La dilution de l'extrait, nécessaire pour atteindre cette limite, permet de calculer la quantité de biphényle dans l'extrait. D'après BÖHME et BERTLING (1957), la quantité minimale de biphényle décelable dans les extraits purifiés par l'acide sulfurique correspond à 50 microgrammes. Le réactif formol-sulfurique ne se prête pas à l'identification du biphényle en présence de traces d'essences puisqu'il donne encore avec 0.5 mg. d'essences une nette coloration brun-rouge. En purifiant les extraits, préalablement traités par l'acide sulfurique, par filtration sur une colonne d'alumine, il est possible de déceler 80 microgrammes de biphényle dans 0.5 ml. d'essences.

THODE (1957) décèle le biphényle dans les papiers d'emballage. Les papiers sont extraits par léther éthylique et le solvent évaporé. Le biphényle contenu dans le résidu, distillé dans une goutte de réactif formal-sulfurique, suspendue sur une baguette de verre, donne une coloration bleu-foncée. La quantité minimale décelable correspond à 20 microgrammes de biphényle dans 100 mg. de matériel d'emballage.

BOHM (1961) décèle le biphényle dans les écorces. La couche contenant les huiles essentielles est réduite en purée et extraite à chaud par le dichlorométhane, en présence d'acide chlorhydrique. La masse est refroidie et filtrée. Le filtrat est concentré au bain-marie et est maintenu pendant trois à quatre heures à la température ambiante, afin d'éliminer complètement le solvent, et de provoquer une dessication des essences. Le biphényle est ensuite séparé par sublimation et est identifié par la coloration bleue qu'il donne avec le réactif formol-sulfurique. La méthode a été élaborée pour simplifier le mode opératoire assez laborieux, généralement employé pour l'extraction du biphényle et la purification des extraits, mais elle présente, d'après BOHM (1961), certains inconvénients. Les huiles essentielles gênent la réaction, et la dessication nécessaire pour provoqueur un durcissement suffisant des essences doit être assez longue, mais pas trop longue, pour éviter une perte de biphényle.

ββ) Action sur le biphényle en solution. — BRIESKORN et GEUTING (1960) décèlent et déterminent le biphényle en solution pure. Pour l'identifier, le biphényle dissout dans l'acide acétique ou dans l'acétate d'éthyle est traité par le réactif formol-sulfurique. Il se développe, suivant la quantité de biphényle, une coloration bleue, rouge-violette ou bleu-verte. La quantité minimale décelable correspond à 2.5 microgrammes de biphényle. Pour la détermination quantitative, le biphényle dissout dans l'acétate d'éthyle est mélangé avec une solution d'acide glyoxylique dans l'acétate d'éthyle. Le mélange est additionné d'acide sulfurique concentré, et est maintenu pendant 20 minutes au bain-marie bouillant. Après refroidissement, l'intensité de la couleur bleue developpée est mesurée à 600 mμ. La loi de BEER-LAMBERT est suivie pour les quantités comprises entre 20 et 60 microgrammes de biphényle dans l'échantillon soumis au développement de la coloration. Le biphényle est retrouvé avec une déviation de moins trois pour cent. D'après BRIESKORN et GEUTING (1960), la sensibilité de la réaction avec le réactif formol-sulfurique correspondant, d'après IHLOFF et KALITZKI (1955), à 7.5 microgrammes de biphényle, peut être abaissée à 2.5 microgrammes si, au lieu de faire agir le réactif sur le biphényle solide, on le fait agir sur le biphényle dissout dans l'acide acétique ou l'acétate d'éthyle. Les diverses colorations: bleue, rouge-violette, ou bleu-verte obtenues dépendent des quantités de biphényle et de formaldehyde. La coloration bleue est due à la formation du bis-*p*-biphényle-méthane, qui, en présence d'acide sulfurique contenant la formaldehyde (ou divers oxydants), donne le bis-*p*-biphényle-carbinol. Ce dernier donne, avec l'acide sulfurique, une coloration bleue. Les autres colorations, rouge-violette ou bleu-verte, sont dues à la formation des dérivés secondaires, apparaissant en quantités incontrolables, suivant les quantités respectives de biphényle et de formaldehyde. Pour cette raison, la formaldehyde, d'une grande activité, a été replacée dans la détermination quantitative par l'acide glyoxylique, et la réaction suit la loi de BEER-LAMBERT seulement dans les limites indiquées.

Un nombre relativement important de méthodes a été publié, mais peu d'entre elles semblent être utilisables en pratique. La détermination des résidus de biphényle, pour les besoins de recherches ou d'expertise, entraînent des conséquences de diverses natures et de grandes responsabilités légales. Les méthodes employées doivent répondre à certains principes généraux, établis pour le dosage des résidus des adjuvents chimiques (GUNTHER 1959, GUNTHER et BLINN 1955). Elles doivent être, si possible, spécifiques, suffisamment sensibles et raisonnablement exactes pour l'identification et la détermination des très faibles quantités de biphényle, souvent inférieures à une p.p.m., et se prêter à un travail de routine. D'après SOUCI et MAIER-HAARLANDER (1963) parmi les méthodes publiées, en dehors de la méthode de GUNTHER *et al.* (1959 a et 1963) déjà évaluée, les méthodes de KOETHER (1958), BÖHME et HOFMANN (1961), et RAJZMAN (1961 a) se prêteraient à la détermination des résidus. Il est à remarquer que les procédés proposés par divers auteurs pour l'élimination des substances interférentes, sont généralement assez laborieux et un effort demande à être fait pour les simplifier. Il semble aussi souhaitable de fixer pour les besoins d'expertise, certaines conditions relatives au prélèvement, à la conservation et à la préparation des échantillons pour l'analyse. L'extraction du biphényle, à partir des fruits entiers, est généralement assez encombrante et est gênée par la tendance des pulpes à mousser. Pour le besoin d'expertise, le taux de résidus dans les fruits entiers peut être déterminé avec une très faible erreur à partir des résidus trouvés dans les écorces, à condition que le pourcentage d'écorce dans l'échantillon de fruits soumis à l'expertise soit correctement déterminé.

VI. Localisation et répartition des résidus de biphényle dans le fruit

La signification de la quantité de biphényle trouvée dans le fruit entier est, du point de vue pratique, très limitée. Les agrumes sont rarement consommés en entier et souvent certaines parties du fruit servent à la préparation des produits destinés à l'alimentation humaine et animale, ou à la fabrication de produits pharmaceutiques. La localisation et la répartition des résidus dans le fruit a, du point de vue de la santé publique, une grande importance.

Le biphényle a été recherché dans l'écorce du fruit et ses parties essentielles: le flavedo (l'épicarpe), la couche externe colorée contenant les chromoplastes et les poches secrétrices à essence, et l'albedo (le mesocarpe), la couche interne blanche et spongieuse, et dans la partie comestible: le jus et la pulpe (l'endocarpe).

a) L'écorce

Le biphényle a été trouvé dans les écorces de divers agrumes protégés par le biphényle, et sa présence dans l'écorce n'a jamais été mise en doute. Quelle que soit la variété des fruits, les quantités de biphényle trouvées dans les écorces varient de quelquesunes à quelques centaines de p.p.m. (Tableau II). Suivant la classification générale des résidus (GUNTHER et BLINN 1955), les résidus de biphényle contenus dans l'écorce sont en majeure partie subcuticulaires. Ils se localisent principalement dans le flavedo et tout particulièrement dans les poches à essence (HAZLETON 1956, RAJZMAN 1961 b et 1961 f). La rupture des poches à essence, suivie d'un rinçage à l'eau, du séchage ou de la cuisson des écorces, a entraîné l'élimination de 92,2 à 100 pour cent de biphényle (RAJZMAN 1961 f). L'albedo en contient de très faibles quantités et contribue peu à la teneur de l'écorce en biphényle; des quantités allant de 0.2 à 0.8 pour cent de biphényle, contenues dans l'écorce, ont été trouvées dans l'albedo (RAJZMAN 1961 b). L'on décèle parfois le biphényle par rinçage des fruits intacts avec un solvent organique, comme l'éther de pétrole (BENK et KREHL 1957) ou le chloroforme (RAJZMAN 1961 b). Dans certains cas, des quantités non négligeables correspondant à 30 pour cent de biphényle contenu dans l'écorce, ont été trouvées; dans d'autres cas, uniquement des traces insignificantes ont cédé à ce traitement (RAJZMAN 1961 b). Ces résidus superficiels ou cuticulaires sont probablement formés par le biphényle qui se trouve sur la surface du

Tableau II. *Résidus de biphényle trouvés dans les écorces et le pulpes d'agrumes*

Variété de fruits	Biphényle				Références
	Écorce		Pulpe		
	p.p.m.	mg./fruit	p.p.m.	mg./fruit	
Oranges	40.0—200	—	0.00— 1.2[a]	0.0—0.17	TOMKINS et ISHERWOOD (1945)
	21.6—363[a]	1.3—21.7	0.00—16.0[a]	0.0—2.30	FEUERSANGER (1955)
	55[a]	3.3	4.3[a]	0.6	ROGLIANI et PROCACCINI (1956)
	73.7—870[b]	—	—	—	HARVEY (1955)
	126.0—247[b]	—	0.19— 0.55	—	RAJZMAN (1961 b)
	17.0—128[b]	—	0,05— 0.49	—	RAJZMAN (1961 c)
	17.5—427[c]	—	—	—	HARVEY (1955)
	33.0—102[d]	—	0.26— 0.32	—	RAJZMAN (1961 b)
	14.0— 80[d]	—	0.15— 0.66	—	RAJZMAN (1961 c)
	0.0—340[e]	—	0.51— 0.95	—	HAZLETON (1956)
Citrons	11.0—355[a]	0.5—16.0	0.00—13.0[a]	0.0—1.40	FEUERSANGER (1955)
	71[a]	3.2	3[a]	0.3	ROGLIANI et PROCACCINI (1956)
	13.8—234	—	—	—	HARVEY (1955)
	0.0—130	—	—	—	HAZLETON (1956)
	44	—	0.5	—	RAJZMAN (1961 b)
Grapefruit	156.0—509	—	—	—	HARVEY (1955)
	0.0— 90	—	—	—	HAZLETON (1956)
	15	—	0.04	—	RAJZMAN (1961 b)

[a] Valeurs très approximatives, calculées d'après les quantités de biphényle par fruit, en admettant pour les oranges et les citrons un poids de 200 et 150 g. respectivement, et une teneur en écorces de 30 pour cent.
[b] Valencia.
[c] Washington navel.
[d] Shamouti.
[e] De Californie et de Floride.

fruit ou dans l'enduit cireux, avant sa pénétration dans les couches plus profondes de l'écorce ou avant sa volatilisation.

Le biphényle se volatilisant des agrumes a été mis en évidence sur les fruits fraîchement sortis des emballages contenant encorce le biphényle. Des quantités allant de 15 à 300 microgrammes de biphényle par fruit et par 24 heures, et décroissant au cours de l'aération à quelques microgrammes ont été trouvées (RAJZMAN 1963 b)[1]. Elles sont probablement responsables de l'odeur du biphényle, décelable sur certains fruits et qui disparaît au cours

[1] *Note:* Le biphényle se volatilisant des agrumes a été identifié et déterminé dans l'air de l'aération des fruits par une méthode colorimétrique basée sur les principes déjà décrits (RAJZMAN 1960 et 1963 a). Le biphényle est identifié par la coloration bleue en faisant passer l'air par un réactif à base d'acide sulfurique, de traces de formaldehyde et de fer ferrique. Pour la détermination quantitative, le biphényle est extrait de l'air par l'acide acétique et déterminé dans l'extrait acétique.

de l'aération (TOMKINS 1935, FARKAS 1938 et 1939 a, TOMKINS et ISHERWOOD 1945, FLETCHER 1954, FEUERSANGER 1955, SOUCI 1959, ECKERT et KOLBEZEN 1963).

b) Le jus

Le biphényle a été recherché dans les jus extraits des fruits par pression. Dans certains cas, le biphényle n'a pas pu être mis en évidence (KOETHER 1958), dans d'autres cas, des quantités allant jusqu'à 4.3 p.p.m. de biphényle dans les jus d'oranges, 11.2 p.p.m. dans les jus de citrons et 4.4 p.p.m. dans les jus de grapefruit on été trouvées (HARVEY 1955, HAZLETON 1956) (Tableau III).

Tableau III. *Résidus de biphényle trouvés dans les jus d'agrumes*

Variété de fruits	Extraction par pression à la main		Extraction par pression mécanique		Références
	Nombre d'échantillons	Biphényle, p.p.m.	Nombre d'échantillons	Biphényle, p.p.m.	
Oranges	205	0.0—1.0	265	0.0 — 2.0	HAZLETON (1956)
	12	1.0—1.3	11	2.0 — 2.4	
	1	1.4—1.5	3	2.5 — 2.8	
	2	1.7—1.8	3	2.9 — 3.2	
	1	2.5	2	4.3	
	—	—	40	0.17— 3.89	HARVEY (1955)[a]
Citrons	110	0.0—1.0	17	1.0 — 2.0	HAZLETON (1956)
	8	1.1—1.7	34	2.0 — 4.0	
	4	1.8—2.0	12	4.0 — 6.0	
	2	2.1—2.3	3	6.0 — 8.0	
	1	3.8	2	10.8 —11.2	
	—	—	6	0.19— 1.83	HARVEY (1955)[a]
Grapefruit	11	0.0—0.9	17	0.4 — 1.0	HAZLETON (1956)
	—	—	6	1.29— 4.41	HARVEY (1955)[a]

[a] Le mode d'extraction n'est pas connu.

Les quantités de biphényle trouvées dans les jus extraits par pression mécanique sont généralement plus élevées que dans les jus extraits par pression à la main. Les quantités maxima trouvées par HAZLETON (1956) dans les jus d'oranges, de citrons, et de grapefruit extraits par pression à la main correspondent respectivement à 2.5, 3.8, et 0.9 p.p.m. de biphényle, contre 4.3, 11.2, et 1.0 p.p.m. dans les jus extraits par pression mécanique. Environ 90 pour cent de jus d'oranges et de citrons extraits par pression à la main contenaient moins d'une p.p.m. de biphényle, tandis que dans les jus extraits par pression mécanique, 50 pour cent environ de jus d'oranges, et presque tous les échantillons de jus de citrons contenaient plus d'une p.p.m.

La présence de biphényle dans les jus extraits par pression des fruits ne constitue pas une preuve de la pénétration du biphényle dans les jus d'agrumes. Les quantités plus élevées trouvées dans les jus extraits par pression mécanique sont attribuées aux traces de biphényle contenues dans les essences, qui libérées par la rupture accidentelle des poches à essence souillent les jus (HAZLETON 1956). Comme chaque extraction par pression peut causer une rupture d'un certain nombre de poches à essence, une partie ou la totalité de biphényle trouvé dans les jus obtenus par les deux modes d'extraction, pourrait provenir de l'écorce.

c) La pulpe

Le biphényle a été recherché dans les pulpes de fruits dont les écorces contenaient le biphényle (Tableau II).

TOMKINS et ISHERWOOD (1945) trouvent le biphényle dans les pulpes d'oranges entreposées dans des conditions expérimentales, mais n'en trouvent point dans les pulpes d'oranges d'origine commerciale. Sur 26 échantillons d'oranges et de citrons provenant de différents pays, FEUERSANGER (1955) trouve le biphényle seulement dans les pulpes de deux échantillons d'oranges et d'un échantillon de citrons. Dans d'autres cas, le biphényle a été généralement trouvé dans les pulpes d'oranges et de citrons (ROGLIANI et PROCACCINI 1956, HAZLETON 1956).

D'après RAJZMAN (1961 b), l'absence de biphényle dans les pulpes, et la présence de quantités élevées, trouvées par FEUERSANGER (1955) et atteignant 16 p.p.m. de biphényle, crée, comme dans le cas des jus, un doute quant à l'origine du biphényle trouvé dans les pulpes. Pour établir si le biphényle pénètre dans les pulpes, et si les traces d'albedo adhérant à la pulpe jouent un rôle dans les quantités de biphényle éventuellement trouvées dans les pulpes, RAJZMAN (1961 b) détermine le biphényle d'une part dans les pulpes soigneusement pelées, en évitant leur contamination par le biphényle provenant de l'écorce, et d'autre part, dans l'albedo prélevé sur les écorces correspondantes.

Tableau IV. *Répartition des résidus de biphényle dans le fruit* (RAJZMAN 1961 b)

Variété	Biphényle par fruit, mg.				Biphényle, p.p.m.			Biphényle dans la pulpe, en % du biphényle dans le fruit entier
	Fruit entier	Écorce		Pulpe	Fruit entier	Écorce	Pulpe	
		Entière	Albedo					
Oranges	8.46 [a]	8.43	0.025	0.033	40 [a]	102	0.26	0.40 [a]
	12.60 [b]	12.57	0.098	0.031	70 [b]	247	0.24	0.25 [b]
	7.85 [c]	7.80	0.030	0.055	38 [c]	152	0.35	0.70 [c]
Clementines	4.50	4.50	—	0.009	62	250	0.15	0.20
Grapefruit	0.73	0.73	—	0.007	3.2	15	0.04	1.00
Citrons	1.84	1.80	0.004	0.039	15	44	0.50	2.10

[a] Shamouti.
[b] Valencia.
[c] Navel.

Dans ces conditions, de faibles quantités de biphényle ont été trouvées dans les pulpes d'oranges, de citrons et de grapefruit, et les quantités de biphényle trouvées dans l'albedo ont été trop faibles pour les justifier

(Tableau IV). La possibilité d'une pénétration du biphényle dans les pulpes d'agrumes semble être ainsi établie.

Les résidus trouvés par RAJZMAN (1961 b), allant de 0.04 à 0.5 p.p.m., sont du même ordre de grandeur que ceux trouvés par TOMKINS et ISHERWOOD (1945) 0.0 à 1.2 p.p.m., et par HAZLETON (1956) 0.5 à 0.95 p.p.m. Cette faible teneur en biphényle des pulpes d'agrumes, généralement en dessous d'une p.p.m., s'est trouvée confirmée par la suite par de nombreuses déterminations du biphényle dans les pulpes, prélevées sur des agrumes mûrs, stockés dans des conditions normales. Les quantités de biphényle dépassant même légèrement une p.p.m. semblent être exceptionnelles (RAJZMAN 1961 c et d, 1963 b). Ceci reste d'accord avec les faibles quantités de biphényle trouvées même dans les jus d'agrumes, où elles restent en général en dessous d'une p.p.m. et oscillent par exemple entre 0.16 et 0.66 (SOUCI 1959), et, dans 90 pour cent d'échantillons de jus extraits à la main, entre 0 et une p.p.m. (HAZLETON 1956). Les quantités relativement élevées de biphényle trouvées par certains auteurs ne peuvent pas être considérées comme représentatives pour les pulpes d'agrumes. La présence de biphényle dans les pulpes des fruits dont les écorces contiennent le biphényle, semble être facultative. Dans certains cas, comme par exemple dans les citrons qui ont été soumis à un entreposage prolongé, le biphényle ne fut point décelable dans les pulpes de fruits (RAJZMAN 1963 b).

La localisation et la répartition du biphényle dans la pulpe ne semblent pas avoir été recherchées, mais comme la présence d'huiles essentielles dans les sacs à jus de la plupart des agrumes semble être définitivement établie (KIRCHNER 1961), il se peut qu'une partie au moins du biphényle, contenue dans les pulpes, soit localisée dans les gouttelettes d'huiles essentielles.

En résumé, le biphényle est très inégalement réparti dans le fruit. Presque tout le biphényle se retrouve dans l'écorce où il est localisé essentiellement dans les poches à essence du flavedo, tandis que l'albedo et la pulpe, la partie comestible du fruit, contiennent des quantités insignifiantes de biphényle. Il n'existe aucun rapport constant entre les quantités de biphényle contenues dans les écorces ou les fruits entiers et dans les pulpes des fruits (Tableau IV). Les quantités de biphényle dans les écorces varient dans de très grandes limites, allant de quelques-unes à quelques centaines de p.p.m. de biphényle, tandis que les quantités de biphényle dans les pulpes apparaissent comme des valeurs relativement constantes (HAZLETON 1956), ne dépassant pas une p.p.m. de biphényle.

Les résidus de biphényle dans les fruits entiers sont surtout déterminés par les résidus contenus dans les écorces, et peuvent, en conséquence, varier dans de très grandes limites.

VII. Résidus de biphényle dans les agrumes mis en vente

L'on relève, dans certains travaux, que les agrumes sont conservés par les résidus de biphényle (IHLOFF et KALITZKI 1960), et que les fruits contenant des quantités plus élevées sont mieux conservés que ceux qui en contiennent moins (IHLOFF et KALITZKI 1961). La présence de résidus de biphényle en général, et de quantités élevées, en particulier, apparaît ainsi comme utile et intentionnelle. Pour éviter toute interprétation erronée des quantités différentes de résidus, que l'on trouve généralement dans les agrumes mis en vente, il est nécessaire de tenir compte du fait que le biphényle n'est pas un produit de conservation des agrumes (GLEISBERG 1956), mais un moyen de lutte contre le développement des champignons causant leur pourriture, et que, une fois absorbé par les fruits, le biphényle perd ses propriétés protectrices (HAZLETON 1956).

Le biphényle est un inintentionnel adjuvent chimique, dont la présence dans ou sur les fruits n'est pas recherchée, et n'est d'aucune utilité pour la bonne conservation des fruits. Les fruits contenant des quantités élevées de biphényle peuvent pourrir aussi bien que les fruits ne contenant pas de biphényle. L'absorption du biphényle se poursuit au cours du transport et de l'entreposage, et les différences entre les résidus de biphényle sont dues à de très nombreux facteurs, difficilement réglables.

L'on ne possède pas, actuellement, des moyens permettant de limiter volontairement les résidus de biphényle à des quantités fixées d'avance, ce qui constitue la différence essentielle entre le biphényle et la majorité d'autres adjuvents chimiques. L'on pourrait éviter la présence éventuelle de résidus supérieurs à 70, 100, ou 110 p.p.m., en imprégnant les emballages, respectivement avec 14, 20, ou 22 mg. de biphényle par 200 g. de fruits. Ces quantités sont néanmoins insuffisantes pour protéger les fruits et les emballages, pour être efficaces, doivent contenir environ 40 mg. de biphényle par 200 g. de fruits. Les fruits ont ainsi la possibilité théorique d'absorber des quantités excessives de biphényle. L'existence de trois taux de tolérance complique, à priori, le maintien des résidus dans les limites prescrites, puisqu'en admettant que les quantités maxima susceptibles de se trouver dans les agrumes mis en vente correspondent à 110 p.p.m., les 100 et 70 p.p.m. répondant à 90 et 65 pour cent de la tolérance établie aux Etats-Unis, doivent nécessairement se trouver de temps en temps dépassés.

Afin de savoir, si, et dans quelle mesure les résidus de biphényle dans les agrumes livrés à la consommation restent dans les limites prescrites, on cherchera à le déduire des résidus trouvés dans les agrumes de diverses origines et mis en vente sur différents marchés. Ces données sont résumées par auteurs dans le Tableau V.

Un nombre relativement élevé des données provient des Etats-Unis (HAZLETON 1956), où quelques centaines de caisses et de cartons de fruits, comprenant les oranges Navel de Californie et diverses variétés d'oranges de Floride, de citrons et de grapefruit ont été analysés. Les fruits ont été prélevés pendant plusieurs années et à différentes époques sur divers marchés de la région de Washington, de New York, et de Chicago. Les quantités maxima trouvées dans les oranges, les citrons et les grapefruit correspondent à 110, 70, et 30 p.p.m. de biphényle, mais généralement, les quantités trouvées étaient plus faibles, et 10 pour cent seulement des échantillons d'oranges, de citrons et de grapefruit contenaient plus que 60, 40, et 20 p.p.m. de biphényle respectivement. Dans un certain nombre d'échantillons d'agrumes prélevés plus récement sur les marchés américains, les résidus d'une teneur moyenne de 34.1 p.p.m., oscillaient entre 10.7 et 57.5 p.p.m. de biphényle (SOUCI 1959).

Tableau V. *Résidus de biphényle trouvés dans les agrumes livrés à la consommation (classés suivant l'auteur) 1945 à 1961*

Références	Méthode de determination du biphényle	Nombre d'échantillons examinés			Biphényle dans			Nombre d'échantillons depassant		
		Oranges	Citrons	Grape-fruit	Oranges p.p.m.	Citrons p.p.m.	Grape-fruit p.p.m.	70 p.p.m.	100 p.p.m.	110 p.p.m.
TOMKINS et ISHERWOOD (1945)	TOMKINS et ISHERWOOD (1945)	3	—	—	17	—	—	0	0	0
FEUERSANGER (1955)	STEYN et ROSSELET (1947)	20	—	—	0—108 [a]	—	—	3	1	0
		—	3	—	—	0—107 [a]	—	4	1	0
HAZLETON (1956)	DICKEY et GREEN (1955)	353	—	—	0—110	—	—	15	1	0
		—	123	—	—	0— 70	—	0	0	0
		—	—	28	—	—	0—30	0	0	0
ROGLIANI et PROCACCINI (1956)	COX (1945)	—	—	—	18 [a]	—	—	0	0	0
		—	—	—	—	25 [a]	—	0	0	0
BÖHME et BERTLING (1957)	BÖHME et BERTLING (1957)	1	—	—	65	—	—	0	0	0
		—	2	—	—	43— 77	—	1	0	0
		—	—	1	—	—	8	0	0	
KOETHER (1958)	KOETHER (1958)	11	—	—	1— 22	—	—	0	0	0
		—	2	—	—	18— 33	—	0	0	0
IHLOFF et KALITZKI (1961)	IHLOFF et KALITZKI (1961)	89	—	—	0—185	—	—	13	7	6
		—	67	—	—	2—129	—	1	1	1
		—	—	29	—	—	5—64	0	0	0
RYGG *et al.* (1961)	GUNTHER *et al.* (1959a)	—	—	—	—	0.3— 28	—	0	0	0
SOUCI (1959)	GUNTHER *et al.* (1959a)	—	—	—		10.7—57.5		0	0	0

[a] Valeurs très approximatives calculées à partir des quantités de biphényle par fruit, en admettant un poids de 200 g. pour une orange et de 150 g. pour un citron.

D'après ROGLIANI et PROCACCINI (1956), les oranges analysées contenaient en moyenne 3.6 et les citrons 3.8 mg. de biphényle par fruit.

En dehors des données de TOMKINS et ISHERWOOD (1945) sur les oranges envoyées d'Israel en Angleterre, le plus grand nombre de données sur les fruits importés en Europe provient de l'Allemagne Fédérale. FEUERSANGER (1955) trouve dans certains fruits entre 1.3 et 21.7 mg. de biphényle par orange, et entre 0.5 et 16 mg. par citron, mais n'en trouve point dans les oranges d'origine israélienne et cypriote. D'autres données correspondent aux résidus trouvés par BÖHME et BERTLING (1957) et KOETHER (1958) dans les agrumes de diverses origines, par IHLOFF et KALITZKI (1961) dans les agrumes importés en Allemagne Fédérale entre Avril 1959 et Avril 1961, et par RYGG *et al.* (1961) dans les citrons prélevés chez divers distributeurs à Hambourg, et provenant de nombreux envois commerciaux des Etats-Unis.

Il est assez difficile de tirer des conclusions définitives d'après les données citées. D'une part, le nombre d'échantillons analysés n'est pas toujours suffisamment important, d'autre part les résidus ont été déterminés par différentes méthodes, plus ou moins exactes, avec, dans certains cas, une erreur de l'ordre de ± 20 pour cent. Néanmoins, quelle que soit la méthode analytique employée, les résidus trouvés dans diverses variétés d'agrumes varient dans de larges limites et dans l'ensemble oscillent entre 0.0 et 185 p.p.m. dans les oranges, 0.0 et 129 p.p.m. dans les citrons, et 0.0 et 64 p.p.m. dans les grapefruit.

L'origine des fruits n'influe pas d'une façon notable sur l'amplitude de variations (Tableau VI), et les résidus moyens calculés à titre d'orientation ne dépassent pas 66 p.p.m. de biphényle dans les oranges, 63 p.p.m. dans les citrons, et 21 p.p.m. dans les grapefruit de diverses origines.

L'on peut aussi juger très approximativement dans quelle mesure les résidus restent dans les limites de tolérance établies par divers pays. D'après les données citées dans le Tableau VI, sur plus de 470 échantillons d'oranges dans lesquels le biphényle a été dosé 32, neuf et six échantillons, soit moins de 6.6, 1.9, et 1.3 pour cent dépassent 70, 100, et 110 p.p.m. de biphényle respectivement. Sur plus de 208 échantillons de citrons six, deux, et un échantillons, soit moins de trois, un, et 0.5 pour cent dépassent 70, 100, et 110 p.p.m. de biphényle, et tous les échantillons de grapefruit contiennent moins de 70 p.p.m. de biphényle.

D'après les données de IHLOFF et KALITZKI (1961), où les valeurs limites sont les plus élevées, sur 89 échantillons d'oranges, 13, sept, et six, soit 15, huit, et sept pour cent dépassent 70, 100, et 110 p.p.m., et sur 67 échantillons de citrons 1 seul, soit 1.3 pour cent, dépasse les trois taux de tolérance.

Dans l'ensemble, les résidus trouvés dans les agrumes livrés à la consommation restent en général dans les limites prescrites. Il est à noter que les résidus dans les agrumes de diverses variétés, d'origines différentes, et qui ont subi un sort très différent dans les maisons d'emballage et au cours du transport et de l'entreposage, dépassent rarement 110 p.p.m., les quantités maxima trouvées par HAZLETON (1956) dans les agrumes mis en vente aux Etats-Unis.

Ceci semble être assez rassurant du point de vue de la santé publique, mais du point de vue légal et du point de vue du producteur, les exceptions

Tableau VI. *Résidus de biphényle trouvés dans les agrumes livrés à la consommation (classés suivant l'origine des fruits) (1945 à 1961)*

Origine des fruits	Nombre d'échantillons analysés	Biphényle, p.p.m.			Nombre d'échantillons contenant plus que			Références
		Min.	Max.	Moyenne	70 p.p.m.	100 p.p.m.	110 p.p.m.	
Oranges								
Etats-Unis	12	0	108.5	40	3	1	0	FEUERSANGER (1955)[a]
Californie et Floride	352	0	110	35	15	1	0	HAZLETON (1956)
Floride	1	—	—	5	0	0	0	IHLOFF et KALITZKI (1961)
Amerique du Nord .	4	19	43	29.5	0	0	0	IHLOFF et KALITZKI (1961)
Israel	3	—	—	17	0	0	0	TOMKINS et ISHERWOOD (1945)
	5	—	—	0	0	0	0	FEUERSANGER (1955)[a]
	26	13	185	66	9	5	4	
	7[c]	—	—	+	—	—	—	IHLOFF et KALITZKI (1961)
	1	0	0	0	0	0	0	
Afrique du Sud . .	1	—	—	15	0	0	0	FEUERSANGER (1955)[a]
	8	1	20	10	0	0	0	KOETHER (1958)
	19	5	125	39	1	1	1	
	5[c]	—	—	+	—	—	—	IHLOFF et KALITZKI (1961)
	9	—	—	0	0	0	0	
Italie	?	—	—	18	0	0	0	ROGLIANI et PROCACCINI (1956)[a]
	1	—	—	65	0	0	0	BÖHME et BERTLING (1957)
Chypre	2	0	0	0	0	0	0	FEUERSANGER (1955)[a]
	4	8	30	21	0	0	0	IHLOFF et KALITZKI (1961)
Bresil	3	3	22	13	0	0	0	KOETHER (1958)
	10	28	121	57	2	1	1	
	1[c]	—	—	+	—	—	—	
Algerie	1	—	—	0	0	0	0	IHLOFF et KALITZKI (1961)
Maroc	1	—	—	21	0	0	0	
	2	—	—	0	0	0	0	
Inconnue	23	3	> 70	36	1	0	0	
	2[c]	—	—	+	—	—	—	
	13	—	—	0	0	0	0	
Total[b]	> 470	0	185	—	31	9	6	

Citrons								
Etats-Unis	2	0	90	45	1	0	0	FEUERSANGER (1955)[a]
	123	0	70	22	0	0	0	HAZLETON (1956)
	?	0.3	28	9	0	0	0	RYGG (1961)
Californie	2	13	16	14.5	0	0	0	IHLOFF et KALITZKI (1961)
Amerique du Nord	8	4	23	12	0	0	0	IHLOFF et KALITZKI (1961)
Espagne	1	—	—	63	0	0	0	BÖHME et BERTLING (1957)
Italie	2	—	—	0	0	0	0	IHLOFF et KALITZKI (1961)
	?	—	—	26	0	0	0	ROGLIANI et PROCACCINI (1956)[a]
	12	3	107	40	3	1	0	FEUERSANGER (1955)[a]
	2	43	77	60	1	0	0	BÖHME et BERTLING (1957)
	2	18	33	25	0	0	0	KOETHER (1958)
	10	7	129	24	1	1	1	IHLOFF et KALITZKI (1961)
	3	—	—	0	0	0	0	
Inconnue	45	2	55	24	0	0	0	
	2[c]	—	—	+	—	—	—	
	4	0	0	0	0	0	0	
Total[b]	> 208	0	129	—	6	2	1	
Grapefruit								
Etats-Unis	28	0	30	15	0	0	0	HAZLETON (1956)
Texas.	2	4	5	4.5	0	0	0	IHLOFF et KALITZKI (1961)
Brésil.	2[c]	—	—	+	—	—	—	IHLOFF et KALITZKI (1961)
Israel	1	—	—	8	0	0	0	BÖHME et BERTLING (1958)
	5	12	52	21	0	0	0	IHLOFF et KALITZKI (1961)
Inconnue	23	4	64	21	0	0	0	
	2[c]	—	—	+	—	—	—	
	4	0	0	0	0	0	0	
Total[b]	59	0	64	—	0	0	0	

[a] Valeurs très approximatives calculées à partir des quantités de biphényle par fruit, en admettant un poids de 200 g. pour une orange et de 150 g. pour un citron.
[b] Nombre d'échantillons dans lesquels le biphényle a été dosé.
[c] Echantillons dans lesquels le biphényle a été trouvé, mais n'a pas été dosé.

dépassant le taux prescrit ont la plus grande importance. Elles ont aussi une grande signification pratique, puisqu'elles permettent d'évaluer l'efficacité des mesures prises pour maintenir les résidus dans les limites prescrites. Afin de pouvoir tirer, autant du point de vue légal que du point de vue pratique, des conclusions répondant à la réalité, il semble nécessaire de multiplier les déterminations de résidus, et, pour éviter toute confusion, de les faire dans des conditions standardisées et par les méthodes garantissant une exactitude suffisante des résultats.

VIII. Rôle de divers facteurs dans l'absorption du biphényle

Les grands écarts signalés entre les résidus de biphényle dans les agrumes mis en vente se rencontrent également dans les fruits appartenant à des lots très homogènes, soumis au même sort dans les maisons d'emballage et au cours du transport et de l'entreposage.

Un exemple tiré d'un travail de RYGG *et al.* (1961) est, à cet effet, très significatif. Les citrons cueillis en même temps dans la même orangeraie, soumis aux mêmes traitements dans la maison d'emballage, ont été, après l'entreposage en usage pour les citrons, emballés dans des cartons au biphényle et expédiés par un bâteau réfrigéré de Los Angeles à Hambourg. Au cours du transport, les fruits en observation ont été placés dans des conditions assurant autour des cartons un mouvement d'air comparable. A l'arrivée à Hambourg, les citrons ont été entreposés dans un dépôt non réfrigéré. Après deux semaines d'entreposage, les résidus trouvés dans ces fruits étaient très différents, et oscillaient, dans les citrons provenant des cartons ventillés et non ventillés, entre trois et 16, et entre 15 et 30 p.p.m. de biphényle respectivement.

Les écarts que l'on note généralement entre les résidus laissent supposer que le pouvoir d'absorption du fruit, lié avec sa nature, ou certains facteurs extrinsèques, jouent un rôle dans les quantités absorbées. L'étendue des écarts montre que les quantités tolérables risquent d'être inintentionnellement dépassées. Pour fixer les conditions rationnelles d'emploi des emballages au biphényle susceptibles d'assurer en même temps une protection convenable aux fruits et un maintien des résidus dans les limites prescrites, il est indispensable de mettre en évidence les facteurs jouant un rôle dans l'absorption du biphényle.

Les travaux publiés dans ce domaine de recherches sont encore assez rares et ne permettent pas toujours de tirer des conclusions valables. Pour mettre en évidence l'influence d'un facteur donné, l'absorption ne doit pas être entravée par un manque de biphényle dans les emballages, et il est nécessaire d'éliminer l'influence éventuelle d'autres facteurs, ce qui est souvent, sinon impossible, très difficile à réaliser.

a) Facteurs jouant un rôle dans le pouvoir d'absorption

1. Facteurs liés avec la nature du fruit. — Les facteurs intrinsèques susceptibles, à priori, de jouer un rôle dans l'absorption, tels que la variété, le degré de maturité, le poids, sa répartition entre les diverses parties du fruit, la nature de l'écorce, etc. ont été très peu étudiés.

α) La variété. — D'après HAZLETON (1956), et d'après les données sur les résidus de biphényle dans les agrumes mis en vente (Tableau VI), les oranges semblent absorber les plus fortes, et les grapefruit les plus faibles quantités de biphényle. Mais les écarts entre les quantités maxima trouvées dans les agrumes d'une même variété par HAZLETON (1956) d'une part, et par IHLOFF et KALITZKI (1961) d'autre part, et allant pour les oranges de 110 à 185, pour les citrons de 70 à 129, et pour les grapefruit de 30 à 64 p.p.m. de biphényle, sont trop grands pour permettre un classement quelconque.

D'ailleurs toutes ces données correspondent aux fruits ayant nécessairement des caractéristiques très différentes, et qui ont subi un sort différent dans les maisons d'emballage et au cours du transport et de l'entreposage, de sorte que divers facteurs ont pu jouer un rôle dans l'absorption et masquer celui de la variété. Pour le mettre en évidence, des études systématiques demandent à être faites.

β) Le degré de maturité et la couleur de l'écorce. — Les fruits d'une même variété, cueillis simultanément ou à des époques différentes, peuvent différer entre eux par le degré de maturité, se manifestant souvent par la

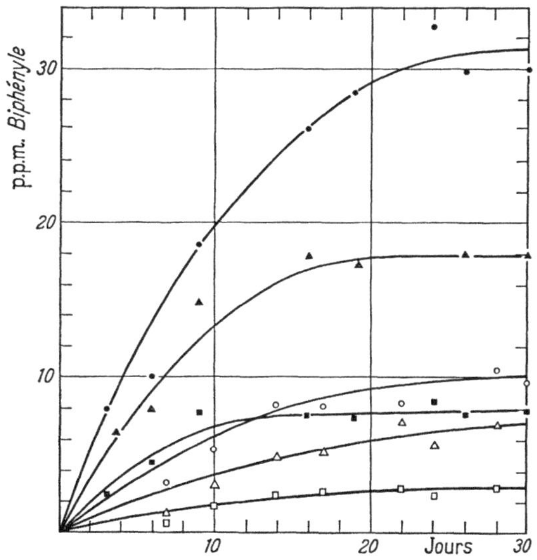

Fig. 2. Influence du déverdissage des citrons de divers degrés de maturité sur l'absorption du biphényle (RAJZMAN 1963 b): citrons Eureka ● verts, ▲ vert-jaunes, ■ jaunes (non traités), O verts, △ vert-jaunes, □ jaunes (traités à l'éthylène). Fruits enveloppés dans les papiers contenant 60 mg. de biphényle, et entreposés à 17° C. dans des caisses en bois. Les papiers d'emballage conservaient jusqu'à la fin de l'entreposage une certaine quantité de biphénile

couleur de l'écorce. D'après RAJZMAN (1963 b), les fruits moins mûrs absorbent plus de biphényle que les fruits plus mûrs.

Les citrons vert-foncés, vert-jaunes (argents) et jaunes, cueillis simultanément dans la même orangeraie, enveloppés dans des papiers au biphényle et stockés dans les mêmes conditions, absorbaient au cours de l'entreposage, des quantités respectivement décroissantes de biphényle (Fig. 2) (Tableau VII). La différence entre les fruits verts et les autres s'accentuait

Tableau VII. *Influence du degré de maturité sur l'absorption du biphényle* [a] (RAJZMAN 1936)

Variété et no.	Date de la récolte	Entreposage		Biphényle, p.p.m.					
		Température, °C.	Durée, jours	Fruit entier	Pulpe	Fruit entier	Pulpe	Fruit entier	Pulpe
Citrons Eureka				*vert-foncé*		*vert-jaune*		*jaune*	
1	22. 1. 1960	8	45	70	0.80	28	0.50	22	0.30
2	22. 1. 1960 — lavés et cirés	8	45	83	1.00	33	0.43	27	0.35
3	22. 1. 1960	14	45	76	0.85	26	0.40	17	0.50
4	22. 1. 1960 — lavés et cirés	14	45	75	0.90	31	0.15	15	0.19
Oranges Shamouti						*vert-orange*		*orange-verte*	
5	15. 1. 1961	17	28	—	—	41	0.39	45	0.50
								orange	
6	15. 1. 1961	17	28	—	—	—	—	39	0.09
				vert-foncée					
7	21. 9. 1961	20	23	180	1.95	—	—	—	—
						verte			
8	5. 11. 1961	20	36	—	—	65	0.40	—	—
								orange	
9	3. 1. 1962	20	40	—	—	—	—	51	0.40

[a] Fruits protegés par les papiers au biphényle, et entreposés dans des caisses. Les papiers conservaient pendant tout l'entreposage une certaine quantité de biphényle.

au cours de l'entreposage. L'influence du degré de maturité se manifestait aussi bien au cours de l'entreposage à 8° qu'à 14° C. et n'était pas affecté par le lavage désinfectant et l'application de l'enduit cireux (Tableau VII). Les résidus dans les citrons verts dépassaient, dans certains cas, 70 p.p.m. de biphényle.

L'absorption du biphényle par les oranges Shamouti semble être peu influencée par la couleur de l'écorce. Les oranges vert-oranges, orange-vertes et oranges, cueillies simultanément au stade de maturité commerciale, absorbaient, au cours de l'entreposage, sensiblement les mêmes quantités de biphényle (Tableau VII, n° 5 et 6). Par contre, les oranges vert-foncées non mûres, cueillies en Septembre, absorbaient, aussi bien par les écorces que par les pulpes, des quantités bien plus élevées que les fruits verts et oranges cueillis sur le même arbre, respectivement en Novembre et en Janvier (Tableau VII, no. 7, 8, 9). Les oranges non mûres absorbaient des quantités extrêmement élevées de biphényle, dépassant très largement 110 p.p.m. Il semble que le facteur direct par lequel se manifeste l'effet du degré de maturité sur le pouvoir d'absorption du biphényle, est surtout lié avec l'état de l'écorce, et non avec l'état interne du fruit, puisque les citrons verts, ayant été déverdis par l'éthylène, se comportaient dès le début de l'entreposage comme les fruits d'un degré de maturité plus avancé (voir p. 44).

γ) Le poids. — Le taux de résidus est exprimé par unité de poids des fruits, mais il n'existe aucun travail permettant de déduire si les fruits absorbent le biphényle proportionnellement à leur poids. Au cas où l'absorption serait plutôt proportionelle à la surface, les résidus dans les agrumes d'un poids différent et ayant le même pouvoir d'absorption par l'unité de surface, pourraient être très différents et correspondre, par exemple, à 70, 89, 98, et 120 p.p.m. pour les fruits pesant 400, 200, 150, et 80 g. respectivement.

2. Facteurs agissant sur la nature du fruit. — Divers traitements auxquels sont soumis les agrumes avant leur emballage peuvent, en changeant la nature de l'écorce, jouer un rôle dans le pouvoir d'absorption du biphényle par le fruit.

α) Le ressuyage et l'entreposage prolongé. — Il est d'usage, pour diminuer la turgescence des agrumes et d'augmenter leur résistance aux chocs, de laisser séjourner les fruits pendant quelque temps à l'air, avant de les soumettre aux diverses manipulations dans les maisons d'emballage. Ce traitement peut durer, suivant le pays producteur et la saison de l'année, de deux à plusieurs jours.

D'après Rajzman (1963 b), ce traitement semble être sans effet marqué sur l'absorption du biphényle par les oranges Shamouti, mais semble diminuer le pouvoir d'absorption du biphényle par les citrons. Après 28 jours d'entreposage dans les papiers au biphényle, les citrons verts non traités contenaient 55 p.p.m. de biphényle, et ceux soumis au ressuyage pendant deux et trois jours, 32 et 23 p.p.m. respectivement.

Les citrons sont parfois entreposés pendant des périodes relativement longues avant d'être placés dans les emballages au biphényle. L'entreposage prolongé semble diminuer sensiblement l'absorption du biphényle par les citrons. Les citrons récoltés verts, vert-jaunes et jaunes, dont une partie était enveloppée dans du papier au biphényle, contenaient après 21 jours d'entreposage 35 à 41, 16 à 26, et 8 à 14 p.p.m. de biphényle respectivement. Les citrons restant entreposés sans papier au biphényle et traités après 75 iours d'entreposage par les papiers au biphényle, ont absorbé, au cours des 21 jours, de très faibles quantités de biphényle, de l'ordre de quelques p.p.m. (Rajzman 1963 b).

β) Déverdissage des agrumes. — Les agrumes récoltés verts sont parfois soumis à un déverdissage à l'éthylène. Ce traitement semble avoir peu d'effet sur le pouvoir d'absorption des oranges Shamouti, mais diminue nettement celui des citrons.

Les oranges Shamouti, de couleur vert-orange, orange-verte et orange, cueillies en Janvier sur le même arbre à l'état de maturité commerciale, absorbaient, après le traitement à l'éthylène, des quantités légèrement plus faibles que les oranges non traitées. Le traitement à l'éthylène des oranges vert-foncées, cueillies en Septembre, et des oranges vertes, cueillies en Novembre avant la maturité commerciale, et dont le déverdissage était, dans les deux cas, difficile, n'avait aucun effet pratique sur l'absorption du biphényle (Rajzman 1963 b).

Par contre, les citrons verts, vert-jaunes et jaunes cueillis le même jour, sur le même arbre et qui ont été soumis au déverdissage par le passage d'air contenant de l'éthylène, absorbaient, au cours de l'entreposage, bien moins de biphényle que les citrons témoins soumis au passage d'air pur (voir Fig. 2). Le traitement à l'éthylène avait aussi un effet marqué sur l'absorption du biphényle par les citrons jaunes dont le déverdissage était superflu (RAJZMAN 1963 b).

Les agrumes soumis au déverdissage dans les emballages contenant le biphényle, peuvent absorber, au cours du traitement, de grandes quantités de biphényle, et un tel traitement serait contreindiqué (RAJZMAN 1963 b).

γ) Le lavage et l'enrobage par un enduit cireux. — Afin de débarrasser les fruits récoltés de toute impureté, et de detruire divers agents pathogènes, les agrumes sont brossés et lavés dans les maisons d'emballage avec des produits détergeants et désinfectants. Ce traitement enlève une partie des l'enduit cireux de l'écorce et, pour restituer aux fruits le revêtement manquant, on les enrobe d'enduits cireux artificiels. Divers produits commerciaux sont couramment employés dans les maisons d'emballage pour le lavage et l'enrobage des agrumes. Tous ces traitements dénaturalisent la surface de l'écorce et il est possible que chacun d'eux, suivant sa composition et le mode d'application, change d'une façon qui lui est propre, le pouvoir d'absorption du fruit. D'après RAJZMAN (1961 e), le lavage par borax et l'enrobage par un enduit cireux («BRITEX») ont affecté le pouvoir d'absorption des oranges Shamouti et exerçaient des effets opposés.

Après 21 jours d'entreposage dans le papier au biphényle, les oranges cueillies en Décembre, non traitées, contenaient 92 p.p.m., lavées par borax 114 p.p.m., et cirées 60 p.p.m. de biphényle. Les oranges lavées et cirées contenaient sensiblement les mêmes quantités que les oranges non traitées. Ces traitements avaient peu d'effet sur l'absorption du biphényle par les pulpes des fruits.

b) Facteurs jouant un rôle dans les quantités absorbées

1. La durée et la température. — La durée et la température de transport et d'entreposage diffèrent suivant l'origine et la destination des fruits, et souvent, suivant les envois particuliers expédiés d'un pays donné à une même destination, et peuvent ainsi jouer un rôle dans les quantités absorbées.

α) La durée. — La période au cours de laquelle les fruits sont maintenus dans les emballages au biphényle peut durer, suivant la distance entre les pays producteur et consommateur, le moyen de transport utilisé, le système de vente, de quelques jours à deux mois et davantage.

β) Influence de la durée. — L'absorption du biphényle n'est pas instantanée, et il est important, du point de vue pratique, de déterminer dans quelle mesure les résidus de biphényle sont susceptibles d'augmenter avec la durée d'entreposage. Pour cela, il faut rechercher si les fruits absorbent le biphényle avec une intensité constante ou variable, et si les quantités qu'ils peuvent absorber sont limitées ou non. Il est évident que des conclusions valables peuvent être tirées seulement des études où les emballages conservent pendant toute la période expérimentale une certaine quantité de biphényle, et où les quantités absorbées sont déterminées à des intervalles de temps assez rapprochés.

D'après certains travaux, l'effet de la durée apparaît comme irrégulier. Harvey (1955) entrepose les cartons contenant les oranges, les citrons et les grapefruit pendant deux semaines à 42°, 72°, ou 87° F. simulant la période de transport. Les fruits sont ensuite placés pendant deux semaines à 70° F. simulant la période de vente. Les résidus de biphényle sont déterminés à la fin de chaque période de stockage. Les résidus dans les écorces prélevés sur les fruits stockés à 42° et 70° F. augmentent presque toujours au cours de la période de vente, mais ceux trouvés dans les écorces des fruits stockés à 87° F. restent généralement les mêmes qu'après la période de transport. Comme la quantité résiduelle de biphényle dans les cartons, à la fin de chaque période de stockage, n'est pas connue, il n'est pas possible de savoir si, dans le dernier cas, l'absorption était entravée par un manque de biphényle ou si les fruits ne pouvaient pas absorber plus de biphényle.

L'on note le même effet irrégulier dans un travail de Rajzman (1961 c). Les oranges traitées par le papier au biphényle sont entreposées à la même température dans des caisses en bois. Les résidus, déterminés après une, deux, et trois semaines d'entreposage, tantôt augmentent avec la durée, et l'on note, par exemple, respectivement 11, 20, et 25 p.p.m. de biphényle dans les fruits entiers, et 0.24, 0.27, et 0.49 p.p.m. dans les pulpes de fruits, tantôt restent sensiblement les mêmes et correspondent à 20, 15, et 17 p.p.m. dans les fruits entiers, et à 0.28, 0.16, et 0.10 p.p.m. dans les pulpes. Cette irrégularité pourrait être due à une plus ou moins rapide disparition du biphényle contenu dans les papiers d'emballage, puisque, dans le premier cas cité, il reste encore, après 3 semaines, une certaine quantité de biphényle, tandis que dans le deuxième cas, tout le biphényle a disparu au cours de la première semaine de stockage.

D'après d'autres travaux, l'effet de la durée est régulier, et l'intensité d'absorption semble diminuer au cours de l'entreposage.

Les oranges traitées par les papiers contenant 100 mg. de biphényle ont été maintenues, pendant 71 jours, dans des boîtes métalliques à moitié fermées (Tomkins et Isherwood 1945). Les quantités résiduelles de biphényle dans les papiers d'emballage ne sont pas connues. Les fruits ont été prélevés pour les analyses toutes les deux ou trois semaines. D'après les données expérimentales, les quantités de biphényle absorbées par les fruits augmentent au cours de l'entreposage, mais après 14 jours d'entreposage, l'intensité d'absorption diminue très sensiblement et reste ensuite sensiblement constante. Au cours des premiers 14 jours, les oranges de trois lots étudiés absorbent respectivement 0.23, 0.30, et 0.17 mg. de biphényle, et entre le 14ème et le 71ème jour, 0.084, 0.081, et 0.086 mg. par fruit et par jour.

Les citrons ont été stockés pendant 1 et 4 semaines dans des cartons ventillés et nonventillés qui contenaient, après quatre semaines d'entreposage, encore au moins 30 pour cent de leur teneur initiale en biphényle (Rygg *et al.* 1962). Dans tous les cas, ainsi que le montre le Tableau VII, les quantités absorbées augmentent avec la durée, mais quel que soit le genre de carton ou la température d'entreposage, elles sont, après quatre semaines de stockage, seulement deux fois plus élevées qu'après la première semaine.

Dans diverses études sur les agrumes traités par les papiers au biphényle et stockés dans des caisses (RAJZMAN 1961 e et 1963 b), les quantités de biphényle dans les fruits et dans les papiers ont été déterminées tout le 3ème ou 4ème jour. Dans tous les cas où les papiers contenaient encore, à la fin de l'entreposage, une quantité faible ou élevée de biphényle, les courbes d'absorption du biphényle par les écorces et les fruits entiers prenaient une allure hyperbolique. Ainsi que le montre la Fig. 2 l'intensité d'absorption semble diminuer au cours de l'entreposage, et après un certain temps plus ou moins long, l'absorption semble s'arrêter, de sorte que les quantités de biphényle susceptibles d'être absorbées par les fruits apparaissent comme limitées. Les quantités de biphényle absorbées, au début de l'entreposage, par les pulpes, varient peu au cours du stockage.

Par contre, dans certains conditions purement expérimentales, les agrumes absorbent le biphényle avec une intensité sensiblement constante.

Pour éliminer l'influence de la ventillation et du mouvement d'air susceptibles d'agir sur la volatilisation du biphényle contenu dans les papiers et sur sa concentration dans l'air, RAJZMAN (1963 b) a étudié l'absorption du biphényle par les agrumes traités par les papiers au biphényle, et placés dans des boîtes métalliques fermées. Les boîtes ont été maintenues à température constante et ouvertes tous les trois à quatre jours, ou à des intervalles de temps plus longs, pour le prélèvement des échantillons à analyser. Dans ces conditions, les courbes d'absorption du biphényle par les écorces et les fruits entiers prenaient une allure presque rectiligne (Fig. 3 et 5). Les pulpes ab-

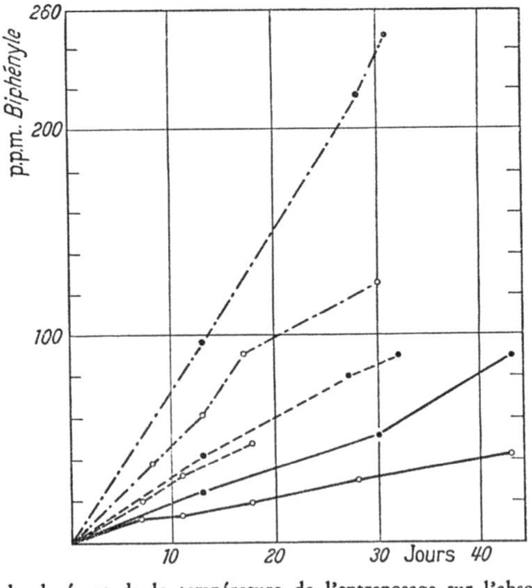

Fig. 3. Influence de la durée et de la température de l'entreposage sur l'absorption du biphényle par les agrumes stockés en boîtes métalliques fermées (RAJZMAN 1963 b): ● oranges Valencia pesant 220 à 240 g. et O grapefruit pesant 380 à 420 g., entreposés à ——— 8° C., — — — 15° C, et — - — - — 23° C. Les oranges et les grapefruit enveloppés dans les papiers contenant 80 et 150 mg. de biphényle respectivement

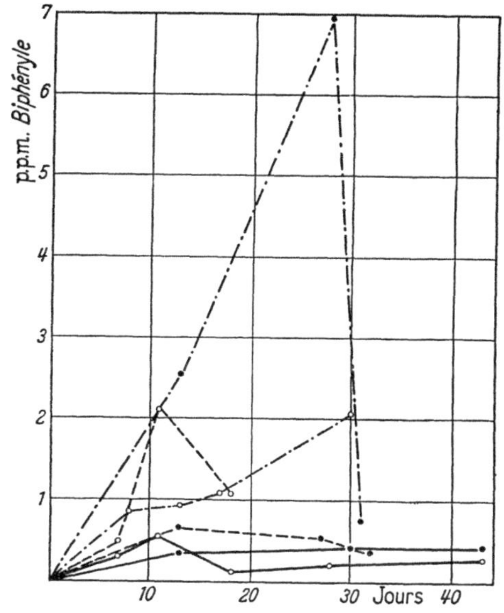

Fig. 4. Influence de la durée et de la témperature de l'entreposage sur les résidus de biphényle dans les pulpes d'agrumes. Fruits stockés en boîtes métallique fermées (RAJZMAN 1963 b): ● oranges Valencia pesant 220 à 240 g. et O grapefruit pesant 380 à 420 g. entreposés à ——— 8° C. — — — 15° C., et — - — - — 23° C. Les oranges et les grapefruit enveloppés dans les papiers contenant 80 et 150 mg. de biphényle respectivement

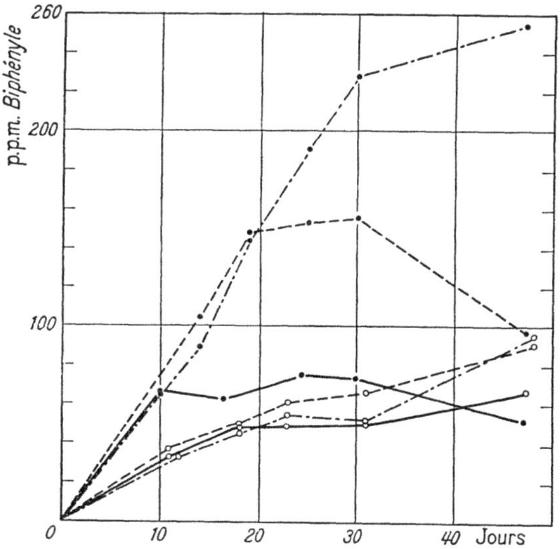

Fig. 5. Influence de la quantité de biphényle dans les papiers d'emballage sur l'intensité d'absorption et sur les résidus de biphényle dans les oranges Shamouti, maintenues en boîtes métalliques fermées (RAJZMAN 1963 b): fruits pesant environ 250 g. enveloppés dans les papiers contenant ——— 20 mg., — — — 40 mg., et — - — - — 60 mg. de biphényle et entreposés à O pour 8° C. et à ● pour 23° C.

sorbaient généralement des quantités croissantes de biphényle, mais dans beaucoup de cas, après avoir atteint un maximum, les quantités absorbées commençaient à baisser, quoique, dans les écorces, elles continuaient à augmenter (Fig. 4). Les résidus dans les fruits entiers ont été bien plus élevés que ceux trouvées, après la même période, dans les fruits témoins placés dans des caisses, et dans certains cas, si l'entreposage dans les boîtes fermées était suffisamment prolongé, ils dépassaient largement les quantités tolérables. Dans certains cas, les pulpes des fruits absorbaient des quantités relativement très élevées de biphényle de l'ordre de quelques p.p.m. avaient un goût altéré par le biphényle, et étaient incosommables.

Les quantités de biphényle absorbées par les agrumes placés dans des boîtes métalliques fermées semblent dépasser leur capacité normale d'absorption. Les oranges placées à l air ont perdu, pendant les premières 24 heures, environ plus de 50 pour cent de biphényle absorbé, et dans les fruits qui, après avoir absorbé tout le biphényle disponible ont été maintenus dans des boîtes fermées, les résidus commençaient à baisser (Fig. 5).

Il n'est pas possible d'expliquer actuellement la différence entre la marche d'absorption du biphényle par les fruits maintenus dans des caisses et dans des boîtes fermées, ni l'élimination rapide du biphényle par ces derniers fruits. Le mécanisme d'absorption du biphényle et sa relation avec les échanges gazeux et les échanges d'humidité du fruit, ne semblent pas avoir été étudiés. Il est pourtant probable que dans les boîtes métalliques fermées, la composition de l'atmosphère (EAKS 1958), la pression, l'humidité et la concentration en biphényle ont été différentes qu'au cours de l'entreposage dans des caisses en bois. Il se peut que, dans les conditions où le fonctionnement normal du fruit est entravé, et l'atmophère chargée de biphényle, la marche d'absorption prend une autre allure.

La marche d'absorption dans les boîtes métalliques fermées présente d'avantage un intérêt théorique que pratique, puisque l'entreposage dans une atmosphère confinée est contraire à l'entreposage rationnel des agrumes. Elle doit néanmoins être prise en considération, parce que d'une part, elle montre que dans certaines conditions les résidus de biphényle peuvent augmenter considérablement au cours de l'entreposage, et d'autre part, parce que la baisse rapide des résidus semble parler en faveur de l'existence d'une limite de la capacité d'absorption. Ce problème particulier domine tout le problème des résidus, et, vu sa grande importance pratique, demande à être définitivement résolu.

γ) La température. — La température de transport et d'entreposage est loin d'être constante. Jusqu'à l'expédition, les fruits sont entreposés, tantôt à température ambiante, tantôt à basse température. Pendant le transport, la température subit des variations dont le rythme et l'amplitude dépendent du moyen de transport employé. Dans les transports réfrigérés, la température subit généralement, au cours des premiers jours, un abaissement assez rapide, et se stabilise ensuite pour le reste de la durée du transport. Dans les transports partant des Etats-Unis en Europe, la température peut passer, par exemple, de 70° à 50° F. (21° à 10° C.) (RYGG *et al.* 1961) ou de 80° à 35° F. (26.6° à 15° C.) (WINSTON et CUBBEDGE 1959). Les fruits d'un même envoi peuvent subir différentes variations de températures. RYGG *et al.* (1961) notent un abaissement de température plus rapide dans les cartons placés près des passages d'air et dans les cartons ventillés, que dans les nonventillés. Au cours de la traversée, ils notent, dans les cartons nonventillés, une température de 1 à 2.8° F. plus élevée que dans les cartons ventillés. WINSTON et CUBBEDGE (1959) notent un abaissement de température plus rapide dans les caisses que dans les cartons. Dans les transports non réfrigérés, la température subit des variations sous l'influence de la température ambiante et, généralement, baisse très sensiblement au cours du transport. Les écarts entre les températures extrêmes peuvent, par exemple, au cours de la traversée des Etats-Unis en Europe (WINSTON et CUBBEDGE 1959), ou d'Israel vers le Nord de l'Europe (PINTOV 1962), atteindre 10° à 15° C. Les différences de température entre les fruits d'un même envoi peuvent, si la ventillation est déficiente, atteindre quelques degrés C. (PINTOV 1962).

A l'arrivée à destination, les agrumes sont entreposés, pendant la période de vente, à la température ambiante ou à basse température, généralement différente de celle de la dernière phase du transport. Entre l'emballage et la suppression des emballages, les agrumes se trouvent ainsi placés à des températures successivement différentes, et les écarts entre les températures exrêmes peuvent être très grands. Les températures successives et les périodes respectives d'entreposage peuvent varier avec l'envoi particulier, l'origine et la destination des agrumes.

δ) Influence de la température. — D'après les données relevées dans divers travaux, l'effet de la température est loin d'être régulier et semble varier avec la nature de l'emballage.

La température semble être sans effet sur l'absorption du biphényle par les agrumes, protégés par les papiers au biphényle, et entreposés dans des caisses. Les oranges appartenant à un même lot de fruits, maintenues dans des conditions commerciales à 12° et 17° C. contenaient, après une semaine d'entreposage, sensiblement les mêmes quantités ou des quantités respectivement croissantes de biphényle. Après deux et trois semaines de stockage, les oranges stockées à 17° C. contenaient, dans certains cas, 50 à 100 pour cent plus de biphényle qu'à 12° C. Comme cette plus forte absorption coincidait avec une présence plus prolongée de biphényle dans les papiers, l'effet de la température pouvait être, dans ces cas, seulement apparent (RAJZMAN 1961 c).

Dans divers autres cas, où les papiers d'emballage des fruits, placés à diverses températures, conservaient pendant toute la période expérimentale une certaine quantité de biphényle, la température avait peu d'effet sur l'absorption. Les citrons d'un même lot entreposés à 8° et 14° C., contenaient, après une même période d'entreposage, sensiblement les mêmes quantités, ou des quantités respectivement décroissantes de biphényle (Tableau VII) (RAJZMAN 1963 b). De même, les oranges entreposées à 8°, 14°, et 20° C. dans des caisses en bois épais et fermées par des couvercles en bois pour maintenir tous les fruits dans les mêmes conditions du mouvement d'air, absorbaient au début sensiblement les mêmes quantités, et contenaient, après 11 jours d'entreposage 27, 33, et 30 p.p.m., et après 26 jours 40.7, 28.9, et 40.2 p.p.m. de biphényle respectivement (RAJZMAN 1963 b).

Au cours de l'entreposage dans des cartons, les températures élevées semblement avoir un effet marqué, et les basses températures semblent être sans effet sur l'absorption.

Les oranges mises en vente en été contenaient, en général, plus de biphényle qu'en hiver, et les quantités maxima trouvées en été oscillaient entre 90 et 100 p.p.m., contre 50 et 60 p.p.m. de biphényle en hiver. La température avait un effet marqué sur l'absorption du biphényle par les écorces et non par les pulpes des fruits (HAZLETON 1956).

D'après les données de HARVEY (1955), les citrons, les oranges, et les grapefruit entreposés pendant deux semaines simulant le transport à 42°, 72°, ou 87° F. (5.5°, 22.2°, ou 30.5° C.) contenaient généralement, respectivement à la température, des quantités croissantes de biphényle, et l'on note, par exemple, dans les écorces d'oranges 73.7, 378, et 576 p.p.m. de biphényle. Les fruits stockés à 42° F., placés ensuite pendant deux semaines à 70° F., ont absorbé des quantités plus élevées de biphényle qu'au cours de la même période à 42° F., et l'on note dans les oranges stockées à 42° F. 73.7 et 107 p.p.m., et après l'entreposage à 70° F. 420 et 426 p.p.m. de biphényle dans les écorces. RYGG *et al.* (1961) entreposent les citrons d'abord pendant quatre semaines à 39° F. (3.9° C.) simulant le transport et ensuite, pendant deux semaines, à 80° F. (26.6° C.) simulant la période de vente. Après la période de transport, les citrons placés dans des cartons ventillés et nonventillés contiennent en moyenne deux et trois p.p.m., et après la période de vente, de 20 à 29, et de 26 à 46 p.p.m. de biphényle respectivement.

Dans un autre cas (RYGG *et al.* 1962), les citrons placés dans les cartons ventillés et nonventillés ont été entreposés pendant une et quatre semaines à trois températures, à savoir, 40°, 48°, et 56° F. (4.4°, 8.8°, et 13.3° C.). Après quatre semaines d'entreposage, les cartons contenaient encore au moins 30 pour cent de leur teneur initiale en biphényle. Au cours d'une même période d'entreposage, les citrons placés dans le même genre de cartons, ont absorbé, à diverses températures, sensiblement les mêmes quantités de biphényle (Tableau VIII). Dans certains cas, les citrons placés dans des cartons

Tableau VIII. *Influence de la durée, de la température et de la ventillation des cartons sur l'absorption du biphényle par les citrons* (RYGG *et al.* 1962)

Température du stockage, °F.	Biphényle, p.p.m.							
	Cartons ventillés, durée du stockage (semaines)				Cartons nonventillés, durée du stockage (semaines)			
	1	4	1+1 à 68°F.	4+1 à 68°F.	1	4	1+1 à 68°F.	4+1 à 68°F.
40	5.2	10.4	14.6	18.1	9.1	18.8	26.1	32.3
48	6.0	9.7	13.7	14.0	7.1	19.6	23.0	24.6
56	5.1	11.4	10.2	14.7	12.7	23.8	24.9	31.0

nonventillés contiennent à 56° F., plus de biphényle qu'à 40° ou 48° F. Les citrons transférés ensuite à 68° F. (20° C.), ont absorbé le biphényle bien plus rapidement qu'à basse température (Tableau VIII).

La température n'avait pas d'effet régulier sur l'absorption du biphényle par les fruits placés dans des boîtes métalliques à moitié fermées. Les oranges protégées par des papiers au biphényle, placées à 5°, 10°, et 18° C., contenaient, après 14 jours d'entreposage, respectivement, 2.4, 4.0, et 3.2 mg., et après 71 jours, 7.3, 9.4, et 8.0 mg. de biphényle par fruit (TOMKINS et ISHERWOOD 1945).

Par contre, l'absorption du biphényle par les agrumes placés dans des boîtes métalliques fermées était nettement influencée par la température (RAJZMAN 1963 b). Dans divers cas étudiés, avec les oranges Shamouti placées à 8° et 23° C. (Fig. 5), les oranges Valencia, et les grapefruit (Fig. 3), placées à 8°, 15°, et 23° C., les intensités d'absorption du biphényle par les écorces et les fruits entiers augmentent régulièrement avec la température. Pour sensiblement le même écart de température, les différences des intensités d'absorption du biphényle par les écorces ou les fruits entiers sont plus grandes, entre 15° et 23° C. qu'entre 8° et 15° C. Dans la majorité des cas, au début de l'entreposage, les quantités de biphényle absorbées par les pulpes augmentent avec la température de stockage (Fig. 4).

Le peu d'effet que la température semble avoir sur l'absorption du biphényle par les fruits maintenus dans des caisses, un effet plus marqué dans les cartons et un effet net et régulier dans les boîtes métalliques fermées, laisse supposer que l'augmentation de l'intensité d'absorption, dans les cas où elle était observée, n'est pas due à un effet de la température sur le comportement du fruit, mais à des changements intervenant sous l'influence de la température dans les conditions d'entreposage, et particulièrement, dans la concentration du biphényle dans l'atmosphère. Le peu d'effet observé avec les fruits maintenus dans des caisses peut être dû aux conditions expérimentales. Il est possible qu'au cours du transport et de l'entreposage commercial, où le degré d'encombrement est plus grand, la ventillation et le mouvement d'air plus faible qu'au cours de l'entreposage expérimental, la concentration du biphényle dans l'air entourant les fruits augmente avec la température, et avec elle, les quantités absorbées par les fruits.

Les intensités d'absorption notées dans les boîtes métalliques fermées ont probablement plus une valeur théorique que pratique pour des raisons déjà suggérées, mais si, comme il est probable, elles correspondent à chaque température pour un fruit donné à son intensité maximum, elles pourraient peut-être servir à la classification des agrumes d'après leur pouvoir d'absorption.

2. Les emballages. — *a) Le mode d'emballage et d'imprégnation.* — Il existe une différence marquée entre l'emballage collectif et individuel. Dans l'emballage collectif la concentration du biphényle sur la surface imprégnée est généralement plus élevée que dans les papiers individuels. Dans les cartons munis de deux feuilles au biphényle, elle correspond environ à 1.25 g. par 625 $cm.^2$ et est environ 30 fois plus élevée que dans les papiers, imprégnés d'une façon uniforme à raison de 40 mg. par 625 $cm.^2$ A cause de l'épaisseur des parois du carton, une ventillation et un mouvement d'air relativement limités, la concentration du biphényle dans l'air entourant les fruits est peut-être plus élevée, mais moins uniforme que dans le voisinage immédiat des fruits enveloppés individuellement et stockés dans des caisses. Le mode d'emballage peut ainsi jouer un rôle dans l'intensité, l'uniformité et la durée de l'absorption. Les divers ingrédents présents dans les mélanges d'imprégnation sont également sensés jouer un rôle dans la volatilisation du biphényle, mais l'influence du mode d'emballage ou d'imprégnation sur les quantités absorbées ne semblent pas avoir été étudiés.

β) La teneur des emballages en biphényle. — Elle joue incontestablement un rôle dans les résidus trouvés dans les fruits. En principe, les emballages doivent contenir des quantités déterminées de biphényle qui peuvent différer d'un pays à l'autre suivant les conditions particulières dans lesquelles ont lieu le transport et l'entreposage des fruits. En pratique, en dehors des différences prévues, la teneur en biphényle et l'uniformité des emballages employés dépendent surtout du soin apporté par le fabricant dans le dosage et la répartition du biphényle sur la surface traitée.

D'après RYGG *et al.* (1962), dans 72 feuilles à insérer dans les cartons qui contenaient en moyenne la quantité fixée de 2.15 g. de biphényle par feuille, les feuilles individuelles contenaient entre 0.39 et 3.71 g.; 75 pour cent de feuilles contenaient entre 1.5 et 2.5 g., et 40 pour cent seulement contenaient 2.1 ± 0.2 g. de biphényle.

En Israel, où les papiers proposés par les fabricants sont depuis quelques années systématiquement contrôlés et sélectionnés pour l'usage, les lots proposés en 1959/60, et qui devaient contenir 40 à 50 mg. de biphényle par 625 cm.^{2}, comprenaient un certain nombre de lots très hétérogènes. Les papiers, analysés individuellement, prélevés dans tous les lots proposés, s'échelonnaient de 6.25 à 87.5 mg. de biphényle; en 1960/61 les lots proposés étaient plus homogènes mais dans l'ensemble, les papiers analysés individuellement contenaient encore de 19 à 75 mg. de biphényle; en 1961/62, les lots étaient en général homogènes et contenaient de 24 à 50 mg. de biphényle par 625 cm.^{2} de papier, 70 pour cent environ des lots contenaient la quantité fixée entre 35 et 40 mg., 10 pour cent entre 24 et 35 mg., et 20 pour cent entre 40 et 50 mg. de biphényle.

Les écarts entre les teneurs des emballages en biphényle dus à la fabrication peuvent donc être très grands, et pour assurer aux emballages leur efficacité et maintenir en principe les résidus à un taux aussi bas que possible, ces écarts doivent, et peuvent être évités.

γ) Influence sur les quantités absorbées. — Quoique les quantités croissantes de biphényle doivent, en prolongeant respectivement la période d'absorption, causer une augmentation de résidus dans les agrumes, l'on ne trouve aucune relation régulière entre les quantités de biphényle dans les emballages et les quantités absorbées par les fruits.

Les écorces prélevées sur les oranges maintenues pendant 20 jours à la même température dans des cartons imprégnés à raison de $^1/_2$, 1, 2, et 4 pounds par 1000 feet^2, contenaient, dans un cas, des quantités régulièrement croissantes, à savoir 93.1, 137.2, 222.1, et 327.8 p.p.m. de biphényle respetivement; dans un autre cas, les écorces prélevées sur les oranges provenant des cartons imprégnés à raison de $^1/_2$ et 1 ou de 2 et 4 pounds contenaient sensiblement les mêmes quantités, à savoir, respectivement 17.5 et 25 ou 124 et 108 p.p.m. de biphényle (HARVEY 1955).

Les fruits appartenant chaque fois à un même lot ont été traités par des papiers contenant des quantités croissantes, dans certains cas intentionnellement très élevées (Tableau IX, no. 1, 3, 4) ou très faibles (Tableau IX, no. 5) de biphényle, et entreposés en caisses à la même température. Au début de l'entreposage, lorsque tous les papiers contenaient encore le biphényle, les fruits absorbaient des quantités respectivement croissantes (Tableau IX,

Tableau IX. *Influence de la quantité de biphényle dans les papiers d'emballage sur le taux de résidus de biphényle dans les fruits* (RAJZMAN 1963 b)

No.	Variété de fruits	Quantité initiale de biphényle par papier, mg.	Durée de stokkage, jours	Quantité residuelle de biphényle par papier, mg.	Biphényle dans le fruit entier, p.p.m.	Durée de stockage, jours	Quantité residuelle de biphényle par papier, mg.	Biphényle dans le fruit entier, p.p.m.
1	Oranges Shamouti	25	5	9	11.0	25	0	17.0
		40	5	21	12.7	25	0	28.0
		75	5	58	13.6	25	5	31.0
2	Oranges Shamouti	20	5	5	25.0	29	0	24.0
		40	5	14	24.5	29	0	52.0
		60	5	45	30.0	29	6	80.0
3	Oranges Valencia	40	11	1	52.7	31	0	53.0
		80	11	13	36.5	31	0	45.4
4	Grapefruit	75	10	24	27.4	34	2	33.4
		150	10	75	38.6	34	50	58.7
5	Citrons Eureka	9.5	7	—	7.6	57	—	17.0
		19	7	—	7.6	57	—	16.0
		38	7	—	9.6	57	—	15.0
		38	7	27.5	7.4	57	7	19.8

no. 4), sensiblement les mêmes (Tableau IX, no. 1, 2, 5) ou des quantités décroissantes de biphényle (Tableau IX, no. 3). A la fin de l'entreposage, les fruits contenaient aussi des quantités respectivement croissantes (Tableau IX, no. 1, 2, 4), sensiblement les mêmes (Tableau IX, no. 5) ou des quantités décroissantes de biphényle (Tableau IX, no. 3) (RAJZMAN 1963 b).

Les oranges envoyées de l'Afrique du Sud en Europe, traités par les papiers à 40 et 60 mg. de biphényle, contenaient à leur arrivée à destination sensiblement les mêmes quantités, à savoir: de 24 à 62.8 et de 24 à 54.8 p.p.m. de biphényle respectivement (CHRIST 1962).

Les oranges maintenues à la même température dans des boîtes métalliques à moitié fermées, enveloppées dans des papiers contenant 20, 50, et 100 mg. de biphényle, absorbaient, au cours de tout l'entreposage, des quantités respectivement croissantes de biphényle, et contenaient, après 14 jours, 1.9, 2.4, et 4.9 mg., après 34 jours, 2.8, 4.0, et 6.4 mg., et après 71 jours, 2.8, 6.7, et 9.4 mg. de biphényle par fruit (TOMKINS et ISHERWOOD 1945).

Les agrumes placés dans des boîtes métalliques fermées absorbaient le biphényle sensiblement avec la même intensité, quelle que soit la quantité de biphényle dans les papiers d'emballage (Fig. 5) (RAJZMAN 1963 b). Lorsque l entreposage était suffisamment prolongé, les fruits absorbaient généralement tout le biphényle disponible dans les papiers ou dispersé sur les parois des boîtes. Les quantités absorbées étaient parfois voisines ou même supérieures aux quantités de biphényle contenues dans les papiers, mais par la suite, dans les fruits maintenus dans les boîtes fermées, les quantités de biphényle commençaient à baisser (Fig. 5), de sorte que les résidus devenaient nettement plus faibles que la quantité de biphényle dans le papier d'emballage correspondant.

D'après ces divers travaux, la quantité de biphényle dans les emballages ne joue pas de rôle décisif ni régulier dans les quantités absorbés. Abstraction faite d'une éventuelle capacité limitée d'absorption ou de diverses autres causes, ceci est dû en partie au fait, qu'au cours de l'entreposage, une partie variable de biphényle volatilisée des emballages se disperse vers les parois et dans l'air du dépôt, et échappe ainsi à une absorption éventuelle. Les quantités maxima disponibles à être absorbées à partir d'un emballage donné, dépendent ainsi, en grande partie, des facteurs qui agissent sur la volatilisation et la dispersion du biphényle.

3. Facteurs jouant un rôle dans les quantités absorbées à partir d'un emballage donné. — *a) La volatilisation et la dispersion du biphényle.* — Ainsi que l'on peut juger par quelques exemples, calculés d'après les données expérimentales relevées dans divers travaux (Tableau X), la part dispersée du biphényle volatilisé, varie dans de grandes limites, et est bien plus élevée au cours de l'entreposage dans les cartons ou dans les caisses que dans les boîtes métalliques fermées. Elle peut varier théoriquement entre 0 et 100 pour cent, de sorte que pour un emballage donné, la quantité de biphényle disponible à être absorbée peut être très différente.

La température accélère nettement la volatilisation du biphényle (Tableau X, no. 2, 3, 5, 6), et, au cours de l'entreposage dans les cartons et dans les caisses, augmente la dispersion du biphényle (Tableau X, no. 2, 5). D'après RYGG *et al.* (1962), au cours d'une même période de stockage des citrons à 40°, 48°, et 56° F. respectivement, les feuilles au biphényle placées dans les cartons ventillés et nonventillés ont perdu, à 48° F. en moyenne 50 pour cent, et à 56° F. 100 pour cent plus de biphényle qu'à 40° F.

La ventillation des cartons accélère la volatilisation et augmente la dispersion du biphényle (Tableau X, no. 1, 2). D'après RYGG *et al.* (1962), l'effet de la ventillation est plus marqué si la température est plus basse. Après quatre semaines d'entreposage à 40°, 48°, et 56° F., les feuilles placées dans les cartons ventillés ont perdu respectivement quatre, trois et deux fois plus de biphényle que dans les cartons nonventillés (Tableau X, no. 2). La ventillation des cartons contribue en général à une plus faible absorption de biphényle (HARVEY 1955, RYGG *et al.* 1961 et 1962) (Tableau X, no. 1, 2). D'après RYGG *et al.* (1962), quelle que soit la température d'entreposage, les citrons conservés dans des cartons nonventillés contenaient en moyenne deux fois plus de biphényle que dans les cartons ventillés (Tableau VIII).

L'encombrement des dépôts ralentit la volatilisation du biphényle (RAJZMAN 1961 c) (Tableau X, no. 4). Un encombrement extrême et un manque de ventillation, réalisés expérimentalement par l'entreposage des fruits dans des boîtes métalliques fermées, diminuent la dispersion du biphényle et contribuent à une plus forte absorption (Tableau X, no. 6).

Tableau X. *Effet des divers facteurs sur la volatilisation et la dispersion du biphényle contenu dans les emballages*

No.	Nature de l'emballage et références	Teneur en biphényle	Effet etudié	Biphényle: Volatilisé en % de la teneur initiale	Biphényle: Dispersé en % du volatilisé	Biphényle: Absorbé p.p.m. dans le fruit entier
			Ventillation			
1	Cartons (RYGG *et al.* 1961)	4.7 g.	ventillés	61.7	96.5	2
			nonventillés	46.8	95.4	3
			ventillés	95.7	88.9	24
			nonventillés	80.9	81.4	35
			Ventillation et température (°F.)			
2	Cartons (RYGG *et al.* 1962)	4.22 g.	ventillés 40	32.2	86[a]	10.4
			48	44.2	90[a]	9.7
			56	58.9	92[a]	11.4
			nonventillés 40	8.5	6[a]	18.8
			48	16.5	50[a]	19.6
			56	38.5	74[a]	23.8
			Position des feuilles et température (°F.)			
3	Cartons (RYGG *et al.* 1962)	4.22 g.	Sur la surface des fruits 40	33.1	—	—
			48	39.5	—	—
			56	56.4	—	—
			Au fond du carton 40	7.6	—	—
			48	21.2	—	—
			56	40.6	—	—
			Encombrement des dépôts			
4	Papiers et caisses (RAJZMAN 1961 c)	66 mg.	élevé	53[b]	87.4[b]	22
			faible	94[b]	94.5[b]	17
			Température (°C.)			
5	Papiers et caisses (RAJZMAN 1963 b)	60 mg.	8	33	73	40
			14	61	88	29
			23	87	90	43
			Température (°C.)			
6	Papiers et boîtes métalliques fermées (RAJZMAN 1963 b)	60 mg.	8	22	18	46
			23	71	24	145
		40 mg.	8	34	58	24
			15	34	31	42
			23	89	23	122
		75 mg.	8	17	65	18
			17	33	28	48
			23	58	39	90

Calculé d'après les données citées par les auteurs:
[a] En admettant 18 kg. de fruits par carton.
[b] En admettant un poids de 200 g. par fruit.

Le mouvement d'air entre les fruits accélère la volatilisation du biphényle, de sorte que la position des fruits dans une caisse ou de feuilles dans un carton joue un rôle dans la vitesse avec laquelle le biphényle disparaît des emballages. Les papiers à 66 mg. de biphényle, prélevés en même temps dans une caisse dans 4 couches descendantes de fruits, ont perdu en moyenne 53, 50, 41, et 30 mg. de biphényle (RAJZMAN 1961 c). Les papiers à 40 mg. de biphényle prélevés près des parois des caisses ont perdu entre 16 et 26 mg., et les papiers prélevés en même temps à l'intérieur des caisses, entre sept et 11 mg. de biphényle (CHRIST 1962). D'après RYGG *et al.* (1962), les feuilles de cartons placées dans les cartons ventillés ou non à la surface des fruits, ont perdu 1.4 fois plus de biphényle que les feuilles placées au fond des cartons. La différence entre les quantités perdues par les deux catégories de feuilles diminuait avec l'accroissement de la température (Tableau X, no. 3). En général, les feuilles placées dans les cartons ventillés sur la surface des fruits ou au fond du carton, ont perdu en moyenne deux fois plus de biphényle que les feuilles correspondantes placées dans les cartons nonventillés (RYGG *et al.* 1962).

Tous ces facteurs qui agissent sur la volatilisation et la dispersion du biphényle déterminent, pour un emballage donné, la quantité de biphényle disponible pour l'absorption, et jouent indirectement un rôle très important dans les quantités maxima susceptibles d'être absorbées.

β) La concentration du biphényle dans l'air entourant les fruits. — Les mêmes facteurs qui agissent sur la dispersion du biphényle règlent sans doute, suivant la température, la concentration du biphényle dans l'air entourant les fruits. Il n'existe aucun travail sur la relation entre la concentration du biphényle et l'absorption, mais la concentration du biphényle constitue probablement le facteur direct dont dépend, suivant la nature du fruit, son intensité d'absorption.

Dans les cartons nonventillés, ou par rapport aux cartons ventillés, la dispersion du biphényle est plus faible, et un plus faible pourcentage en fruits pourris et souillés montre, d'après RYGG *et al.* (1961), que la concentration en biphényle est plus élevée, les fruits absorbent plus de biphényle que dans les cartons ventillés. Au cours du stockage dans les cartons, les basses températures de l'ordre de 4.4° et 8.8° C. (40° et 48° F.), et dans certains cas 13.3° C. (56° F.), où les différences entre les pressions de vapeurs du biphényle sont très faibles (Fig. 1), ont peu d'effet sur l'intensité d'absorption, mais les températures plus élevées, où les différences entre les pressions de vapeurs deviennent plus sensibles, ont un effet plus marqué sur l'absorption. Dans les boîtes métalliques fermées où, à cause d'une très faible dispersion, la concentration en biphényle est probablement très élevée et suit la température, les intensités d'absorption augmentent nettement. L'augmentation est bien plus marquée entre 15° et 23° C. qu'entre 8° et 15° C., et semble suivre celle des pressions de vapeurs du biphényle. Il se peut que dans un même dépôt, suivant la position des cartons ou des caisses et des fruits y ayant été placés, il existe toute une gamme de concentrations du biphényle autour des fruits. Ceci pourrait jouer un rôle dans l'intensité d'absorption et être une des causes de différences observées entre les résidus de biphényle dans les fruits appartenant à des lots apparemment très homogènes.

IX. Effet de l'aération sur l'élimination du biphényle

Au cours de la période de vente ou d'entreposage chez le consommateur, les fruits qui ont été ôtés de leurs emballages et ceux dont les emballages ne contiennent plus de biphényle, subissent une aération au cours de laquelle le biphényle est susceptible de se volatiliser des fruits. L'aération pourrait ainsi avoir une influence sur le taux de résidus et sur les résidus perceptibles à l'odorat.

L'effet de l'aération sur le taux de résidus a été déterminé indirectement, dans certains cas, par la différence entre les résidus trouvés dans les fruits dès la suppression des emballages et dans les fruits aérés. Comme il existe souvent des différences assez sensibles entre les fruits provenant d'un lot apparemment très homogène, les résultats ainsi obtenus sont discutables. Ce mode de détermination n'apporte pas de preuves tangibles de l'élimination du biphényle, et pour la mettre en évidence, le biphényle doit être capté et dosé (RAJZMAN 1961 c).

L'aération, dont l'effet a été déterminé indirectement, semble, dans certains cas, avoir peu d'influence, et dans d'autres cas, diminuer très sensiblement le taux de résidus.

D'après TOMKINS et ISHERWOOD (1945), les oranges préalablement stockées dans des boîtes métalliques à moitié fermées et soumises pendant 36 jours à l'aération dans un dessicateur par lequel passait un courant d'air, ont perdu très peu de biphényle. Les fruits contenant apparemment 7,6 mg. de biphényle par fruit, contenaient, après 11, 17, 23, et 36 jours d'aération, respectivement 7.2, 4.6, 4.6, et 4.8 mg.

RAJZMAN (1961 c) soumet à l'aération à l'air libre, les oranges qui ont été traitées par les papiers au biphényle et stockées pendant une, deux, ou trois semaines dans des caisses. Quelle que soit la durée de l'entreposage préalable, l'aération à 12° ou 17° C., pendant 10 ou 20 jours respectivement, était sans effet pratique sur la teneur en biphényle des écorces et des fruits entiers. Les résidus dans les fruits non aérés oscillent entre cinq et 29 p.p.m., et dans les fruits aérés entre quatre et 36 p.p.m. de biphényle. Par contre, l'aération semble avoir un effet net sur la teneur en biphényle des pulpes. Les résidus dans les fruits non aérés oscillent entre 0.10 et 0.66 p.p.m., diminuent assez régulièrement au cours de l'aération, et à la fin, oscillent entre 0.08 et 0.27 p.p.m. de biphényle.

L'aération très prolongée des oranges semble avoir peu d'effet sur le taux de résidus. Les oranges ayant absorbé, au cours de l'entreposage en récipient fermé des quantités considérables de biphényle, ont été placées à l'air libre. Les fruits ont perdu très rapidement une certaine quantité de biphényle, mais gardaient le reste, même après trois mois d'aération (RAJZMAN 1961 f).

D'après RYGG *et al.* (1962), les citrons préalablement stockés dans des cartons nonventillés, éliminent, au cours de l'aération, une partie relativement élevée de biphényle absorbé. Les citrons contenant, après une semaine d'entreposage, apparemment de 9.8 à 13.8 p.p.m. de biphényle, ont perdu, au cours d'une et deux semaines d'aération à 68° F., entre 33.6 et 80.4 pour cent, et entre 73.5 et 94.8 pour cent de biphényle respectivement. Les citrons contenant, après cinq semaines d'entreposage, apparemment 32.1 et 34.2 p.p.m., ont perdu, au cours d'une semaine d'aération 55.7 et 46.4 pour cent et au cours de deux semaines 60.6 et 69.6 pour cent de biphényle respectivement.

RAJZMAN (1963 b) détermine directement le biphényle se volatilisant des oranges et sa part dans le biphényle absorbé au cours de l'entreposage. Les oranges qui ont été traitées par papiers au biphényle et stockées dans des caisses, sont soumises à l'aération en récipient fermé par lequel passe un courant d'air. Le biphényle est déterminé, d'une part, dans l'air d'aération, et d'autre part, dans les fruits aérés.

D'après les essais préliminaires, le biphényle susceptible de se volatiliser des oranges s'élimine assez rapidement. L'intensité d'élimination diminue sensiblement au cours de l'aération, et après trois à quatre jours les fruits éliminent des quantités insignifiantes ou non décelables de biphényle. La présence de biphényle dans les papiers d'emballage, au moment de leur déballage, semble jouer un rôle dans la durée de la période pendant laquelle le biphényle se volatilise des fruits, et dans les quantités volatilisées. Les oranges dont les papiers ne contenaient plus de biphényle éliminaient, au cours du premier jour d'aération, 3.7 à 37.5 microgrammes de biphényle par fruit et 24 heures, et au cours du troisième jour 0.0 à 4.5 microgrammes; les oranges dont les papiers contenaient de 1.2 à 30 mg. de biphényle éliminaient de 12 à 310 microgrammes au cours du premier jour, et de 0 à 12 microgrammes au cours du cinquième jour. Le biphényle s'éliminait plus rapidement des oranges soumises à l'aération à l'air libre qu'en récipient fermé, et après un jour d'aération, les oranges éliminaient des traces de biphényle allant de 0.0 à 1.2 microgrammes par fruit et 24 heures.

La quantité totale volatilisée des oranges, et sa part dans le biphényle absorbé, ont été bien plus élevées dans les cas où les papiers contenaient encore le biphényle que lorsqu'ils n'en contenaient plus, mais dans les deux

Tableau XI. *Biphényle volatilisé des agrumes après la suppression des papiers au biphényle* [a] (RAJZMAN 1963 b)

Variété d' oranges	Biphényle residuel dans le papier, mg.	Odeur sur les fruits	Biphényle absorbé fruit entier, p.p.m.	Biphényle eliminé		
				Par fruit, µg.	Fruit entier, p.p.m.	en % du biphényle absorbé
Shamouti	0.0	—	21.4—41.7	16.0— 45	0.07—0.20	0.13— 0.36
Valencia	0.0	—	16.4—64.5	7.6— 47	0.07—0.29	0.17— 0.45
Shamouti	3.5—30.0	+	21.9—36.0	176.0—630	0.95—3.45	4.00—10.00
Valencia	1.2—14.0	+	12.1—47.3	17.3—130	0.13—1.01	0.50— 8.70

[a] Durée d'aération, cinq jours.

catégories de fruits, aucun rapport n'a été trouvé entre les quantités volatilisées et les résidus totaux absorbés par les fruits ou trouvés dans les fruits après l'aération (Tableau XI).

Il existe un parallèle net entre les résultats obtenus par détermination du biphényle volatilisé au cours de l'aération, et les observations subjectives concernant l'odeur du biphényle perceptible sur les fruits. D'après diverses observations, il existe une relation entre la perceptibilité de l'odeur et la nature de l'emballage, mais aucune relation avec le taux de résidus dans les fruits.

Les oranges traitées par les papiers contenant des quantités élevées de biphényle, avaient une odeur affectée par ce produit, tandis que les fruits traités par les papiers habituels, avaient une odeur normale (FARKAS 1939 a). Les fruits qui étaient peu de temps avant l'examen en contact avec les emballages contenant encore le biphényle, peuvent avoir, d'après IHLOFF et KALITZKI (1961), une forte odeur, sans contenir des quantités appréciables de biphényle, et les fruits qui ont une odeur normale peuvent en contenir des quantités importantes.

L'odeur de biphényle sur les fruits disparaît assez rapidement au cours de l'aération (TOMKINS 1935, FARKAS 1938 et 1939 a, TOMKINS et ISHERWOOD 1945, WINSTON 1950, DEL MATTO 1951, FLETCHER 1954, FEUERSANGER 1955, ECKERT et KOLBEZEN 1959 et 1963, SOUCI 1959, IHLOFF et KALITZKI 1961), généralement après un à deux jours d'aération. D'après ECKERT et KOLBEZEN (1963), les oranges et les citrons avec une odeur affectée d'une façon caractéristique par le biphényle, la conservaient encore après six heures d'aération, mais après 24 heures, aucune différence n'était décelable entre les oranges traitées et celles non traitées par le biphényle, et une légère différence non répréhensible était décelable entre les citrons traités et ceux non traités par le biphényle. Le seuil de la perceptibilité de l'odeur du biphényle ne semble pas être connu et dépend probablement de divers facteurs (SOUCI 1959). Selon IHLOFF et KALITZKI (1961), des quantités de l'ordre de 0.0005 à 0.001 mg. sont encore perceptibles à l'odorat. Il se peut que les quantités de biphényle qui s'éliminent des fruits avec une odeur normale ne sont pas perceptibles à l'odorat ou que l'odeur est masquée par d'autres produits volatiles émis par les fruits.

D'après les déterminations du biphényle se volatilisant des fruits et les observations relatives à la perceptibilité de l'odeur, il est probable que, sur les agrumes protégés au cours du transport par des quantités minima nécessaires de biphényle et distribués sans emballages, l'odeur du biphényle ne serait pas décelable.

X. Effet de l'entreposage en présence du biphényle sur la valeur alimentaire des agrumes

Il résulte de diverses observations que les agrumes protégés par le biphényle restent fermes et gardent une plus fraîche apparence que les agrumes placés dans les emballages sans biphényle (FARKAS 1939 a, HOPKINS et LOUCKS 1950, FLETCHER 1954).

Les recherches approfondies conduites depuis de nombreuses années montrent que les emballages au biphényle ne confèrent aux fruits aucune fausse apparence susceptible de tromper le consommateur sur la vraie qualité des fruits, ou de masquer leur état réel (GLEISBERG 1956). Selon HARVEY et

SINCLAIR (1953), l'on attibue au biphényle un effet retardataire sur la respiration des agrumes, mais celui-ci est trop faible pour être significatif. Par contre, EAKS (1955) observe, en présence du biphényle, une légère augmentation de l'intensité respiratoire des citrons et des oranges, mais au cours d'une période expérimentale ne dépassant pas 14 jours, le biphényle n'avait pas d'influence sur la composition grossière du jus, et aucune différence significative entre les jus extraits des fruits protégés et non protégés par le biphényle n'a été trouvée dans l'acidité, le pH, l'extrait soluble, ou le rapport de l'extrait soluble à l'acidité.

Au cours de l'entreposage prolongé, la protection par le biphényle et les quantités plus ou moins élevées de biphényle qu'absorbent les fruits semblent être sans effet marqué sur la valeur alimentaire des fruits. Les jus extraits des oranges qui ont absorbé, au cours de l'entreposage commercial en cartons, 29 p.p.m. de biphényle, contenaient sensiblement la même quantité de vitamine C que les jus extraits des oranges stockées en cartons sans biphényle (HAZLETON 1956).

L'absorption des quantités très différentes de biphényle par les citrons de divers deprés de maturité n'affectait pas les changements intervenant au cours de l'entreposage prolongé dans la composition grossière du jus, et après cinq mois de stockage, les jus extraits des citrons protégés ou non par le biphényle, avaient sensiblement la même teneur en extrait soluble, en acidité, et en vitamine C (RAJZMAN et NADEL-SCHIFFMANN 1961) (Tableau XII).

Tableau XII. *Effet de l'entreposage* [a] *prolongé des citrons protegés* (+) *ou non* (—) *par les papiers au biphényle sur la composition du jus* (RAJZMAN et NADEL-SCHIFFMANN 1961)

Couleur des citrons à la récolte	Température d'entreposage, °C.	Biphényle[b], p.p.m. Fruit entier	Biphényle[b], p.p.m. Pulpe	Teneur du jus en: Extrait soluble, % —	Extrait soluble, % +	Acidité totale, en % d'acide citrique anhydre —	Acidité totale +	Vitamine C, mg./100 ml. de jus —	Vitamine C +
Verte . . .	8	56	0.8	9.0	9.0	5.2	5.1	58	61
Jaune-verte	8	27	0.5	8.2	8.3	5.3	5.1	47	55
Jaune . . .	8	23	0.2	8.0	8.7	5.0	5.0	45	47
Verte . . .	14	46	0.4	9.5	9.2	6.2	6.2	60	58
Jaune-verte	14	26	0.2	9.0	9.1	6.0	6.2	48	52
Jaune . . .	14	17	0.2	8.7	8.7	6.0	5.8	44	53

[a] Durée d'entreposage, cinq mois.
[b] RAJZMAN 1963 b.

XI. Les résidus de biphényle dans les produits dérivés des agrumes

Les produits alimentaires susceptibles de contenir les résidus de biphényle sont soumis à divers règlements. Comme le jus, les pulpes et l'albedo contiennent des quantités insignifiantes de biphényle, le problème de résidus se pose, surtout, pour les produits fabriqués avec les fruits entiers et les écorces. Le biphényle étant localisé dans les poches à essences et entraînable par la vapeur d'eau, certaines opérations qui accompagnent les fabrications industrielles ou culinaires, telles que l'extraction des essences, le séchage ou la cuisson, tendent à éliminer une partie du biphényle, de sorte que la quantité de biphényle dans les produits manufacturés devient sensiblement inférieure à celle apportée par la matière première.

a) L'extraction des essences

D'après Rajzman (1961 f), l'extraction des essences à partir des fruits entiers ou des écorces, pratiquée par une rupture ménagée des poches à essences suivie d'un rinçage à l'eau, a entraîné l'élimination de 92.2 à 96.6 pour cent de biphényle. Le séchage ou la cuisson des écorces avec les poches rompues ont contribué à l'élimination de 96.4 à 100 pour cent de biphényle. Les fruits entiers et les écorces, privés d'essences, constituent ainsi une matière première contenant des quantités relativement faibles de biphényle, ou pratiquement exempte de biphényle. Les jus extraits de ces fruits ne risquent plus d'être souillés par le biphényle provenant des écorces.

b) Le séchage

Le biphényle s'élimine au cours du séchage des écorces. La température de séchage, allant de 35° à 120° C., et le degré de dessication des écorces correspondant à 50 ou 70 pour cent de leur poids initial, n'avaient pas d'effet sur le degré d'élimination du biphényle. Par contre, celui-ci augmentait avec la finesse de la préparation et oscillait, pour les zestes (flavedo) râpés entre 72.4 et 92.3 pour cent, et pour les écorces coupées en morceaux entre 44.7 et 63.1 pour cent (Rajzman 1961 f).

c) La cuisson

Tout le biphényle susceptible d'être éliminé par la cuisson s'élimine au début de celle-ci avec une quantité relativement faible d'eau évaporée. Une cuisson prolongée est sans effet pratique sur l'élimination du biphényle. La quantité de biphényle susceptible de s'éliminer par la cuisson des fruits ou des écorces, dépend de la finesse de la préparation. Les écorces coupées en morceaux ont perdu 58 à 86 pour cent de biphényle, les zestes râpés 85.4 à 88.3 pour cent, et pratiquement tout le biphényle s'est éliminé au cours de la cuisson des écorces ou des zestes réduits en purée (Rajzman 1961 f). La division de la matière première joue un rôle moins important dans l'élimination du biphényle contenu dans les pulpes et pratiquement tout le biphényle s'élimine aussi bien des pulpes coupées en tranches que des pulpes réduites en purée.

d) Préparation des marmelades

Le même effet de la division des écorces et de la cuisson sur l'élimination du biphényle est noté au cours de la préparation des marmelades. L'adjonction de divers ingrédients abaisse, dans certains cas, le taux de résidus dans les produits finis. D'après les données citées dans le Tableau XIII, 18.6 à 100 pour cent de biphényle se sont éliminés au cours de la préparation des diverses marmelades, et les quantités de biphényle dans l'ensemble des

Tableau XIII. *Elimination du biphényle au cours de la préparation des marmelades d'agrumes*

Matière première et finesse de la préparation	No. de préparations	Biphényle dans la matière première, p.p.m.	Biphényle, en p.p.m. du produit fini		Biphényle éliminé, %	Références
			Avant la cuisson	Après la cuisson		
Oranges	1	38.3[a]	8.8[a]	0.1	97.7[a]	TOMKINS et ISHERWOOD (1945)
Oranges et citrons grossièrement coupés	3	16.0— 23.7	5.9—24.5	4.49—16.8	24.2— 32.8	DICKEY (1956)
	1	10.4— 36.5	10.3	7.5	27	DICKEY (1956)
Oranges et citrons finement coupés	3	16.0— 23.7	3.99—9.14	3.25— 4.6	18.6— 49.5	DICKEY (1956)
	1	10.4— 36.5	11.1	4.9	56.1	DICKEY (1956)
Écorces d'oranges et de citrons coupées en morceaux	5	112.0—218.0	23.8—41.4	4.0—14.0	54.7— 81.9	RAJZMAN (1961 f)
	1	383.0	72.8	23.1	68.2	RAJZMAN (1961 f)
Écorces d'oranges et de citrons en purée	6	118.0—283.0	22.5—53.8	0.0— 0.6	98.9—100.0	RAJZMAN (1961 f)
Zestes d'oranges et de citrons en purée	6	210.0—283.0[b]	39.9—53.7	0.0— 1.0	97.8—100.0	RAJZMAN (1961 f)

[a] Calculé d'après les données des auteurs.
[b] Exprimé en biphényle trouvé dans les écorces.

produits finis, préparés avec les fruits entiers contenant de 10.4 à 38.8 p.p.m. de biphényle, et les écorces contenant de 118 à 383 p.p.m., varient entre 0 et 23.1 p.p.m. de biphényle.

Parmi les traitements auxquels l'on soumet généralement les agrumes au cours de la fabrication, la rupture des poches à essences constitue le facteur essentiel de l'élimination du biphényle. L'effet de la division de la matière première s'explique par une proportion chaque fois différente des poches à essences rompues: une rupture due au hasard dans les écorces coupées en morceaux et une rupture de toutes les poches dans les écorces réduites en purée (RAJZMAN 1961 f).

Résumé

Les papillotes et les cartons d'emballage imprégnés d'un fongistat, le biphényle, constituent actuellement l'un des meilleurs moyens de protection des agrumes contre la pourriture se développant au cours du transport et de l'entreposage. Les agrumes ainsi protégés contiennent une certaine quantité de résidus de biphényle.

Le biphényle répond aux exigences posées envers les produits étrangers dans les aliments. Il présente l'inconvénient de communiquer aux fruits une légère odeur disparaissant assez rapidement après la suppression des emballages. Pendant de nombreuses années un effort très intense est effectué sans succès pour trouver un substitut au biphényle, à cause de son odeur.

Les agrumes protégés par le biphényle sont soumis à divers réglements. Les résidus dans les fruits sont, suivant le pays, limités à 110, 100, ou 70 p.p.m. de biphényle. Diverses méthodes destinées à leur détermination ont été proposées.

Les résidus se localisent essentiellement dans les poches à essences de l'écorce. L'écorce peut contenir de quelques-unes à quelques centaines p.p.m. de biphényle. L'albedo et la pulpe contiennent des quantités insignifiantes ne dépassant pas généralement, pour cette dernière, 1 p.p.m.

Les fruits entiers peuvent contenir des quantités très différentes de biphényle. Dans les agrumes mis en vente, les quantités maxima de biphényle trouvées dans un très grand nombre d'échantillons aux E.U. correspondent à 110 p.p.m. dans les oranges, à 70 p.p.m. dans les citrons, et à 70 p.p.m. dans les grapefruit, mais 90 pour cent des échantillons examinés contenaient moins que 60, 40, et 20 p.p.m. respectivement. D'après l'ensemble des données concernant les agrumes provenant de divers pays, les quantités maxima trouvées correspondent à 185 p.p.m. de biphényle dans les oranges, à 129 p.p.m. dans les citrons et à 64 p.p.m. dans les grapefruits. En général, les résidus restent dans les limites de tolérances fixées par divers pays et moins de 6.6, 1.9, et 1.3 pour cent des échantillons d'oranges, et 3, 1, et 0.5 pour cent des échantillons de citrons contenaient plus que 70, 100, et 110 p.p.m. de biphényle respectivement.

Le pouvoir d'absorption du fruit et les quantités de biphényle absorbées dépendent de divers facteurs. Les fruits non mûrs absorbent plus de biphényle que les fruits mûrs. Le ressuyage et le déverdissage abaissent le pouvoir d'absorption des fruits surtout celui des citrons. Le lavage et le cirage peuvent aussi agir. Les résidus dans les fruits augmentent généralement avec la durée de l'entreposage. Dans les conditions commerciales de stockage, l'intensité d'absorption semble diminuer avec le temps et les quantités de biphényle susceptibles d'être absorbées au cours d'un entreposage prolongé apparaissent comme limitées. L'effet de la température dépend de la nature de l'emballage. Les emballages usuels contiennent environ 40 mg. de biphényle par 200 g. de fruits, mais il n'existe aucune relation régulière entre les quantités de biphényle dans les emballages et celles absorbées par les fruits.

Les conditions d'entreposage, telles que la température, la ventilation, le degré d'encombrement des depôts jouent un rôle important dans l'absorption et déterminent, suivant la nature du fruit et la durée du stockage, les quantités de biphényle absorbées à partir d'un emballage donné. L'aération des fruits privés de leurs emballages semble dans certains cas, diminuer le taux de résidus.

Les emballages au biphényle n'ont pas d'influence sur les changements chimiques intervenant au cours du stockage dans la composition grossière des fruits.

Le biphényle s'élimine des écorces d'agrumes au cours de certaines opérations industrielles et culinaires. Il s'élimine complètement au cours de l'extraction des essences et partiellement ou complètement, au cours du séchage ou de la cuisson. Les marmelades à base d'écorces réduites en purée sont pratiquement exemptes de biphényle.

Zusammenfassung *

Die mit Biphenyl imprägnierten Einwickelpapiere und Kartons sind zur Zeit eines der besten Mittel zum Schutz der Citrusfrüchte gegen Verderb, welcher sich während des Transportes und der Lagerung entwickelt. Die so geschützten Citrusfrüchte enthalten eine gewisse Menge von Biphenylrückständen.

Biphenyl entspricht den Forderungen, die an Fremdstoffe in Lebensmitteln gestellt werden. Es gibt aber der Frucht einen leichten Geruch, welcher nach Entfernung des Verpackungsmaterials ziemlich schnell verschwindet. Die jahrelangen Bestrebungen einen Ersatz für Biphenyl, wegen seines Geruches, zu finden, werden noch immer fortgesetzt.

Die mit Biphenyl geschützten Citrusfrüchte sind verschiedenen Verordnungen unterworfen. Die Biphenylrückstände in der Gesamtfrucht, sind je nach dem Land, auf 110, 100, oder 70 p.p.m. begrenzt. Es sind verschiedene Methoden für die Bestimmung der Biphenylrückstände vorgeschlagen worden.

Die Biphenylrückstände lokalisieren sich hauptsächlich in den Öltaschen der Schale. Die Schale kann einige p.p.m. bis einige hundert p.p.m. Biphenyl enthalten. Albedo und das Fruchtfleisch enthalten unbedeutende Mengen von Biphenyl, welche in dem Fruchtfleisch unter 1 p.p.m. liegen. Die Gesamtfrucht kann sehr verschiedene Mengen von Biphenyl enthalten. Die maximalen Mengen, welche in den Vereinigten Staaten in einer sehr großen Anzahl von Orangen, Zitronen, und Grapefruit gefunden wurden, entsprechen respektive 110, 70 und 30 p.p.m., 90 Prozent der untersuchten Orangen, Zitronen, und Grapefruit enthielten weniger als respektive 60, 40 und 20 p.p.m. Biphenyl. Die maximalen Rückstände in Citrusfrüchten aus verschiedenen Ländern entsprechen 185 p.p.m. in Orangen, 129 p.p.m. in Zitronen, und 64 p.p.m. in Grapefruit. Im allgemeinen bleiben die Rückstände in den festgestellten Grenzen und von den untersuchten Früchten, weniger als 6.6, 1.9 und 1.3 Prozent Orangen und 3, 1, und 0.5 Prozent Zitronen enthielten mehr als respektive 70, 100, und 110 p.p.m. Biphenyl.

Die Absorptionsfähigkeit der Frucht und die aufgenommenen Mengen von Biphenyl hängen von verschiedenen Faktoren ab. Unreife Früchte

* Übersetzt vom Autor.

nehmen mehr Biphenyl auf als reife. Vorlagerung („Wilting") und Äthylenbegasung vermindern die Absorptionsfähigkeit besonders bei Zitronen. Waschen und Wachsen können auch einen Einfluß haben. Die Rückstände nehmen im allgemeinen mit zunehmender Lagerdauer zu. Die Intensität der Absorption scheint mit der Zeit abzunehmen und die Mengen von Biphenyl, welche von der Frucht während längerer Lagerung aufgenommen werden können, scheinen begrenzt zu sein.

Der Einfluß der Temperatur ist nicht regelmäßig und ist von der Art der Verpackung abhängig. Die im Handel benützten Diphenylpapiere und Kartons sind mit ungefähr 40 mg Biphenyl für 200 g Frucht imprägniert, es besteht aber kein regelmäßiges Verhältnis zwischen den Mengen des Biphenyls in dem Verpackungsmaterial und denen, welche von der Frucht aufgenommen werden.

Die Temperatur, Lüftung und Dichte der Lagerung spielen eine wichtige Rolle in der Absorption und, je nach der Frucht und der Lagerzeit, bestimmen sie die von der Frucht aufgenommenen Mengen von Biphenyl. Die Belüftung der aus ihren Verpackungen entfernten Citrusfrüchten scheint die Rückstände in manchen Fällen zu verringern.

Die Biphenylverpackungen haben keinen Einfluß auf die chemischen Veränderungen, welche in der Frucht während der Lagerung vorkommen.

Biphenyl wird bei der Verarbeitung der Citrusschalen durch gewisse Verfahren entfernt. Es wird bei der Extraktion des ätherischen Öls vollkommen entfernt, durch Trocknen und Kochen teilweise oder vollkommen entfernt. Die Marmeladen aus passierten Schalen enthalten praktisch kein Biphenyl.

Summary *

Wraps and cartons impregnated with biphenyl are now one of the best means of protecting citrus fruit against decay which develops during transportation and storage. The protected citrus fruit contains a certain amount of biphenyl residues.

Biphenyl meets the requirements of a food additive, but communicates to the fruit a slight odor which disappears quickly after the fruit is unpacked. For several years, because of the odor of biphenyl, a great but unsuccessful effort has been made to find a substitute for biphenyl.

The biphenyl protected citrus fruit is submitted to different regulations and the residues in the fruit are limited, according to the country, to 110, 100, or 70 p.p.m. of biphenyl. Various methods have been proposed for the determination of biphenyl residues.

The residues are mainly localised in the oil glands. The peel may contain from a few to several hundred p.p.m. of biphenyl. The albedo and the pulp contain insignificant amounts of biphenyl, the pulp up to 1 p.p.m. The whole fruit may contain very different amounts of biphenyl. The maximum amounts found in USA in a great number of marketed oranges, lemons, and grapefruit are 110, 70, and 30 p.p.m., but 90 percent of the sample contained less than 60, 40, and 20 p.p.m., respectively. The maximum amounts found

* Translated by the author.

in citrus fruit from various countries are 185 p.p.m. in oranges, 129 p.p.m. in lemons, and 64 p.p.m. in grapefruit, but in examined fruit the residues seldom exceed the limits of tolerance, and less than 6.6, 1.9, and 1.3 percent of oranges, and 3, 1, and 0.5 percent of lemons contained more than 70, 100, and 110 p.p.m., respectively.

The absorption power and the amounts of biphenyl absorbed by the fruit depend on various factors. The unripe fruit absorbs more biphenyl than the ripe. Wilting and degreening lessen the absorption power, especially of lemons. Washing and waxing may also affect the absorption. The residues increase generally with the duration of storage. Under commercial conditions, the absorption intensity seems to decrease with the time, and the amounts of biphenyl that may be absorbed during prolonged storage appear to be limited.

The effect of temperature varies with the nature of the packing material. The usual packing material contains about 40 mg. of biphenyl for 200 g. of fruit, but there is no regular correlation between the amounts of biphenyl in the packing and those absorbed by the fruit.

Storage conditions, such as temperature, ventilation, and crowding of the storage rooms play an important role in absorption and, together with the nature of the fruit and the duration of storage, determine the amounts of biphenyl absorbed by the fruit. The residues seem to decrease, in some cases, during the aeration of unpacked fruit.

Biphenyl has no influence on the chemical changes occuring in the fruit during storage.

Biphenyl is eliminated from the citrus peels during processing. It is completely eliminated by extraction of essential oils and in part, or completely, during drying or cooking. The marmelades prepared from ground citrus peels are practically free of biphenyl.

Index bibliographique

ALMIN, K. E.: Spectrophotometric determination of biphenyl in treated fruit wrappers and a note on sampling of striped sheet materials. Svensk. Papperstidn. 59, 44 (1956); Chem. Abstr. 51, 12490 c (1957).

AMBROSE, A. M., A. N. BOOTH, F. DEEDS, and A. J. COX: A toxicological study of biphenyl, a citrus fruit fungistat. Food Research 25, 328 (1960).

ANONYME: Charter Oak House test sodium hypochlorite process. Calif. Citrograph 10, 417 (1925).

ANONYME: Cooperative research with the Florida Citrus Commission. Packing house research. Chemical treatment for the prevention of citrus fruit decay. Ann. Rept. Florida Agr. Expt. Sta., p. 166 (1950).

ATHENSTAEDT, H.: Mesomorphe Ordnungszustände biologisch bedeutsamer Stoffe. Naturwissensch. 49, 433 (1962).

BARGER, N. R.: Treating oranges with Borax solutions for control of blue and green molds. Calif. Citrograph 10, 144 (1925).

— Sodium bicarbonate as citrus fruit disinfectant. Calif. Citrograph 13, 16 (1928).

—, and L. A. HAWKINS: Borax as a disinfectant for citrus fruits. J. Agr. Research 30, 189 (1925).

BARKAI-GOLAN, R.: Air-borne fungi in packing houses for citrus fruits. Bull. Research Council Israel 10 D, 135 (1961).

BATEMAN, E., and C. HENNINGSEN: Theory on the mechanism of protection of wood preservatives. IV. Experiments with hydrocarbons. Proc. Amer. Wood preserver's Assoc. **1923**, 136 (1923).
BAXTER, R. A.: Report on diphenyl in citrus products. J. Assoc. Official Agr. Chemists **40**, 249 (1957).
BEECH, F. W., and J. G. CARR: A survey of inhibitory compounds for the separation of yeasts and bacteria in apple juice and ciders. J. Gen. Microbiol. **12**, 85 (1955).
BENK, E., und S. KREHL: Zum Nachweis von Diphenyl und *o*-Oxydiphenyl auf Zitrusfrüchten. Fruchtsaft Ind. **2**, 86 (1957).
BIALE, J. B.: Postharvest physiology and chemistry. In: The orange, ed. W. B. Sinclair, p. 96. Univ. Calif. Press: Berkeley 1961.
BLINC, M.: Conservation of citrus fruit. Bull. Sci. Conseil Acad. R. P. F. Yougoslavie **4**, 39 (1958); Chem. Abstr. **53**, 11703 b (1959).
BLOCK, W. D., and H. H. CORNISH: Metabolism of biphenyl and 4-chlorobiphenyl in the rabbit. J. Biol. Chem. **234**, 3301 (1959).
BLONDEL, L.: Experience sur l'action de la thiourée sur la conservation des oranges. Ann. inst. agric. et serv. recherches exp. agr. Algerie **2**, 171 (1947).
BÖHME, H., und L. BERTLING: Zur Bestimmung von Diphenyl in Citrusfrüchten. Lebensm.-Untersuch. u. Forsch. **105**, 311 (1957).
—, und G. HOFMANN: Über die photometrische Bestimmung von Diphenyl und *o*-Hydroxydiphenyl in Citrusfruchtschalen. Lebensm.-Untersuch. u. Forsch. **114**, 97 (1961).
BOHM, E.: Beitrag zur Prüfung von Citrusfrüchten auf Fremdstoffe. Dtsch. Lebensm.-Rundschau **57**, 8 (1961).
BOOTH, A. N., H. M. AMBROSE, and F. DEEDS: Reversible nephrotoxic effects of biphenyl. Federation Proc. **15**, 403 (1956).
BOTHAN, J. R.: Report on sterilisation and storage trials and other work to Mildura citrusfield day. Citrus News **35**, 133 (1959).
BRADLEY, R. S., and T. G. CLEASBY: The vapour pressure and lattice energy of some aromatic ring compounds. J. Chem. Soc., Part II, 1690 (1953).
BRIESKORN, C. H., und M. GEUTING: Mechanismus der Farbreaktion zwischen Biphenyl und Formaldehyd-Schwefelsäure. Arch. Pharm. **293/65**, 669 (1960).
BROGDEN, E. M., and M. L. TROWBRIDGE: Art of preparing fresh fruit for market. U. S. Pat. No. 1,529,461 (1925).
BRUCE, R. B., and J. W. HOWARD: Colorimetric determination of biphenyl in biological materials. Anal. Chem. **28**, 1973 (1956).
CASSIN, J.: Expériences sur l'action fungicide de différents produits pour la lutte contre la moisissure des agrumes. Fruit et Primeurs. Afr. Nord **22**, fasc. 232, 18 (1952).
CATAVELLA-FERRER, J. M.: Fruit wrapping paper impregnated with disinfectant and insecticides. Span. Pat. No. 204,039 (1952) and 204,885 (1952).
CHARLEY, V. L. S.: The prevention of microbiological spoilage on fresh fruit. J. Sci. Food Agr. **10**, 349 (1959).
CHILDS, I. F. L., and E. A. SIEGLER: Controlling orange decay. Thiourea, thioacetamide, 2-aminothiazole and quinosol in aqueous solution. Ind. Eng. Chem. **38**, 82 (1946).
CHRIST, R. A.: Annual report 1961. South African co-operative citrus exchange. L. T. D. Pretoria No. C 131/1962.
COX, M. E.: Spectrophotometric estimation of biphenyl and of *o*-phenylphenol. Analyst **70**, 373 (1945).
CUILLÉ, J.: Quelques conseils pratiques pour la lutte contre les Penicillium des agrume. Paris: Institut des Fruits et Agrumes Coloniaux 1953.
—, et A. YVON: Influence des traitements chimiques sur la conservation des agrumes. Fruits (Paris) **9**, 314 (1954).
DAVENPORT, J. B.: A departure from Beer's Law affecting the spectrophotometric determination of diphenyl. Analyst **78**, 558 (1953).
DEICHMANN, K. V., M. KITZMILLER, M. DIERKER, and S. WITHERUP: Observation on the effects of biphenyl, *o*- and *p*-aminobiphenyl, *o*- and *p*-nitrobiphenyl, and dihydroxyoctachlorobiphenyl on experimental animals. J. Ind. Hyg. Toxicol. **29**, 1 (1947).

DEL MATTO, J.: Notes sur le papier «Crown» au diphényle. Fruits (Paris) **6**, 62 (1951).
DICKEY, E. E.: The biphenyl content of citrus marmalade prepared from consumer-type, biphenyl-treated fruit. Inst. Paper Chem., Appleton, Wisconsin, Proj. 1108-7-4 (1955); in HAZLETON (1956).
—, and J. W. GREEN: Procedure for the spectrophotometric determination of biphenyl in oranges and lemons. Rept. prepared for Foudrinier Kraft Board Inst., Inst. Paper Chem., Appleton, Wisconsin, Proj. 1108-7-4 (1955).
DURAN, R., and S. M. NORMAN: Differential sensitivity to biphenyl among strains of Penicillium Digitatum Sacc. Plant Dis. Reporter **45**, 475 (1961).
EAKS, I. L.: Effects of biphenyl on respiration of oranges and lemons. Proc. Amer. Soc. Hort. Sci. **66**, 135 (1955).
— Atmosphere in unvented cartons of Valencia oranges. Calif. Citrograph **44**, 65 (1958).
ECKERT, J. W., and M. J. KOLBEZEN: Fruit decay control program at the Citrus Experiment Station. Calif. Citrograph **44**, 110 (1959).
— — Sym-dibromotetrachloroethane — a new fungistat for control of citrus fruit decay. Phytopathol. **53**, 755 (1963).
— —, B. F. BRETSCHNEIDER, and H. K. NICHOLAS: Controlling Penicillium decay of oranges with certain aliphatic amines. Phytopathol. **51**, 64 (1961).
— —, and R. L. SLUSHER: Control of post-harwest fruit decay with 2-amino-butane salt solution. Phytopathol. **52**, 730 (1962).
F. A. O.: Trade year book **16**, 113 (1962 a).
— Existing regulation with regard to pesticide residue on citrus fruit. Committee on commodity problems F.A.O. group on citrus fruit, third session, Rome 17—22, June 1963: CCP/Citrus/63, 3 July (1962 b).
— Food additives in citrus fruits and their products. Committee on commodity problems F.A.O. group on citrus fruit, third session, Rome 17—22, June 1963: CCP/Citrus/63, 11 March (1963).
FARKAS, A.: The practical application of impregnated wrappers against fungal decay of citrus fruit. Hadar **11**, 261 (1938).
— Control wastage of citrus fruit by impregnated wrappers on a commercial scale. Hadar **12**, 227 (1939 a).
— Method for impregnating wrapping material. U. S. Pat. No. 2,173,453 (1939 b).
—, and J. AMAN: The action of diphenyl on the Penicillium and Diplodia moulds. Palestine J. Bot. Jerusalem, Ser. **2**, 38 (1940).
FAULKNER, G. H.: The antibacterial action of some biphenyl derivatives. Biochem. J. **38**, 370 (1944).
FEIGL, F.: Spot tests in organic analysis. New York: Elsevier 1956.
FEUERSANGER, M.: Mit Diphenyl konservierte und künstlich gefärbte Zitrusfrüchte. Dtsch. Lebensm.-Rundschau **51**, 268 (1955).
FLETCHER, W. A.: Use of diphenyl wraps against decay in New Zealand lemons. New Zealand J. Agr. **88**, 115 (1954).
FULTON, H. R., and J. J. BOWMAN: Preliminary results with the borax treatment of citrus fruit for the prevention of the blue mold rot. J. Agr. Research **28**, 961 (1924).
—, and W. W. COBLENTZ: The fungicidal action of ultraviolet radiation. J. Agr. Research **38**, 159 (1929).
GLEISBERG, W.: Gutachten. Diphenyl ist ein Vorratsschutz — also Pflanzenschutz — kein Konservierungsmittel. Manuscript, Hamburg Dez. (1956).
GRIERSON, W., and F. W. HAYWARD: Precooling, packaging, and fungicides as factors affecting appearance and keeping quality of oranges in simulated transit experiments. Proc. Amer. Soc. Hort. Sci. **76**, 229 (1960).
— —, and M. F. OBERBACHER: Simulated packing, shipping, and marketing experiments with Valencia oranges. Proc. Florida State Hort. Soc. **72**, 248 (1959).
GUNTHER, F. A.: Analytical evaluation of residues of pesticide chemicals in foods and feeds. Proc. 17th Internat. Congress Pure and Appl. Chem. Verlag Chemie, pp. 387—426 (1959).
—, and R. C. BLINN: Analysis of insecticides and acaricides. New York—London: Interscience 1955.

GUNTHER, F. A., R. C. BLINN, and J. H. BARKLEY: Procedure for determining amounts of biphenyl and of *o*-phenylphenol on and in a single sample of citrus fruit. Univ. Calif. Citrus Expt. Sta. Mimeo. 1959 a.

— — — Procedure for routine determination of biphenyl and *o*-phenylphenol on and in citrus fruit. Analyst **88**, 36 (1963).

— —, M. J. KOLBEZEN, R. A. CONKIN, and C. W. WILSON: Sorption of ammonia by fruits, vegetables, eggs, and fiberboard in dynamic systems. J. Agr. Food Chem. **7**, 496 (1959 b).

HALEY, T. J., L. E. DETRICK, N. KOMESU, P. WILLIAMS, H. C. UPHAM, and L. BAURMASH: Toxicological studies on polyphenyl compounds used as atomic reactor moderator-coolants. Toxicol. Appl. Pharmacol. **1**, 515 (1959).

HARDING, P. R., JR.: Biphenyl induced variations in citrus blue mold. Plant Dis. Reporter **43**, 649 (1959).

— Differential sensitivity to sodium orthophenylphenate by biphenyl-sensitive and biphenyl-resistant strains of Penicillium digitatum. Plant Dis. Reporter **46**, 100 (1962).

—, and D. C. SAVAGE: Biphenyl resistant strains of citrus green mold. Calif. Citrograph **46**, 280 (1961).

HARDING, P. L., J. S. WIANT, H. W. HRUSCHKA, M. B. SUNDAY, and J. KAUFMAN: Control of decay of Florida oranges during storage. Citrus Ind. **33** (8), 5 (1952).

HARVEY, E. M.: Absorption of biphenyl from biphenyl-treated cartons by citrus fruits and its effect on decay. 1953—54. U. S. Dept. Agr., Agr. Marketing Serv. Bur. Biol. Sci. AMS-3 (1955).

—, and E. P. ATROPS: Storage test with Lemons in nonventilated cartons with and without biphenyl and with and without 2,4-D and water wax. Prestorage treatment. U. S. Dept. Agr., Agr. Research Admin. Pomona, Calif. Rept. No. 296 (1953).

—, and W. B. SINCLAIR: Diphenyl — its uses in the citrus industry. A report compiled by a technical committee appointed by the citrus industry association. Pomona and Riverside, Calif. (1953).

HAZLETON, L. W.: Report of investigations on biphenyl. Part D. Results of tests on the amount of residue remaining in citrus fruit after economic use of biphenyl. Hazleton Laboratories, Falls Church, Virginia 1956.

—, W. KUNDZINE, J. W. HOWARD, and C. D. JOHNSTON: Studies on biphenyl in the dog. Rept. XXth Internat. Physiol. Congress. Bruxelles 30/7-4/8, p. 412 (1956).

HEIBERG, B. C., and G. B. RAMSEY: Fungistatic action of biphenyl on some fruit and vegetable pathogens. Phytopathol. **36**, 887 (1946).

HERTZ, M. R., and M. LEVINE: A fungistatic medium for enumeration of yeast. Food Research **7**, 430 (1942).

HOEKE, F., and H. CATS: Aantonen en kwantitative bepalling van difenyl en thioure-um op sinaasappels. Chem. Weekblad **53**, 609 (1957).

HOPKINS, E. F., and A. A. MCCORMACK: Effect of ammonia treatment in fiberboard cartons on stem-end rot and mold decay in Florida oranges. Citrus Mag. **20** (3) 18 (1957).

— — Experiments with a non buffing fungicidal wax for decay control in oranges. Citrus Mag. **21** (5), 22 (1959 a).

— — A method for the control of decay in oranges. Citrus Mag. **22** (4), 8 (1959 b).

—, and K. W. LOUCKS: The use of diphenyl in the control of stem-end rot and mold in citrus fruits. Citrus Ind. **28** (10), 5 (1947 a).

— — Experimental chemical treatments and the prevention of decay in citrus fruit. Citrus Ind. **28** (6), 12 (1947 b).

— — Has ozone any value in the treatment of citrus fruit for decay. Citrus Ind. **30** (10), 5 (1949).

— — Combination of "Dowicide A" with diphenyl for the control of decay in citrus fruit. Citrus Mag. **12** (11), 24 (1950).

HORSFALL, J. G., and S. RICH: Differential action of compounds on spore germination and hypheal growth. Phytopathol. **43**, 476 (1953).

—, R. A. CHAPMAN, and S. RICH: Relation of structure of diphenyl compounds to fungitoxicity. First Symp. on Chem. Biol. Corr. National Research Council, Publ. 206, Washington D. C. (1951).

HUELIN, F. E.: The handling and storage of Australian oranges and grapefruit. Council Sci. Ind. Research, Australia, Bull. 154 (1942).
IHLOFF, M. L., und M. KALITZKI: Bestimmung von Diphenyl und *o*-Phenylphenol in Zitrusfrüchten. Mitteilungsbl. G. D. Ch. Fachgr. Lebensmittelchem. 9, 196 (1955).
— — Zur Diphenylbestimmung in Zitrusfrüchten. Mitteilungsbl. G. D. Ch. Fachgr. Lebensmittelchem. **11**, 129 (1957).
— — Diphenyl und *o*-Phenylphenol als Zitrusfrucht-Konservierungsmittel. Dtsch. Lebensm.-Rundschau **56**, 139 (1960).
— — Über Konservierungs- und Schönungsmittel sowie Rückstände von Schädlingsbekämpfungsmitteln bei Importobst. Mitt. Gebiete Lebensm. Hyg. **52**, 321 (1961).
IL'ENKO-PETROVSKAYA, T.: The use of *o*-phenylphenol against blue and green molds on lemons. Sovet. Torgovlya **1**, 44 (1956); Chem. Abstr. **53**, 2503 i (1959).
JORDAN, T. E.: Vapor pressure of organic compounds. New York: Interscience 1954.
KIELY, T. B.: Blue and green mould rots of citrus fruits. Agr. Gaz. N. S. Wales **60**, 465 (1949).
—, and J. K. LONG: Market diseases of citrus. Agr. Gaz. N. S. Wales **71**, 132 (1960).
KIRCHNER, J. G.: Oils in peel, juice sac, and seed. In: The orange, ed. W. B. Sinclair, p. 265. Berkeley: Univ. Calif. Press 1961.
—, J. M. MILLER, and R. G. RICE: Quantitative determination of biphenyl in citrus fruits and fruit products by means of chromatostrips. J. Agr. Food Chem. **2**, 1031 (1954).
KLOTZ, L. J.: Nitrogen trichloride and other gases as fungicides. Hilgardia **10**, 27 (1936).
— Control of decay of Citrus fruits in carton. Citrus Leaves **37** (4), 6 (1957).
KNODEL, L. R., and E. J. ELVIN: Infrared determination of biphenyl in treated fiberboard cartons. Anal. Chem. **24**, 1824 (1952).
KOETHER, B.: Beitrag zur quantitativen Bestimmung des Diphenyls in Citrusfrüchten. Lebensm. Untersuch. u. Forsch. **108**, 158 (1958).
LAURIOL, F.: La lutte contre les Penicillium des agrumes. Fruits (Paris) **6**, 412 (1951).
— La protection des agrumes contre les moisissures à Penicillium. Fruits (Paris) **7**, 465 (1952).
— Les traitements chimiques des Penicillium des agrumes. Fruits (Paris) **9**, 3 (1954).
LE ROSEN, R. L., R. J. MORAVEK, and J. K. CARLTON: Streak reagents for chromatography. Anal. Chem. **24**, 1335 (1952).
LITTAUER, F. S.: Combined versus single treatments for the control of citrus fruit rots. Ktavim **6**, 129 (1956).
—, and Y. GUTTER: Diphenyl-resistant strains of Diplodia. Palestine J. Bot. (Rehovot) Ser. **8**, 185 (1953).
—, (LATAR, F. S.), and Y. GUTTER: Effectiveness of wraps impregnated with sodium *o*-phenylphenate in the control of citrus fruit rots. National Univ. Inst. Agr. Rehovot (Israel), Rept. no. 399 (1962 (en hébreu, résumé en anglais).
—, and G. MINTZ: Citrus wastage investigation. Rept. for 1937—1945, submitted *Citrus Control Board.* Dept. Hort., Govt. of Palestine (1937—1945).
—, and M. NADEL-SCHIFFMANN: Incubation period and development stage of citrus fruits mould. Ktavim **2—3**, 31 (1952).
LLOYD, A. J., and I. W. PRESTON: Preservation of fruit and other products. Brit. Pat. **783**, 194 (1954).
— — Impregnation of paper with biphenyl. U. S. Pat. no. 2,897,111 (1959).
LOEHR, B. E.: Impregnated sheets for preserving perishable foods. U. S. Pat. no. 3,044,885 (1962).
LONG, J. K.: Mould wastage in oranges can be controlled successfully. Agr. Gaz. N. S. Wales **64**, 485 (1953).
MACINTOSH, F. C.: The toxicity of diphenyl and *o*-phenylphenol. Analyst **70**, 334 (1945).
MECKSTROTH, G. A., J. R. WINSTON, and G. F. MELOIN: Fungicidal screening tests for the control of decay in Florida oranges. U. S. Dept. Agr., Agr. Marketing Serv. **AMS-352** (1959).

MINTZ, G.: Uncooled summer-storage of citrus fruits, Ktavim **6**, 15 (1956).
MISPLEY, R. G., and W. R. BARBER: Tissue paper preservative wrapper for citrus fruits and method of making same. U. S. Pat. no. 2,265,522 (1939).
—, and J. R. MACRILL: Mold and odor control of citrus fruit packing paper. U. S. Pat. no. 2,746,872 (1956).
MOREAU, C.: Le problème de la protection des agrumes dans les transports et en entrepôts. Fruits (Paris) **9**, 51 (1954).
— Les composés organiques du bore (albotènes), leur intérêt dans le traitement des agrumes en entrepôt. Fruits (Paris) **11**, 375 (1956).
—, et M. MOREAU: La pollulation des stations de conditionnement d'agrumes. Fruits (Paris) **16**, 387 (1961).
NADEL-SCHIFFMANN, M.: Une contribution à la pathogénie du Penicillium digitatum et du Penicillium italicum sur les fruits des agrumes Rev. Pathol. Végétale et Entomol. Agr. (France) **30**, 228 (1951).
— Influence of treatment and storage conditions of lemons on rot development and fruit quality. National Univ. Inst. Agr. Rehovot (Israel), Rept. no. 320 (1961) (en hébreu, résumé en anglais).
NEWHALL, W. F., E. J. ELVIN, and L. R. KNODEL: Infrared determination of biphenyl in citrus fruits. Anal. Chem. **26**, 1234 (1954).
PAYNE, J., and L. W. PRESTON: Biphenyl composition for preservation of fruit. Brit. Pat. no. 794,274 (1958).
PINTOV, Z.: Citrus marketing board of Israel. Communication personnelle (1962).
RAJZMAN, A.: A method for the quantitative micro-determination of diphenyl. Quantitative determination of diphenyl in paper wrappers. Analyst **85**, 1007 (1960).
— Colorimetric micro-determination of diphenyl in citrus fruit. National Univ. Inst. Agr., Rehovot (Israel), Rept. no. 333 (1961 a).
— The diphenyl residue in citrus fruit. National Univ. Inst. Agr., Rehovot (Israel), Rept. no. 332 (1961 b).
— The effect of storage and airing upon diphenyl residues in diphenyl-wrapped oranges. Israel J. Agr. Research **11**, 125 (1961 c).
— Diphenyl absorption by citrus fruit wrapped in plain wraps and stored together with diphenyl-wrapped fruit. Israel J. Agr. Research **11**, 137 (1961 d).
— Effect of washing and waxing of oranges upon their diphenyl absorption. Bull. Research Council Israel **10 c**, 131 (1961 e).
— Elimination du diphényle des écorces d'agrumes. Ann. Nutrition et Aliment. **15**, 239 (1961 f).
— The quantitative micro-determination of diphenyl in citrus fruit. Analyst **88**, 117 (1963 a).
— Mémoires en préparation pour la publication (1963 b).
—, et M. NADEL-SCHIFFMANN: L'évolution de la quantité et de la composition chimique du jus dans les citrons en entrepôt. Natl. Univ. Inst. Agr., Rehovot (Israel), Rept. no. 343 (1961) (en hébreu).
RAMSEY, G. M., M. A. SMITH, and B. C. HEIBERG: Fungistatic action of diphenyl on citrus fruit pathogens. Botan. Gaz. **106**, 74 (1944).
REICHERT, I.: A decade of research into citrus diseases in Palestine. Hadar **11**, 63 (1938).
—, and F. S. LITTAUER: The decay of citrus fruits in Palestine and its preservation. Palestine Citrograph **1**, 3 (1928).
— — Preliminary disinfection experiments against mould wastage in oranges. Hadar **4**, 3 (1931).
REITH, J. F.: Over het gebruik van difenyl als schimmelwerend middel bij sinaasappelen en andere citrusvruchten. Voeding **17**, 169 (1956).
ROGLIANI, E., and S. PROCACCINI: Absorption of biphenyl by oranges and lemons wrapped with biphenyl paper. Chemical and toxicological research. Biochim. Appl. **3**, 193 (1956); Chem. Abstr. **51**, 15034 a (1957).
ROISTACHER, C. N., L. J. KLOTZ, and M. J. GARBER: Test with volatile fungicides in packages of citrus fruits during shipment to eastern markets. Phytopathol. **50**, 855 (1960).

RYGG, G. L., C. W. WILSON, and M. J. GARBER: Effect of biphenyl treatment and carton ventillation on decay and soilage of California lemons in overseas shipments. U. S. Dept. Agr., Agr. Marketing Serv., Marketing Research Rept. no. 500 (1961).

—, A. W. WELLS, S. M. NORMAN, and E. P. ATROPS: Biphenyl control of lemon spoilage. Influence of time, temperature and carton venting. U. S. Dept. Agr., Marketing Research Rept. no. 569 (1962).

SCHELHORN, M. VON: Die Verwendung von mit Diphenyl imprägnierten Packstoffen zur Haltbarkeitsverlängerung bei Citrusfrüchten. Dtsch. Lebensm.-Rundschau **52**, 288 (1956).

SCHENK, G.: Qualitativer Diphenyl-Nachweis in frischen Citrus-Pericarpien. Pharm. Ztg. ver. Apotheker Ztg. **102**, 1183 (1957).

SHARMA, J. N.: Protecting whole fruits and vegetables from decay. U. S. Pat. no. 2,054,392 (1936); S. African Pat. no. 1255/35 (1935).

SILVERMAN, L., and W. BRADSHAW: Rapid spot test for identification of diphenyl, *o*-, *m*-, and *p*-terphenyl and certain other polyphenyls. Anal. Chem. **27**, 96 (1955).

SOUCI, S. W.: Die Behandlung von Citrus-Früchten. In Lebensmittelforschung und Fremdstoffprobleme in USA. München: Dtsch. Forschungsanstalt für Lebensmittelchem., S. 46 (1959).

—, und G. MAIER-HAARLANDER: Untersuchungen zur Analytik des Diphenyls I. Mitteilung. Lebensm. Untersuch. u. Forsch. **119**, 217 (1963).

SRIVASTAVA, H. C.: Storage and preservation of perishables. Food Sci. Mysore **8**, 246 (1959).

— Progressive investigation on storage behavior of citrus fruits. Food Sci. Mysore **9**, 55 (1960).

—, N. S. KAPUR, and U. B. DALAL: Preservation of fresh fruits and vegetables. Proc. Symp. on Food Needs and Resources, May 1961, p. 152. New-Delhi, N. I. S. I. (1962).

STANLEY, W. L., S. H. VANNIER, and B. GENTIL: A modified method for the quantitative estimation of diphenyl in citrus fruits. J. Assoc. Official Agr. Chemists **40**, 282 (1957).

STEYN, A. P., and F. ROSSELET: Quantitative photometric determination of diphenyl in orange peel. Analyst **74**, 89 (1949).

STROUD, S. W. J.: The metabolism of the parent compounds of some of the simpler synthetic oestrogen phenols. J. Endocrinol. **2**, 55 (1940).

THODE, W.: Der Nachweis von Polyvinylacetat, Diphenyl und anderen phenolartigen Fungiciden in Schutzüberzügen für Citrusfrüchte. Mitteilungsbl. GDCh-Fachgr. Lebensmittelchem. **11**, 221 (1957).

THOMAS, R.: The detection and determination of diphenyl and *o*-phenylphenol in concentrated orange juice by gas chromatography. Analyst **85**, 551 (1960).

TINDALE, G. B.: Fungicidal dipping or diphenyl wrapping necessary to reduce mold wastage losses. Citrus News **27**, 161 (1952).

— Diphenyl wraps, borax, and sodium *o*-phenylphenate all effective in reducing moulds on Valencias held at 42° F. Citrus News **35**, 144 (1959).

—, and S. FISCH: Blue and green moulds of oranges. J. Dept. Agr. Victoria **29**, 101 (1931).

TOMKINS, R. G.: Iodized wraps for the prevention of rotting of fruit. J. Pomol. Hort. Sci. **12**, 311 (1934).

— Wraps for the prevention of rotting of fruit. Rept. Food Invest. Board London, p. 129 (1935).

— Method of and means for preserving fruit, eggs, and other material of biological origin. Brit. Patent sp. 474,666 (1936 a).

— Treated wraps for the prevention of rotting. Rept. Food Invest. Board London, p. 149 (1936 b).

— Treated wraps for the prevention of fungal rotting. Rept. Food Invest. Board London, p. 186 (1938).

— Use of paper impregnated with esters of *o*-phenylphenol to reduce the rotting of stored fruit. Nature **199**, 669 (1963).

TOMKINS, R. G., and F. A. ISHERWOOD: The absorption of diphenyl and *o*-phenylphenol by oranges from treated wraps. Analyst **70**, 330 (1945).
—, and S. A. TROUT: The use of ammonia and ammonium salts for prevention of green mold in citrus. J. Pomol. Hort. Sci. **9**, 257 (1931).
TROUT, S. A., and R. G. TOMKINS: The use of acetaldehyde in the storage of fruit. J. Council Sci. Ind. Research **4**, 6 (1931).
TURNER, J. N.: Control of fungal diseases of fruit in storage. Outlook on Agr. **11**, 229 (1959).
ULRICH, R.: Conservation par le froid des denrées d'origine végétale. Paris: J. B. Ballière et Fils 1954.
VANDENBELT, J., and C. HEINRICH: Spectrophotometric reponse of biphenyl and anthracene. Analyst **79**, 586 (1954).
VAN DER PLANK, J. E., J. M. RATTRAY, and G. F. VAN WYK: The use of wraps containing *o*-phenylphenol for citrus fruits. J. Pomol. and Hort. Sci. **18**, 135 (1940).
WEST, H. D., and N. C. JEFFERSON: The effect of aromatic hydrocarbons on the growth of young rats. J. Nutrition **23**, 425 (1942).
—, and G. R. MATHURA: Synthesis of some aryl substitued 1-cysteines and their fate in the animal body. J. Biol. Chem. **208**, 315 (1954).
—, J. R. LAWSON, I. H. MILLER, and G. R. MATHURA: Fate of diphenyl in the rat. Fed. Proc. **14**, 303 (1955).
— — — — The fate of diphenyl in the rat. Arch Biochem. Biophys. **60**, 14 (1956).
—, G. R. MATHURA, E. A. JONES, L. K. AKERS, and J. R. LAWSON: Metabolism of diphenyl. Fed. Proc. **12**, 288 (1953).
WINKLER, W. O.: Report on diphenyl in citrus fruits. J. Assoc. Official Agr. Chemists **42**, 554 (1959).
WINSTON, J. R.: Decay of Florida citrus fruits and its control. Citrus Ind. **29** (2), 5 (1948).
— Harvesting and handling of citrus fruits in the Gulf States. Farmer's Bull. no. 1763, U. S. Dept. Agr. 1950.
—, and R. H. CUBBEDGE: Export shipping test to Europe with Florida citrus fruit. U. S. Dept. Agr., Marketing Research. Rept. no. 321 (1959).
—, and G. A. MECKSTROTH: Control of oranges decays by pyrrolidine alone and mixed with 2-aminopyridine. Proc. Florida St. Hort. Soc. **65**, 78 (1952).
— —, and G. L. ROBERTS: 2-Aminopyridine, a promising inhibitor of decay in oranges. Proc. Florida St. Hort. Soc. **60**, 68 (1947).
— — —, and R. H. CUBBEDGE: Fungicidal screening test for the control of decay in Florida oranges. U. S. Dept. Agr., H. T. & S. Office Rept. no. 201 (1949).
— — — — Fungicidal screening test for the control of decay in Florida oranges. U. S. Dept. Agr., H. T. & S. Office Rept. no. 253 (1951).
— —, R. H. CUBBEDGE, and G. L. ROBERTS: Fungicidal screening tests for the control of decay in Florida oranges. U. S. Dept. Agr., H. T. & S. Office Rept. no. 292 (1953).
WOLFE, T. A., and C. N. ROISTACHER: Volatile chemicals for control of mold of citrus fruit. Calif. Citrograph **39**, 268 (1954).

Insecticide residues in milk and dairy products

By

J. Lloyd Henderson *

Contents

I. Introduction

In a discussion of pesticide residues in food products of any kind, the inevitability of having some residues, no matter how infinitesimal, must be recognized. Agriculture, as it must be conducted today in an effort to produce food in the quantities and qualities demanded, could not exist without the aid of synthetic pesticides. The use of insecticides to combat mosquitos and forest insects also must be considered as potential sources of residues in foods.

Prior to the experimental use of DDT in 1942 and its commercial application in 1945 as an insecticide for protecting crops, the pest-control agents were principally inorganic in nature, such as arsenic, copper, and lead, and a few naturally occurring organic compounds and mixtures, such as nicotine, pyrethrins, and rotenone. Resisdues of these pest-control agents on plant material did not enter into the biological system of dairy cattle and were not translocated into the milk. The beginning of the residue problem in milk started with the use of DDT and later other chlorinated hydrocarbons. The chlorinated hydrocarbons in varying degrees are stored in the body fat and excreted in the milk.

* Quality Control Manager, Foremost Dairies, Inc., San Francisco, California.

This review is concerned with the problems of pesticide residues in milk, how milk becomes contaminated, the levels of residues, the legal implications, consideration of tolerances, testing procedures for use in screening the milk supply for residues, and the action taken by the dairy industry in their responsibility to the consumer.

II. Kinds of insecticide residues in milk

The chlorinated hydrocarbons, such as DDT, DDE, and DDD (TDE), have been reported in milk and dairy products more frequently than have other compounds of this class. The *Association of Official Agricultral Chemists* (A.O.A.C.) colorimetric procedure of SCHECHTER and HALLER (1947) was available before more sensitive and sophisticated procedures were developed. When the MILLS paper chromatographic procedure became available in 1959, lindane and methoxychlor were detected in samples tested in routine screening surveys. The MILLS (1959) test, in which a Florisil column is eluted with a six percent ethyl ether-petroleum ether solution, does not elute endrin and dieldrin, and these compounds were frequently not reported in milk and dairy products.

The concentration of control agencies and company laboratory efforts in identifying DDT, DDE, DDD, methoxychlor, and lindane made it possible to make more progress in identifying incidences, levels, and sources of residues than if the resources had been spread to include more procedures to identify other residues likely to be in some samples at very low levels.

The so-called DDT and benzene hexachloride series of compounds are much less tocic than the chlordane series, which includes chlordane, heptachlor, dieldrin, aldrin, endrin, and toxaphene. The relative toxicities of selected members of the three series of chlorinated hydrocarbon insecticides are shown in Table I.

Table I. *Toxicity of selected chlorinated hydrocarbon insecticides (From "Pesticides of Interest to the Dairy Industry". U. S. Public Health Service, November 1962)*

Insecticide	Acute dermal LD_{50}[a] to rats (mg./kg.)	Min. oral toxic dose to calves 1–2 weeks old[b] (mg./kg.)	Min. dose toxic as dip or spray to baby calves[c] (% insecticide)
DDT series			
DDT	2510	250	Non-toxic at 8%
Methoxychlor	—	500	—
Benzene hexachloride series			
Lindane	900	5	0.05
Chlordane series			
Chlordane	530	25	2.0
Heptachlor	250	25	0.5
Dieldrin	60	10	0.25
Aldrin	98	5	0.25
Endrin	15	—	—
Toxaphene	780	5	0.75

[a] Data from GAINES (1960).
[b] Data from RADELEFF *et al.* in *U. S. Department of Agriculture.*
[c] Date from RADELEFF *et al.* (1956), p. 140.

A review of the many tolerances provided for the chlordane series on crops would suggest that aldrin, dieldrin, heptachlorepoxide, and endrin might be expected to occur in milk due to drift from applications to non-forage crops, or if waste agricultural products were fed to dairy cows. Aldrin, dieldrin, and heptachlor have zero tolerances on hay and grains normally used for dairy cattle.

Residues of the chlordane series, when they occur in milk and dairy products, are usually found at low levels, and not until the development of current more sensitive methods, were they readily identified in the screening of milk supplies.

The publication in May, 1963 of the report of the *President's Science Advisory Committee* (1963) "The Use of Pesticides", commonly referred to as the WIESNER Report [1], called attention to the toxicity of certain members of the chlordane series and the possibility of these compounds being found in food supplies. This publication has stimulated activities in searching for information on their occurrence and levels in milk supplies. The gas chromatographic procedures with electron-capture or micro-coulometer detectors have made possible the detection of these compounds in parts-per-billion. This fact has been recognized by the *Food and Drug Administration* in establishing new "actionable" levels of these compounds in milk and milk fat (see Section VIII).

The question of metabolites of insecticides and the possibility of potentiation and synergism of the activity of these compounds must be considered in the total residue problem and its possible hazard to man (CASIDA 1962). The metabolites of a pesticide may differ from their parent compounds in localization, type, and site of pharmacological action. Aldrin consumed in the feed of the cow is converted into dieldrin, and heptachlor when fed is converted into its metabolite, heptachlor-epoxide. These metabolites are more toxic than the parent compounds. DDT is converted to DDE, a less toxic compound. The problems of synergism and potentiation are involved in the effects of metabolites and other non-insecticide compounds that may be in the biological system of the animal. "Potentiation", or grater-than-additive toxicity, has been more commonly applied to organophosphate mixtures rather than to chlorinated hydrocarbons. Until the pathways of insecticides in biological systems are known, these possible effects must be taken into account in the evaluation of the safety of an "economic poison".

The chlorinated hydrocarbons are by far the most prevalent residues that are found in milk, since they are concentrated and stored in fat in the animal and translocated to the milk fat. When heifers have been fed forage contaminated with appreciable amounts of DDT, the residues of this insecticide may appear in the milk for many months [2].

---

[1] Editor's note: See Residue Reviews **6**, 1 (1964) for complete text of this report, and pages 23, 27, and 33 for discussions of this report.

[2] For a review of "Residues from Cattle Fed Treated Crops", see MARTH and ELLICKSON 1959 b.

III. How milk becomes contaminated

Milk may become contaminated by chlorinated hydrocarbon insecticides in a number of ways.

a) Contamination of utensils or milk

Failure to take precautions to protect utensils or milk from contamination when either approved or non-approved compounds are use in the barn or milkhouse. Today this source of contamination is doubtless one of the least common types. The educational program of control agencies and industry, and the inspection of milking procedures by state and local inspectors, have virtually eliminated this type of contamination. If DDT is found in milk without the presence of its metabolite DDE, there is a possibility that the milk rather than the feed eaten by the cow is contaminated with a spray containing DDT.

b) Misuse of materials

The misuse of spray materials on cows and in and around dairy barns and milkhouses. One hazard is the direct contamination of milk as mentioned above. The use of DDT in fly sprays for cows was early reported to contaminate milk. One example will suffice to indicate the contamination of milk by this means (CARTER and MANN 1949). A cow was sprayed one time with a concentration of four pounds of a DDT wettable powder suspension in 100 gallons of water to the point of considerable run-off. Milk samples were analyzed by the SCHECHTER-HALLER (1947) method. The results are in Table II.

Table II. *DDT in milk from direct spraying of cow* (CARTER and MANN 1949)

Elapsed days	DDT, p.p.m. in milk
0	3.0
2	1.8
5	0.9
16	1.4
23	0.5
38	0.4

During the five-week period after spraying, DDT averaged 1.3 p.p.m. in the milk.

At the beginning of the use of chlorinated hydrocarbons for fly control, many investigators demonstrated that spraying cows resulted in the contamination of milk with residues. In addition to DDT, TDE, methoxychlor, chlordane, toxaphene, lindane, BHC, dieldrin, and perthane have been reported in the milk of cows sprayed with these insecticides (*Dairy Industry Committee* 1962, MARTH and ELLICKSON 1959 a).

The fact that lindane and methoxychlor are approved for use in combatting flies on dairy premises, or on cattle, is probably the principal cause of the frequency in which these residues are reported in milk. It probably also signifies that these compounds were not used according to the label or *U.S. Department of Agriculture* "Handbook 120" recommendations.

Flies must be controlled on dairy premises and dairy cattle, and if approved procedures are used, residues from such applications should not appear in the milk.

During the early period of the use of DDT and associated compounds, it was thought by many people that the misuse of sprays in barns and on cows was the major source of residues in milk. In 1949 the *U.S. Department of Agriculture* prohibited its use in and around barns.

c) Contamination of feed

The feed consumed by the cow has been found to be the major source of pesticide residues in milk. In 1947 it was reported that DDT residues appeared in milk of cows that ingested feeds treated with the insecticide (CARTER 1947). Since that time many reports in the literature show that DDT, dieldrin, BHC, lindane, chlordane, heptachlor, aldrin, endrin, and toxaphene will appear as residues in milk when the feed of the cow has been treated with these compounds at levels necessary to control the target insect. Methoxychlor will not appear in milk when cows are fed hay treated at the rate of 100 p.p.m. (ELY *et al.* 1953). The presence of methoxychlor in milk usually indicates direct contamination of the milk or the use of improper amounts on cows for fly control (*Dairy Industry Committee* 1962, MARTH and ELLICKSON 1959 b).

The feed of the cow may become contaminated in a number of ways:

1. Spraying crops intended for dairy cows with non-approved insecticides, or approved insecticides in excessive amounts in the wrong form or at the wrong time.

2. The unintentional contamination of feeds by drift of the insecticide during the application of the compound on adjacent fields or orchards. Drift from aerial application is the most common source. The possible extent of the contamination may be pictured when it is realized that one teaspoonful of DDT spread over one acre, where the yield of hay is two tons, will cause a contamination of 1.0 p.p.m. on the hay if the insecticide adheres to the plant. Control of drift has been a big factor in reducing residue levels in milk. In California the tolerance for DDT on alfalfa hay for dairy cattle feeds is 0.5 p.p.m. and this is likely to be revised downward in the near future.

3. Feeding agricultural wastes, trimmings, or by-products was a major factor in certain areas of the country in causing residues in milk. Apple pumice, peach cannery trimmings, trimmings of lettuce and cabbage, sweet corn stover, and many other similar products, were fed to dairy cows. These products were usually subject to many spray applications during the growing season and some of the sprays required in controlling insects were chlorinated hydrocarbons.

4. Miscellaneous products used for bedding have been found to result in residues in milk. Cotton stalks have particularly been implicated. The

cow absorbs some residues through the skin and some from ingestion of the bedding.

The organophosphates have not been important sources of residues in milk. Malathion has been recommended for control of horn flies, lice, and ticks on cattle, and when used according to *U.S. Department of Agriculture* "Handbook 120" should not result in residues. It is used to control flies in and outside of barns (CARTER *et al.* 1958). It is reported that less than 0.1 p.p.m. of malathion was found in milk from dairy cows five hours after they were sprayed with 0.5 percent concentration of malathion. Traces of the insecticide were present 24 hours after spraying and it was completely absent from subsequent samples.

When organophosphate insecticide residues on plants are consumed by cows, they do not generally appear in the milk of such animals (MARTH and ELLICKSON 1959 b). Parathion fed to dairy cows on alfalfa hay with residues of 14 p.p.m. did not appear as residues in the milk (PANKASKIE *et al.* 1952). The work of COOK (1957) indicates that the absence of certain organophosphate insecticide residues in milk from cows fed these compounds is due to the inactivation of the compound by the cow's rumen fluid.

IV. History of policy of the Food and Drug Administration concerning pesticide residues

DDT was first introduced for general use in agriculture soon after the close of World War II. The insecticide had not been completely evaluated for toxicity, levels likely to be found in food, and for other important aspects that should have been determined. Since the chlorinated hydrocarbons were new compounds, no data were available to judge possible problems that might occur with their introduction. As shown in earlier sections of this review, the data on the effects of spraying barns, cows, and feed were beginning to accumulate by 1947 to 1950. In 1949 the *U.S. Department of Agriculture* took cognizance of the fact that pesticide residues could occur in milk and recommended that the use of DDT in and around dairy cows be discontinued. The belief that this type of contamination was the principal cause persisted in many control agencies until 1960 or 1961.

Preliminary surveys before 1955 indicated to the *Food and Drag Administration* that the problem of pesticide residues in milk was rather widespread. The gathering of meaningful data, however, was delayed due to the lack of specific tests. The total organic chloride test was availbale, but this was not specific. The *Association of Official Agricultural Chemists* colorimetric test for DDT was specific but not very sensitive. The fly-bioassay method was used by a few food manufacturers to screen food products for residues. This method also was not specific and not very sensitive.

By 1955 the *Food and Drug Administration* decided to conduct an extensive survey for pesticide residues in milk. This survey included 801 market bottled milk samples taken on a countrywide basis (CLIFFORD 1957). Approximately 62 percent of the samples were found to contain residues of chlorinated organic insecticides as shown by the fly-bioassay method. A new technique developed by *Food and Drug Administration* personnel, the paper chromatographic technique, was used to identify the residues. The pesticides found were DDT, DDE, DDD, lindane, BHC, and methoxychlor — the same list most prevalent today. One or more of the residues were found in milk samples up to 1.5 p.p.m.

The report of this survey had little effect on the dairy industry. Two exceptions were noted:

1. The *American Butter Institute* in 1957 printed a leaflet for its members entitled "Responsible Use of Pesticides to Prevent Contamination of Dairy Products". The leaflet warned the membership of the importance of keeping residues out of milk products. The guidelines prepared by *Food and Drug Administration* for use in spraying cows and for use on crops were also reprinted in this publication.

2. The *Milk Industry Foundation* issued a similar warning and reprinted the same guidelines in the October 7, 1957 issue of "The Milk Industry News".

These two important notices did not result in efforts by the industry to determine sources of contamination. This can be understood when one realizes that little publicity had been given to the possible toxicity of these compounds. Also, tests, were not available for screening milk supplies for the presence of the residues in small amounts. The survey, however, doutbtless had a pronounced effect on the direction and emphasis of the *Food and Drug Administration* in this area. A colorimetric test specific for DDT, DDE, and DDD (TDE) became the official A.O.A.C. test in 1947. This procedure, however, is specific for DDT and ist analogues and is not sensitive to less than 2.5 p.p.m. on the basis of the fat, or 0.1 p.p.m. in four-percent fat milk. A more sensitive test was needed and work continued in the Food and Drug Administration laboratories to perfect the paper chromatographic procedure.

A second survey was conducted in 1958 and this presented a good opportunity to demonstrate the effectiveness of the paper chromatographic test which was used in this survey (CLIFFORD *et al.* 1959). The survey included 936 raw milk samples and represented 48 dairies in fifteen metropolitan areas in all sections of the United States and were taken over a four-month period. It was found that $2^1/_2$ percent of the samples had residues of 0.1 p.p.m. or more. In this survey, 33 percent of the samples contained residues as compared with 62 percent in the 1955 survey. This may indicate an improvement due to education in the use of insecticides, or it may indicate the sampling was less random or that some other factor was involved. In three out of eight cases, where substantial contamination was found, the sources were identified. In one case, corn silage with 12 p.p.m. was the source, and in the other two cases the residues were due to the illegal spraying of DDT in barns by a commercial applicator.

This second report may have had some effect on the dairy industry, but not enough to result in a crash program to eliminate or reduce residues from the milk supply. However, the survey doubtless did crystallize the thinking of the *Food and Drug Administration* with respect to a program to alert the dairy industry to take action.

The policy of the *Food and Drug Administration* was announced by JOHN HARVEY, Deputy Commissioner, at the annual convention of the *Milk Industry Foundation* in October, 1959 (HARVEY 1959). Mr. HARVEY announced that the educational program to eliminate pesticide residues from milk had resulted in some improvement, but not enough, and that beginning in October, 1959 field inspectors would accelerate their program of investigating the production of fluid milk in various areas of the country. Samples would be analyzed for antibiotic and pesticide residues and appropriate legal action, as provided by law, would be instituted if the presence of antibiotic and pesticides were found. Mr. HARVEY further stated: "I would think the first action would involve seizure of adulterated milk. Whether injunctive action and criminal prosecutions will be applied depends upon developments. This regulatory program carried on by us has the definite objective of eliminating antibiotic and pesticide residues from milk to every extent that we can in our resources to bring about such a result."

The antibiotic problem and the pesticide residue problem are not analogous. The antibiotic is administered by the dairyman or by his veterinarian and is completely under their control. If the milk is withheld from the market for the specific period of time, no residues will be found. Prompt action on the part of the dairy industry virtually elimintated antibiotic residues from milk in a relatively short time. The pesticide residue problem, however, is different as earlier sections of this review have shown. The presence of residues in purchased feed due to spraying or contamination by drift is not under the control of the dairyman. A second difference between the two problems is related to test procedures. The antibiotic test is simple, positive, and can be performed by a regular milk-plant laboratory technician.

Nearly contemporaneously with Mr. HARVEY's 1959 address, a sensitive qualitative and semi-quantitative test for pesticide residues in milk was announced by the *Food and Drug Administration*. This was the MILLS (1959) paper chromatographic test. A means was now available for the dairy industry and state control agencies more rapidly to screen milk supplies for evidence of residues. This information was essential if a reduction in the levels of residues was to be accomplished.

The full importance of Mr. HARVEY's announcement was not at first realized by many in the dairy industry. They interpreted the announcement to mean that since a simple test was available for antibiotics, and since the control was completely in the hands of the dairyman, this problem could be easily solved. The pesticide problem was regarded as being more complex, being less under the control of the dairyman, and being handicapped by the lack of a rapid sensitive test. This was interpreted by many to signify that the dairy industry could solve the antibiotic problem while it considered the pesticide residue problem and made plans for action.

The time leisurely to organize the pesticide program, however, was not available. The announced policy of seizures was realized in late 1959 and early 1960 when butter and evaporated milk shipments consigend to Hawaii were analyzed for pesticide residues and those positive to the official colorimetric test were seized. The evaporated milk seized contained approximately 0.2 p.p.m. of DDT and its analogues on the fluid milk basis, or four-to-five p.p.m. on the fat basis. These seizures altered the industry to the fact that the *Food and Drug Administration* regarded the problem as serious and that positive action must be taken by the industry immediately.

V. Reaction of the dairy industry to the problem

The reaction of the dairy industry was prompt and positive. A meeting on April 12, 1960 under the sponsorship of the *Manufactured Grocers Association* resulted in the *Dairy Industry Committee,* composed of the executive secretarys of the eight industry-wide associations, arranging to meet with thirteen research and quality control personnel of twelve large dairy companies and dairy co-operatives. This meeting was held in May 1960. The resulting technical committee, designated as the *Technical-Advisory Committee to the Dairy Industry Committee,* was divided into sub-committees to attack the problem of pesticide residues in milk from a number of avenues of approach. These sub-committees were:

Methodology and Collection of Analytical Data
Sources of Pesticides in Milk
Toxicology
Survey of Scientific Literature
Liaison with Feed Industry
Educational Program to Dairy Farmers (spearhead by *Dairy Industry Committee*)

The *Food and Drug Administration* and the *U.S. Public Health Service* established schools throughout the country to train regulatory and university personnel in the techniques of the MILLS (1959) paper chromatographic test. In turn, the universities trained personnel in commercial and plant laboratories in this procedure. This activity made it possible for the dairy companies to establish laboratories for screening their milk supplies. Twelve laboratories agreed to cooperate in reporting tests to the *Technical Advisory Committee* in a form that would facilitate punchcard records and Remington-Rand analysis of results.

The *Dairy Industry Committee* and the *Technical Advisory Committee* met at frequent intervals for two years to report on the progress of the sub-committees. The committees are still active and meet several times a year to evaluate progress and changes in the pesticide picture with respect to the dairy industry.

a) Methodology and collection of analytical data

During the first two years of data collection, three reports were made to the *Food and Drug Administration* on the findings.

The first report on 9,767 samples was made on June 23, 1961; the second report on 10,505 samples was made on November 22, 1961; and the third and final report on the cumulative total of 31,548 samples was made in October, 1962. The following Tables III—VI cover 24 dairy products from

48 adjacent states and Hawaii. The data have been summarized for total residues by product, season, and geographical areas. The data relative to raw milk-tankers, composite samples, and individual producers have been summarized by states. The data in Tables III—VI represent total residues on the basis of fat; Table VII reports the residues by pesticide.

Table III. *Pesticide residues by products (basis of fat)*

Product	Total samples	Below detection	%	< 2.5 p.p.m.	%	> 2.5 p.p.m.
Fluid milk	10,974	1,645	14.9	10,666	97.1	308
Butter	1,431	412	28.7	1,417	99.0	14
Evaporated milk	15,773	8,254	52.3	15,635	99.1	138
Anhydrous fat	635	191	30.0	631	99.3	4
Cheddar cheese	495	140	28.2	491	99.2	4
Ice cream	916	298	32.5	913	99.6	3
Sweetened condensed milk	41	2	4.8	41	100.0	—
Table cream	129	48	37.2	121	93.7	8
Whipping cream	73	23	31.5	68	93.1	5
Half & half	48	20	41.6	47	97.9	1
Fluid nonfat milk	12	1	8.3	12	100.0	—
Chocolate milk	38	12	31.6	34	89.4	4
Powdered whole milk	245	169	68.9	245	100.0	—
Nonfat dry milk	480	275	57.3	476	99.1	4
Powdered ice-cream mix	44	27	61.3	42	95.4	2
Cheese (other than cheddar)	22	7	31.8	22	100.0	—
Buttermilk (fluid)	4	1	25.0	4	100.0	—
Cottage cheese	12	—	—	12	100.0	—
Sour cream	7	1	14.2	7	100.0	—
Yogurt	16	3	18.7	16	100.0	—
Ice-cream mix	7	1	14.2	7	100.0	—
Buttermilk (dry)	100	70	70.0	100	100.0	—
Chocolate drink	12	7	58.3	12	100.0	—
Sterile whole milk	34	17	50.0	34	100.0	—
Totals	31,548	11,624	36.8	31,053	98.4	495
Report of 6/31/62	11,276	2,870	—	11,174	—	102
Report of 11/22/61	10,505	3,587	—	10,452	—	53
Report of 6/28/61	9,767	5,167	—	9,427	—	340
Grand totals	31,548	11,624	—	31,053	—	495

Table III shows data for the aggregate or total pesticide residues by product on the basis of the fat content of the product. The analyses of 10,974 fluid milk samples indicated that only 14.9 percent had residues below detection, as determined by the Mills (1959) paper chromatographic test. More sensitive tests, such as electron-capture or microcoulometry with gas chromatographic separation, would doubtless have shown a much smaller per cent below the detection level. The fluid milk samples consisted largely of patrons' milk collected at receiving plants in tankers or individual patron samples. The samples included those of patrons suspected of violating recommended procedures for the use of insecticides on the premises, or lack of knowledge as to the residues in feed, fodder, and pastures.

The 15,773 evaporated milk samples indicated that 52.3 percent were below the detection level by the Mills (1959) paper chromatographic test.

The evaporated milk samples represent large volumes of milk supplied by a number of patrons and are more representative of products that are shipped in interstate. In this group, only 0.9 percent of the samples had total pesticide residues that exceeded 2.5 p.p.m. on the fat basis, whereas the fluid milk samples had 2.9 percent that exceeded 2.5 p.p.m. If the current "actionable level" of 1.25 p.p.m. for DDT and its analogues was applied to the data, 4.2 percent of the evaporated milk samples would exceed the "actionable level" and 10.4 percent of the fluid milk samples would be in this class. The total of 31,548 samples of 24 milk and dairy products indicated that 1.6 percent exceeded 2.5 p.p.m. total residues on the fat basis and that 6.0 percent would exceed 1.25 p.p.m. on the fat basis.

Table IV. *Pesticide residues in all milk products by months (basis of fat)*

Month	Total samples	Below detection	%	< 2.5 p.p.m.	%	> 2.5 p.p.m.
1960						
January	35	25	71.4	31	88.5	4
February . . .	59	24	40.6	42	71.0	17
March	139	73	52.5	130	93.5	9
April	330	235	71.2	330	100.0	—
May	604	382	63.2	588	97.3	16
June	930	632	67.9	896	96.3	34
July	1,509	840	55.6	1,476	97.8	33
August	1,281	634	49.5	1,202	93.8	79
September . . .	1,248	563	45.1	1,195	95.7	53
October	938	403	42.9	910	97.0	28
November . .	1,216	490	40.3	1,173	96.4	43
December . . .	1,116	548	49.1	1,102	98.7	14
1961						
January	1,205	642	53.3	1,179	97.8	26
February . . .	802	323	40.2	795	99.1	7
March	1,323	481	36.3	1,320	99.7	3
April	1,112	441	39.6	1,105	99.3	7
May	1,127	356	31.6	1,120	99.3	7
June	964	202	20.9	961	99.6	3
July	1,023	163	15.9	1,022	99.9	1
August	1,066	219	20.5	1,064	99.8	2
September . . .	1,431	422	29.4	1,429	99.8	2
October	1,744	486	27.8	1,741	99.8	3
November . .	1,710	616	36.0	1,710	100.0	—
December . . .	1,251	539	43.0	1,230	98.3	21
1962						
January	1,735	695	40.0	1,720	99.1	15
February . . .	1,459	433	29.6	1,411	96.7	48
March	1,661	402	24.2	1,648	99.2	13
April	1,384	266	19.2	1,378	99.5	6
May	1,137	224	19.7	1,136	99.9	1
June	9	1	11.0	9	100.0	—
Grand Totals	31,548	11,624	36.8	31,053	98.4	495

Table IV reports the residues found by months. The data do not show a marked trend for one season to exhibit a greater incidence of residues than another. The data in Table IV represent samples supplied from every state in the Union, and differences in feeding practices and sources of feed could cause seasonal differences for a particular area. A report by one of the

Table V. *Pesticide residues in all milk products (total) by geographical areas (basis of fat)* [a]

Area	Total samples	Below detection	%	< 2.5 p.p.m.	%	> 2.5 p.p.m.
New England States	20	15	75.0	20	100.0	—
Mid-Atlantic States	386	196	50.7	386	100.0	—
East North-Central States	3,337	2,147	64.3	3,318	99.4	19
West North-Central States	2,834	1,288	45.4	2,809	99.1	25
South Atlantic States	3,683	1,369	37.1	3,630	98.5	53
South Central States	5,286	2,445	46.2	5,227	98.8	59
Mountain States	5,322	1,491	28.0	5,224	98.1	98
Pacific States and Hawaii .	10,680	2,673	25.0	10,439	97.7	241
Totals	31,548	11,624	36.8	31,053	98.4	495

[a] January, 1960 to June, 1962.

committee collaborators, including approximately 10,000 analyses, does indicate a seasonal trend (HEINEMANN 1963). All of the analyses were conducted in the same laboratory by the same personnel and by the same MILLS (1959) method, strictly followed. The sampling was consistent, since the same plant locations were covered during the study of the two-year cycle. The local dairymen were subjected to the same educational program at all sampling locations. The data show that for three consecutice years, the months of April and May marked the periods of the start of increased residue levels. This report also shows the changes that have occurred in aggregate residues: at the start of the program the averages were 1.0 to 1.5 p.p.m.; after the company educational program was well underway, the levels fell to 0.3 to 0.6 p.p.m. The report further states that after the educational program in the field was well established, the pattern remained quite uniform seasonally and levels throughout the year remained virtually constant. These data indicate that the control of the pesticide problem at the dairy farm had been reduced to an irreducible minimum and the residues that persist are from other sources such as feeds and forage.

Table V presents pesticide residue data on the basis of geographical areas. No area is free of residues in milk and dairy products, although the percentages below detection and those above 2.5 p.p.m. on the fat basis do vary. The type of agriculture and state policies with respect to the use of insecticides do influence the incidences and levels of residues in agricultural products.

Table VI shows the total pesticide residues in ray milk samples collected from tankers, as composites of a group of patrons, or from individual producers. As mentioned in connection with the discussion of Table III, the

Table VI. *Raw milk by states: tankers, composites, and individual producers*

States	Total samples	Below detection	%	< 2.5 p.p.m.	%	> 2.5 p.p.m.
Pennsylvania	114	72	63.1	114	100.0	0
Illinois	132	2	1.5	129	97.7	3
Wisconsin	29	10	34.4	29	100.0	0
Minnesota	92	74	80.4	92	100.0	0
Missouri	160	5	31.2	160	100.0	0
North Dakota	42	9	2.1	42	100.0	0
Kansas	97	2	2.6	97	100.0	0
Virginia	149	30	20.1	146	97.9	3
West Virginia	96	32	33.3	96	100.0	0
North Carolina	135	43	31.8	135	100.0	0
South Carolina	90	22	24.4	90	100.0	0
Georgia	127	19	14.9	127	100.0	0
Florida	131	14	10.6	128	97.7	3
Kentucky	31	4	12.9	30	96.7	1
Tennessee	79	34	43.0	79	100.0	0
Alabama	157	27	17.1	156	99.3	1
Mississippi	140	10	7.1	121	86.4	19
Arkansas	100	5	5.0	97	97.0	3
Louisiana	43	6	13.9	43	100.0	0
Oklahoma	84	11	13.0	80	100.0	0
Texas	318	13	4.0	314	98.7	4
Montana	107	6	5.6	107	100.0	0
Idaho	557	105	18.8	547	98.2	10
Colorado	148	2	1.3	148	100.0	0
New Mexico	84	0	—	83	98.8	1
Arizona	588	35	5.9	513	87.2	75
Utah	68	15	22.0	68	100.0	0
Oregon	43	0	—	40	93.0	3
California	6,366	882	13.8	6,197	97.3	169
Hawaii	112	4	3.5	112	100.0	0
Nevada	21	0	—	21	100.0	0
Wyoming	7	0	—	7	100.0	0
Nebraska	76	0	—	74	97.3	2
South Dakota	5	0	—	5	100.0	0
Iowa	80	9	11.2	80	100.0	0
Michigan	3	0	—	3	100.0	0
Indiana	30	0	—	30	100.0	0
Ohio	86	1	1.1	82	95.3	4
New York	3	0	—	3	100.0	0
Washington	244	141	57.7	241	98.7	3
Totals	10,974	1,645	14.9	10,666	97.1	308

data comprise all results reported, including those samples collected from dairymen suspected of using improper production procedures with respect to insecticides.

Table VII shows the distribution of positive tests by kind. Since most of the tests were made using the MILLS (1959) procedure with 6.0 percent ethyl ether in the elution mixture, the presence of dieldrin and endrin is probably lower than actually occurred in the samples (for discussion of methodology see section IX).

Table VII. *Distribution of positive tests from Table II*

Item	DDT	DDE	DDD (TDE)	Lindane or BHC	Methoxy-chlor	All other positive results[a]
Types of residues reported on 31,548 samples (41,241 residues reported)[b]	18,148	11,705	2,762	5,074	2,369	1,183
% of total samples . . .	44.0	28.4	6.7	12.3	5.7	2.9
% of positive samples . . .	91.1	58.7	13.9	25.5	11.9	5.9

[a] 75 % of the unknowns were reported by one laboratory; these could have been largely methoxychlor or lindane.

[b] 95 other residues were identified as follows: 74 heptachlor (East Coast), 10 dieldrin, 4 aldrin, 5 chlordane, and 2 captan.

b) Sources of pesticides in milk

The committee confirmed from a careful study of the analytical data on both countrywide and local geographical bases that the contamination of milk and milk products with pesticide residues is due to two main sources: (1) misuse of pesticides by the dairy farmer, and (2) feeds and forage which he uses in feeding dairy cattle. The study showed that significant reduction in residue content can be effected through strong educational programs directed to the dairy farmers on the proper selection and use of insecticides. This information also clearly shows that the degree of reduction in residues, which can be brought about by even the best practices on the part of the dairy farmer, is only a partial solution to the problem, and can result, it is estimated, in a maximum reduction of up to 25 percent to 50 percent of previously existing levels and with probably no appreciable decrease of incidences of contamination. This it appears that educational programs can reduce pesticide levels in milk only to a point beyond which the dairy farmer has little control.

A survey by company fieldmen indicated that a majority of the producers interviewed and checked were using approved pesticides according to recommendations made by the manufacturers of these chemicals and by government agencies. It was further indicated that the principal source of residues in milk was from ingestion of these substances with contaminated feed. The feeds involved include all categories: mixed feeds, forages, cannery wastes, vegetable trimmings, sweet corn stover, etc. The residues are usually in these feed substances without prior knowledge of the dairy farmer and he has no control over the manner in which they have been treated with pesticides. Feed materials, such as hay and grain mixtures, are shipped long distances and are normally sold by small operators. It is usually difficult or impossible to trace their origin and place responsibility for their contamination. It is impractical for the farmer to purchase feeds on the basis of analysis for pesticide residues and hence he is the innocent bystander.

With mixed feeds the chain of responsibility is even less clear. The ingredients are derived from many areas, are sold by brokers, and are usually stored in silos and later sold to feed plants.

Where agriculture is highly developed and many different crops are grown adjacent to each other, the problem of the drift of pesticides from applicators who treat non-feed producing farms contiguous to dairy farms is of first importance. Pastures and forage crops are contaminated in this manner and frequently without the knowledge of the dairyman.

The relationship of low-level ingestion of insecticides in feed to the levels in milk has not been well established by extensive research work. Trials conducted at the *University of California*, Davis campus, on feeding DDT at low levels in alfalfa indicate the relationship between DDT in feed and DDT in milk (ZWEIG *et al.* 1961). Pairs of dairy cows were fed 0 to five p.p.m. of DDT based on their feed intake. The cows were maintained on these regimes for six weeks. In a second experiment, six cows were fed 1.0 p.p.m. of added DDT over a period of eight weeks. The maximum level of added DDT in the feed that did not produce a detectable residue in milk was 0.5 p.p.m. When 1.0, 2.0, 3.0, and 5.0 p.p.m. were added, residues were found in the milk of all animals. When the amounts of DDT added daily to the feed was plotted in logarithms against the concentration of DDT in the milk, extrapolation of the resulting straight line to 0.01 p.p.m. of DDT in milk (the undetectable amount) gave a value of 0.8 p.p.m. in the feed while the experimental value was 0.5 p.p.m. The above report was available to the committee before its publication and was of value in their evaluation of sources of residues in milk. Further studies of this nature should be made for other pesticides.

The conclusion of the sub-committee was that it would appear necessary to institute regulatory programs to control the sale and distribution of feeds and feed ingredients contaminated by growers who do not ultimately use these materials for feeding their own dairy herds.

c) Toxicology

A bibliography of 146 references was assembled. Criteria of safety for pesticide levels in milk are spelled out in detail. This consists of the determination of toxicity and the determination of hazard. These determinations have been made for all registered pesticides. DDT is the classic example of a pesticide which has been studied to the extent that levels for beyond expected occurrence in milk and dairy products have been shown to be without hazard.

Lack of knowledge is not as pressing a problem as the interpretation of existing knowledge. The already published tolerances for foods other than milk could not have been assigned unless extensive toxicological studies had been made and interpreted by the Federal *Food and Drug Adminstration.*

The committee report presented specific toxicity data for the most commonly used pesticides. Current knowledge available in the literature on metabolic studies on the classes of insecticides is included in the report. It was concluded that further literature searching and consultation with pesticide manufacturers and toxicologists would be fruitless without a definite testing program that would develop data that would be accepted as the basis for a petition for tolerances for milk and dairy products.

d) Survey of scientific literature

A survey of literature relative to all phases of pesticide residues in milk was assembled and published by the *Dairy Industry Committee* in 1961. Approximately 800 references and abstracts of literature are included. Two-thousand copies were made available for distribution.

e) Liaison with feed industry

As the committee developed information in this area, it became clear that a principal source of contamination was from feeds and forages and that these materials are subject to only a minimum of regulation at the present time. It was felt by the *Technical Advisory Committee* that the feed industry had not demonstrated sufficient interest or concern with the problem of residues in their products. The next phase in the reduction of residues in milk is to reduce residues in feeds and forage. This work group will remain as a standing sub-committee to work with the feed industry to aid in any way it can in the furtherance of this phase of the program. It would be well for the feed industry to organize a task committee, perhaps along the lines of the *Dairy Industry Technical Advisory Committee,* in order to evaluate the problem and be prepared to function before a crash program presents itself.

f) Educational program for dairy farmers

While it was recognized that an educational program could not solve the residue problem entirely, it was known that such a program would reduce residues in milk by a significant percentage. The *Dairy Industry Committee* in the spring of 1960 launched a program for the preparation of educational materials, the target of which was to teach the dairy farmers how to select pesticide chemicals and how to apply them so as to prevent or minimize the contamination of milk.

The *Dairy Industry Committee*'s effort was fully coordinated with both the *Food and Drug Administration* and the United States *Department of Agriculture* so as to assure that teaching instructions would conform to the recommendations and guidelines of these federal agencies. Also, the *Dairy Industry Committe* maintained close liaison with state regulatory authorities so as to integrate these requirements into the educational program. Special educational materials were prepared for direct distribution to dairy farmers, for the instruction of fieldmen, and for the guidance of dairy product manufacturers and their various trade groups in the issuance of supporting and supplementary educational materials. Millions of pieces of these materials were used, including the large number of "check-stuffer" leaflets issued by and purchased from the *Food and Drug Administration.*

Beneficial results of the program are indicated by the decrease in residue contamination throughout the first full year of operation of the program.

VI. Legal instruments for control of pesticides

At the Federal level, two government agencies have responsibilities with respect to the use of pesticides (economic poisons). The U.S. *Department of Agriculture* administers the Federal Insecticide, Fungicide, and Rodenticide Act of 1947 [3]. The Federal Food, Drug, and Cosmetic Act of 1938 and the Miller Amendment (Section 408) to this Act, also referred to as the Pesticide Amendment of 1954, are administered by the *Food and Drug Administration* of the U.S. *Department of Health, Education, and Welfare.*

The Insecticide, Fungicide, and Rodenticide Act requires that pesticides shipped in interstate commerce be registered with the U.S. *Department of Agriculture.* Before a pesticide product can be registered, the manufacturer must submit proof that the chemical will safely and effectively accomplish the purpose for which it is manufactured when used in accordance with the directions developed for its use. The burden of proof is placed on the manufacturer. At the present time, the law requires that when registration is refused by this agency, the petitioner can, upon written demand to it receive an "under protest" registration. The label does not indicate to the purchaser the unsanctioned status of the product. The WIESNER *Committee* recommends [1] that this form of registration be eliminated. Public hearings will doubtless be held and the evasion of the law corrected.

When a pesticide chemical is to be used on a food crop, both agencies may be involved. If it can be demonstrated that no residue remains on a particular crop when the insecticide is used according to directions, the pesticide is registered for use on that crop on a "no residue" basis. If, however, the compound leaves a residue, the U.S. *Department of Agriculture* delays registration until a residue tolerance has been established by the *Food and Drug Administration.* In order to secure a tolerance, the manufacturer, using Section 408(e) of the Food, Drug, and Cosmetic Act, files a petition with the latter agency. The former then certifies to the other agency that the product under consideration is useful and offers an opinion on whether the petitioner's proposed tolerance reasonably reflects the residue to be expected from the use according to directions. The petitioner must furnish the *Food and Drug Administration* with experimental evidence on toxicity to establish what tolerance, if any, will be safe. He must also show that the tolerances can be met under the practical conditions of the pesti-

---

[3] Editor's note: See Residue Reviews **6**, 104 (1964) for discussion of this administration.

cide use. Practical methods of analysis for enforcement must also be supplied.

When a tolerance has been set by the *Food and Drug Administration*, the *U.S. Department of Agriculture* registers the pesticide, which can then be marketed interstate with approved labeling. The procedures for applying for tolerances have been set forth in connection with *Pesticide Petition No. 126* for methoxychlor (see section VII).

Federal legislation applies only to pesticides shipped or introduced in interstate commerce. Most of the states, however, have passed a "uniform state act", or other legislation, requiring that pesticides conform to similar safety standards in order to be registered and sold within that state. Many states also require licenses or permits for commercial insecticide spraying by planes and/or from the ground.

By 1963, 43 of the 50 states had adopted a "uniform state act" or equivalent legislation for controlling the distribution or sale of pesticides within their borders. Twenty-six states require a license for aerial spraying of pesticides, and 23 states require permits or licenses when ground spraying is done for hire (ANONYMOUS 1963).

The states vary greatly in the programs used to control the use of insecticides on agricultural crops. One state where 200 commercial crops are grown is very conscious of the problem of residues and has developed programs designed to limit residues. Laboratories have been set up in various parts of this state to test hay and milk products; a corps of inspectors collects samples and assists farmers in locating possible sources of contamination. The County Agricultural Commissioners have a direct responsibility in the application of pesticides in their counties. The University Extention Department and the Farm Advisors all cooperate in the educational program to eliminate or reduce residues. Some states, where fewer crops are grown, do not make this effort to control residues in milk and dairy products.

The Miller Amendment is designed to consider petitions for one pesticide on one agricultural product. Milk, when it contains pesticides, usually has more than one — often three or more at low levels. The dairy industry needs an overall tolerance for all of the pesticides of which residues may be in milk. C. M. Fistere, General Counsel for the *Dairy Industry Committee*, in an analysis of legal requirements for the establishment of tolerances for pesticide chemicals in milk and dairy products, has considered the various sections of the Miller Amendment to the Food, Drug, and Cosmetic Act that could be available to the dairy industry if an effort was made to secure finite tolerances. Section 120.3 of 21CFR, he reports, seems to suggest that tolerances be secured on a class basis. The new "actionable levels" reported in Section VIII, and SCHECHTER's (1963) classification of *A* and *B* enforcement levels, would seem to support this conclusion. "Section 120.3 lists in various classes those pesticide chemicals which have related pharmacological effects, and provides, among other things, that tolerances established for such related chemicals may limit the amount of a common component that may be present, or may limit the amount of biological activity that may be present, or may limit the total amount of related pesticide chemicals themselves (such as chlorinated hydrocarbons) that may be present" (FISTERE 1961).

When considering legal procedures provided for securing finite tolerances in milk and dairy products, a number of Sections of the Federal Food, Drug, and Cosmetic Act should be considered:

(1) Section 408(d)(1) of the Food, Drug, and Cosmetic Act states: "Any person who has registered, or who has submitted an application for the registration of an economic poison under the Federal Insecticide, Fungicide, and Rodenticide Act may file with the Secretary of Health, Education, and Welfare, a petition proposing the issuance of a regulation establishing a tolerance for a pesticide chemical which constitutes, or is an ingredient of such economic poison, or exempting the pesticide chemical from the requirement of a tolerance." The requirements for filing the petition are outlined in detail. This section would not be one that is readily available in securing tolerances in milk since none of the "interested parties" for these tolerances is a manufacturer of an economic poison registered under the Federal Insecticide, Fungicide, and Rodenticide Act.

(2) Section 406 of the Food, Drug, and Cosmetic Act has been considered as a vehicle to be used for securing tolerances for milk and dairy products. This section declares: "When such substance (poisonous or deleterious) is required or cannot be so avoided, the Secretary shall promulgate regulations limiting the quantity therein or thereon to such extent as he finds necessary for the protection of public health and any quantities exceeding the limits so fixed shall also be deemed to be unsafe for the purpose of the application of Clause (2)(A) of Section 402(a)", that is, it is deemed to be adulterated. Section 406 has been used only one time from the date of enactment of the Act to 1956 when Section 408 was enacted. According to FISTERE (1961), the explanation for the lack of use of this section is that it requires a public hearing and is otherwise cumbersome.

(3) Section 402(a)(2), as amended by the Food Additive Amendment in 1958, appears to limit Section 406 to poisons and deleterious substances other than pesticide chemicals and to provide for the establishment of pesticide chemical tolerances exclusively under Section 408, the Miller Amendment. Section 402(a) states: "A food shall be deemed to be adulterated — (2)(A) if it bears or contains any added poisonous or added deleterious substances (other than one which is (i) a pesticide chemical in a raw agricultural commodity, (ii) a food additive; or (iii) a color additive which is unsafe within the meaning of Section 406 or (B) if it is a raw agricultural commodity and it bears or contains a pesticide chemical which is unsafe under the meaning of Section 408(a), or (C) if it is or bears or contains any food additive which is unsafe within the meaning of Section 409; *provided* where a pesticide chemical has been used in or on a raw agricultural commodity in conformity with an exemption granted or a tolerance prescribed under Section 408 and such raw agricultural commodity has been subjected to processing such as canning, cooking, freezing, dehydrating or milling, the residue of such pesticide chemicals remaining in or on such processed food shall, not-withstandinig the provisions of 406 and 409, not be deemed unsafe if such residue in or on the raw agricultural commodity has been re-

moved to the extent possible in good manufacturing practice and the concentration of such residue in the processed food when ready to eat is not greater than the tolerance prescribed for the raw agricultural commodity."

(4) As indicated above in Section 402, the Section appropriate for establishment of tolerances for pesticide chemicals appears to be 408. Subsection (408(e) is the most applicable instrument — it states: "The Secretary may at any time, upon his own initiative or upon the request of any interested person, propose the issuance of a regulation establishing a tolerance for a pesticide chemical or exempting it from the necessity of a tolerance."

VII. Securing tolerances under the Miller Amendment-Section 408fl(e)

The Miller Amendment to the Food, Drug, and Cosmetic Act was designed to provide a procedure for securing tolerances, exempting from tolerances or denying tolerances which then become formally zero tolerances. The Act provides that the manufacturer of a chemical pesticide may formally petition for a tolerance. The regulation provides that the Secretary of Health, Education, and Welfare may seek the advice of a scientific panel to review and report on the merits of the petition. The "zero tolerance" policy of the *Food and Drug Administration* for milk was bolstered by the recommendation of a scientific committee appointed to evaluate a petition of the Dupont Company for a tolerance of 0.25 p.p.m. of methoxychlor in milk. The Secretary of Health, Education, and Welfare referred the petition to an advisory committee recommended by the *National Research Council-National Academy of Sciences.* The committee reported on December 11, 1957; its report is included below since it illustrates all of the essential procedures required under the Miller Amendment to secure a tolerance for a pesticide residue in a raw agricultural product. Among these requirements are:

(1) The product is a raw agricultural product.
(2) It is useful in agricultural products.
(3) The proposed tolerance is the maximum that would occur.
(4) Toxicological data indicate "no effect".
(5) The committee's recommendation to the *Food and Drug Administration.*

Report of the Food and Drug Administration's Advisory Committee [4] *appointed to consider a tolerance for methocychlor in milk*

Pesticide Petition No. 126 — December 11, 1957

In the definition of raw agricultural commodities for which tolerances of pesticidal chemicals may be established, the following language is used [§ 120.1 (e), Federal Register, February 4, 1955]:

"Raw agricultural commodities include, among other things, fresh fruits whether or not they have been washed and colored or otherwise treated in their unpeeled natural form; vegetables in their raw or natural state, whether or not

[4] Committee appointed by the *Food and Drug Administration* from a panel nominated by the *National Research Council-National Academy of Sciences.*

they have been stripped of their outer leaves, waxed, prepared into fresh green salads, etc.; grains, nuts, eggs, raw milk, meats and similar agricultural produce. It does not include foods that have been processed, fabricated, or manufactured by cooking, freezing, dehydrating, or milling."

It has been a long-standing practice of the agencies of the United States Government to classify milk as a raw agricultural commodity and, for purposes of the administration of Part 120 ("Tolerances and Exemptions From Tolerances for Pesticide Chemicals in or on Raw Agricultural Commodities") a ruling has been made to so classify milk.

In accord with this ruling, and also in accord with established procedures the petitioner filed a request (designated by FDA as Pesticide Petition No. 126) for the establishment of a tolerance of 0.25 part per million in milk of a pesticide, methoxychlor, used in the control of cattle pests. The Pest Control Division of the Department of Agriculture has certified that the pesticidal chemical, methoxychlor, is useful as a treatment of dairy animals and has expressed the opinion that the proposed tolerance reflects the maximum amount of residues likely to result in milk from dairy cattle treated with the pesticide.

Supporting its request for establishment of a tolerance, the petitioner has assembled a substantial body of experimental data applicable to a consideration of safety of methoxychlor at the tolerance level proposed. These data, together with comparable data resulting from investigations in the Food and Drug Administration's laboratories may be summarized with respect to the chronic toxicity of methoxychlor as follows:

1. Methoxychlor has a relatively low order of chronic toxicity. There was no effect on mortality even at 200 p.p.m. of the diet in a 2-year rat experiment, although a slight retardation in growth was observed in weanling female rats fed at this level.

2. Weanling rats fed at 200 p.p.m. in one laboratory and at 1600 p.p.m. in another laboratory did not show liver alterations usually seen with other chlorinated hydrocarbon insecticides when fed at much lower dosages.

3. In the dog experiments reported from the two laboratories, methoxychlor also had a lower order of chronic toxicity. The very high dose of 300 mg./kg./day allowed the survival of both of one laboratory's dogs for the experimental period of 1 year, and the survival of 2 of the 4 dogs in the other laboratory for the experimental period of $3^{1}/_{2}$ years. There was little cumulative morphological effect.

4. Methoxychlor has a low order of accumulation in the tissues. At a dietary level of 500 p.p.m. the storage in rat fat amounted at not more than 30 p.p.m. Essentially no storage occurred at dietary levels below 100 p.p.m.

5. Stored methoxychlor disappears from fatty tissue within 4 weeks after cessation of exposure.

6. The only noticeable effect of low dosages of methoxychlor is a retardation of growth of weanling rats at dosage levels of 200 p.p.m. or more. This was greater in females than in males.

7. In the chronic rat experiment conducted in the FDA laboratories liver tumor production occurred at 2000 p.p.m. methoxychlor, with no liver tumors occurring at either the next lower level (500 p.p.m.) or below. In the group of rats fed for 18 months at a level of 2000 p.p.m. of methoxychlor, there were 20 survivors out of an original group of 24 animals. Among these, three were found to have benign liver tumors ranging in size from $1.7 \times 1.3 \times 0.9$ cm. to $3.2 \times 2.6 \times 1.4$ cm. A fourth animal, living 97 weeks, had a malignant tumor. There were tumors other than those in the livers but not significantly greater than in the controls. In contrast to the liver tumors which appeared only in the animals receiving the highest dose of methocychlor, other types of tumors such as lymphosarcomas and breast tumors were randomly distributed throughout the control and lower dosage groups. The FDA representatives advised the Committee that, in the case of the liver tumors, experience in their laboratories led them to expect that one such tumor "might occur spontaneously, 2 possibly, but 4 would tend to incriminate the pesticide".

8. In contrast with these findings in the FDA laboratory, the other laboratory reporting chronic toxicity experiments observed no such liver tumors in animals fed as high as 1600 p.p.m. over a two year period. At the request of the Committee, a special study of the original sections was undertaken by Dr. PAUL CANNON who reported that no lesion of drug toxicity were observed in the specimens examined (with special emphasis on the liver and the kidney).

9. Weanling rats fed methoxychlor for 2 years at 100 p.p.m., and dogs fed 12,000 p.p.m. showed no apparent effect. All available data indicate that the rat is more susceptible to toxic effects of methoxychlor than is the dog.

10. All data analyzed indicate a "no effect" level certainly at 100 p.p.m. and possibly at 200 p.p.m. of a low moisture diet.

Additional data bearing upon the occurrence of methoxychlor in milk produced by animals treated with the pesticide indicate that the accepted and customary use of this pesticide as a fly spray or dust on dairy cattle will contribute a maximum not in excess of 0.25 p.p.m. of methoxychlor to their milk and that such maximum will be exhibited in milk drawn within 24 hours after treatment with a gradual diminution to a level of less than 0.05 p.p.m. during the interval between treatments. Because af the widespread practice of blending milks from various herds, it has been estimated that only a small fraction, possibly less than one percent, of the total market milk supply would be offered for human consumption with so much as 0.25 p.p.m. methoxychlor as proposed by the petition. In fact, the Committee was furnished evidence that the great bulk of market milk does not now contain detectable quantities (0.05 p.p.m.) of methoxychlor despite the widespread use of the pesticide in dairy herds as recommended by most of the state agricultural experiment stations.

Under the Pesticide Amendment one of three alternative recommendations can be adopted by an Advisory Committee in the presentation of the report to the Commissioner of the Food and Drug Administration:

(1) That the proposed tolerance be granted;

(2) That a zero tolerance be adopted — meaning that no amount of the pesticidal chemical may remain in the raw agricultural commodity when it is offered for shipment;

(3) That the petition, while technically complete, is inadequate to justify the establishment of a tolerance or the tolerance requested by the petitioner.

In the case of Petition No. 126, the Advisory Committee has unanimously adopted the third of these recommendations.

The Committee also recommends that the Food and Drug Administration permit the petitioner to withdraw Petition No. 126 without prejudice should the petitioner request such privilege in accord with the option provided a petitioner in paragraph 120.8, of the basic regulation governing pesticide tolerances.

Furthermore, the Advisory Committee recommends that the Food and Drug Administration reconsider its classification of milk as a raw agricultural commodity.

In reaching its decision to recommend that Petition No. 126 be denied on the grounds that it is inadequate to justify the establishment of the tolerance proposed, the Committee desires to point out that the chronic toxicity data on methoxychlor submitted by the petitioner, and comparable data available to the Committee from the Food and Drug Administration, were obtained from experiments undertaken and completed prior to the existence of information that residual amounts of the pesticide would occur in the milk of treated animals. In fact, at the time these experiments were concluded, the view was widely held that methoxychlor spraying or dusting of dairy animals to control cattle pests did not result in any residual methoxychlor in milk. This opinion, based on the best experimental evidence then available, was modified when newer and more precise methods of measurement became available.

The Advisory Committee is in complete agreement with the principles adopted by the Food Protection Committee in a 1956 statement:

"The translation of toxicologic data into terms of human use levels and margins of safety is one of the most difficult problems in the interpretation of such data. Each substance presents problems peculiar to itself and requires individual consideration by those competent to exercise objective judgment of all available evidence. Generally the assumption is made that man is more susceptible to poisons than are the laboratory animals." (p. 14, "Safe Use of Pesticides in Food Production", A Report by the Food Protection Committee of the Food and Nutrition Board, National Academy of Sciences, — National Research Council Publication No. 470, November 1956. Washington, D. C.)

Applying these principles to Petition No. 126, the Advisory Committee sought, but was unable, to find data derived from experiments conceived in terms of specific questions raised by the anticipation of residues of methoxychlor in milk at a level of 0.25 p.p.m. Members of the Committee were impressed by the extensive agreement of experimental observations on the chronic toxicity of methoxychlor from independent laboratories and they were of the opinion that the data presented represent a reliable guide for many purposes. However, the Committee believes that the data are inadequate to permit the establishment of a tolerance limit for this chemical in milk.

For a pesticide tolerance to be established for a food occupying so very important a place as milk in the diet both of well and ill humans, the Committee believes it essential that experimental evidence on at least the following points should be provided. Data on none of these points were included in the Petition:

1. Influence of the chemical on the growth of newborn and infants (preweanling) of two warm-blooded species.

2. Effect of the chemical in reproduction studies through at least two generations (including consideration of effects on the foetus).

3. Effect of the chemical observed under dietary conditions in which milk is a major component.

4. Effect of the chemical upon animals with liver injury, in view of the widespread practice in medicine of using milk diets for patients with ailments affecting the liver.

The Committee also concluded that further experimentation is required to determine the significance of the tumors found in rats after ingestion of diets containing 2000 p.p.m. of methoxychlor. The Committee noted that the rate of tumor production was considerably higher than that experienced under nearly comparable conditions with DDT. The fact that methoxychlor does not accumulate in animal tissues to the extent that DDT does was of relatively little significance to the Committee in view of the possible difference in the rate of tumor production. The Committee noted particularly that although the data relative to tumor production were obtained nearly six years ago, there had been no subsequent effort to explore the matter further through additional experiments.

The Committee was aware of the fact that the Food and Drug Administration has granted tolerances for methoxychlor in a number of raw agricultural commodities, including a group of forage crops for which a tolerance of 100 p.p.m. has been allowed, and that these actions were taken after consideration of essentially the same chronic toxicity data as were available for the purpose of considering this Petition. However, the Committee does not view its present recommendation as being inconsistent with the previous actions of the FDA for the latter were taken in consideration of additional facts, the most important of which is that direct feeding experiments with cows have shown that with more than 100 p.p.m. of methoxychlor in the feed, there is no carry over of methoxychlor into either the milk of the animal tissues. Apparently, the methoxychlor is destroyed in the rumen. Also, the food items included are unlikely to be consumed exclusively or as major sources of subsistence even for a short time.

In closing this report, the Committee feels that it would be remiss were it not to take cognizance of the long-standing policy of the FDA, and of the food officials of all states, that no poisonous or deleterious substance be sanctioned in milk. Under the Pesticide Amendment, a finding of safety for a proposed tolerance of a specific pesticide in milk would of necessity require the establishment of such tolerance. Nor would the establishment of one such tolerance necessarily exclude the establishment of others — and the Committee received information indicating that several petitions for the establishment of tolerances for other pesticides in milk could be expected if the present petition were granted.

This Committee believes, as noted above, that because of the unique position of milk in the diet of infants and normal and ill adults, a greater margin of safety must be established in a proposal for a pesticide tolerance petition than was demonstrated in Petition No. 126 and in fact a greater margin of safety than would be the case for any other food item in the human diet.

But beyond this point, the Committee has recommended that the FDA reconsider its inclusion of milk as a raw agricultural commodity under the Pesticide Amendment because the Committee considers the implications of such conclusions to be unsound.

As stated by the American Butter Institute in its pamphlet "Safe Use of Pesticides on Dairy Farms" (Sept. 1957):

"The market for dairy products depends upon continuing public confidence in their safety, integrity, and wholesomeness. Let us insure this continuing confidence."

The committee was unanimous in its opinion that the petition should be denied. The extension of the denial to all further petitions was indicated by the recommendation to remove milk from the classification of a raw agricultural product, which would deny it the benefit of the Miller Amendment for the use of any pesticides that might result in a residue in milk, however infinitesimal.

The methoxychlor petition was not the first one that had been proposed for milk, but it was the first one to receive formal rejection after being referred to a scientific committee for evaluation and it is doubtless the instrument that crystallized the policy of zero tolerances for all pesticides in milk.

The following is a list of pesticide chemicals for which tolerances for a residue in milk have been requested and were subsequently withdrawn without prejudice:

Perthane for 0.2 p.p.m. in milk or an exemption from a tolerance.

Notice of petition published	12/14/55
Notice of petition withdrawal	7/19/56

Lindane for 0.1 p.p.m. in milk.

Notice of petition published	2/10/56
Notice of petition withdrawal	6/30/56

Endrin for 0.02 p.p.m. in milk.

Notice of petition published	4/ 2/57
Notice of petition withdrawal	8/16/57

Aldrin for 0.05 p.p.m. in milk.

Notice of petition published	4/30/57
Notice of petition withdrawal	8/16/57

Dieldrin for 0.02 p.p.m. in milk.

Notice of petition published	5/ 2/57
Notice of petition withdrawal	8/16/57

Three zero tolerances for residues in milk are included in the official *Food and Drug Administration* tolerance of December, 1960:

Methoxychlor
Malathion
2,4,5,4''-Tetrachloriphenyl sulfone

A review of the more than 2,000 tolerances granted under the Miller Amendment reports zero tolerances for only twelve of the chlorinated hydrocarbons, and these are listed from one to twenty-nine times for various uses on plants and animals. The most common residues listed for zero tolerance and the number of times shown are as follows:

Aldrin (16)
Dieldrin (19)
Heptachlor (29)
Endrin (8)
Methoxychlor (1)

VIII. Zero tolerances

The previous section described the attempt of one manufacturer to secure a finite tolerance for one pesticide residue in milk. The rejection of this petition bolstered the concept of zero tolerances for pesticide residues in milk.

A zero tolerance presupposes the existence of analytical methods for the estimation of infinitely small traces of the substance in question and this is theoretically impossible. The level is not a fixed point, but will vary, depending on the substance in question and availability of an analytical procedure. It is subject to administrative judgment.

The *National Research Council-National Academy of Sciences* appointed an advisory committee which recommended against the establishment of finite tolerances in milk for residues of methoxychlor, as reported in this review in connection with Pesticide Petition No. 126. Later the *National Research Council* and the *Food and Nutrition Board* of the *National Academy of Sciences* recommended to the *Food and Drug Administration* that safe tolerances be set for small amounts of pesticides in milk (ANONYMOUS 1960). More recently the *Food and Nutrition Board* urged the *Food and Drug Administration* to "promptly" establish an aggregate finite tolerance of 0.1 p.p.m. for pesticide residues in milk (ANONYMOUS 1962, HEINEMAN 1962).

The data of the *Technical Advisory committee* indicate (Tables III—VII) that this is an attainable standard at this time and is consistent with the sensitivity of the A.O.A.C. test for DDT and is analogues. This finite tolerance could be applied to DDT, DDE, DDD (TDE), methoxychlor, and lindane. Data on the occurrence and levels of the chlordane series apparently have not been developed to a point where a conclusion can be drawn as to its conformance with a zero tolerance.

SCHECHTER (1963) has presented a new approach to enforcement of "zero tolerances". He suggested that the *Food and Drug Administration* establish two classes of tolerances: class *A* "zero enforcement levels" would be applied to carcionogenic or extremely toxic substances and would be enforced at levels as low as 0.001 p.p.m. or lower if methods exist for the detection of residues at these levels; class *B* would cover tolerances between 0.01 and 0.1 p.p.m. and this "enforcement level" would be used for materials that were not as toxic as the class *A* group. SCHECHTER said that, as examples, class *B* "enforcement tolerances" could be applied to methoxychlor and DDT in milk. He also suggested that such enforcement levels need not have the same connotations as actual tolerance levels and could be changed as the situation demands. A class *B* zero-level tolerance with an enforcement level of 0.1 p.p.m. could be changed in steps over a period of time down to a zero tolerance with an enforcement level of 0.01 p.p.m., or even to a class *A* zero tolerance in order to force compliance without too many technical violations. SCHECHTER feels that a class *B* enforcement level would not necessarily imply that the presence of a particular pesticide in amounts above zero was being condoned or sanctioned.

It was acknowledged that it might be difficult to establish a logical basis for setting tolerances at 0.001 p.p.m. to 0.01 p.p.m., since the margin of safety might be considered so slim that the pesticide would be given a zero tolerance concept. It has been criticized from an analytical as well as a philosophical viewpoint, since "analytical methods are designed to detect something and they have a lower limit as to the amount of concentration of the substance to be detected". SCHECHTER (1963) concluded that "to insist that analytical methods should demonstrate a zero amount, or a zero concentration of a substance without specifying the detection limits or sensitivities required or expected, is confusing both from the analytical and philosophical viewpoint".

The surveys of pesticides in milk made by the *Food and Drug Administration* in 1955 and 1958 indicated that the residues were not at zero or non-detectable levels. The constant increase in the amounts of chlorinated hydrocarbons produced and applied in agriculture would suggest that residues could be expected in samples of evaporated milk and butter analyzed and seized in late 1959 and early 1960. It was necessary to have some test for an "administrative zero". The A.O.A.C. colorimetric test for DDT was apparently selected for this use. This test for DDT, DDE, and DDD (TDE) is not regarded as sensitive below 2.5 p.p.m. in milk fat, or by calculation to 0.1 p.p.m. on four percent fat milk. It was apparent from product seizures that this test was the one being used for legal action. This, however, was not spelled out and the dairy industry was looking for guidelines. A number of references in the *Food Chemical News* of 1961 indicated the philosophy behind the "administrative zero". On September 4, 1961 a statement was made that "zero tolerances" for some chlorinated hydrocarbon pesticides will be defined by the *Food and Drug Administration* in terms of sensitivity to analytical methods in a policy statement being developed by the agency. On October 2, 1961 the statement appeared that "zero tolerance" definitions in terms of sensitivity of analytical methods for chlorinated hydrocarbon pesticides are now a part of the that agency's policy, "but a tentative decision has been made not to formalize it by a Federal Register publication". On December 4, 1961 the statement appeared that the *Food and Drug Administration* would seize a product such as milk if it contained "significant residues" of pesticides, but that the agency would not be concerned with "very minute quantitits". This statement was attributed to Robert S. Roe, Director of the Bureau of Physical and Biological Sciences of that agency in answer to a question at a meeting of the *Food Law Institute* in Washington, D. C. It thus seemed reasonable to assume that the interpretation of zero for enforcement purposes was the limit of sensitivity of the A.O.A.C. or SCHECHTER-HALLER test for DDT, DDE, and DDD

(TDE). As discussed earlier, this was a reasonable goal for the dairy industry to use in its attempt to reduce the levels of pesticide residues in milk (see Tables III—VII) (HEINEMANN 1962, HENDERSON 1962).

The WIESNER Report[1] defines "zero tolerance" as a *Food and Drug Administration* prohibition of any residue on a crop, because the compound is too toxic to permit a residue. "No residue" is a *U.S. Department of Agriculture* determination, based on experimental data, that none will remain from a particular pesticide use, irrespective of toxicity. The concepts of "zero tolerance" and "no residue" registration have been modified as more sensitive methods became available. In practice, "zero tolerance" has been interpreted by the *Food and Drug Administration* in some cases to include a detectable level of residues, lower than that believed to be pharmacologically significant.

The development of analytical procedures (section IX) HENDERSON 1963) advanced to a point where the *Food and Drug Administration* changed the interpretation of "actionable levels" in milk and dairy products. It was announced by the *Food and Drug Administration* that "we have now completed methodology studies which enable us to conclusively demonstrate the presence in milk and dairy products of the following pesticides at the levels indicated. This is to further advise that such methods will be used by the *Food and Drug Administration* laboratories in examining samples to determine compliance with the requirements of the Food, Drug, and Cosmetic Act:

Aldrin Dieldrin Heptachlor Heptachlor epoxide Endrin	0.01 p.p.m. on the whole milk basis (0.25 p.p.m. on the fat basis)
DDT and its analogues (total)	0.05 p.p.m. on the whole milk basis (1.25 p.p.m. on the fat basis)

In the original notice with respect to "actionable levels", methoxychlor, lindane, and BHC were not mentioned. A supplementary notice dated January 16, 1964 clarified the status of these pesticide chemicals with respect to methodology for detection — their presence is stated to be conclusively demonstrated at the level of 0.05 p.p.m. in milk or 1.25 p.p.m. on the fat basis.

The levels indicated will require more sensitive methods than those that have been used in the past for screening methods. Electron-capture, microcoulometry, and perhaps thin-layer chromatography are the indicated procedures.

There have been few petitions under the Miller Amendment for tolerances for pesticide chemicals in milk, and these have been at the zero level. They do not include the chemicals most commonly found in milk and milk products. Tolerances in milk have not been set at zero or any other level, and hence any residues, however infinitesimal, are in violation of the law and the milk can be regarded as adulterated.

It is obvious from data presented in this review that "zero tolerance" in its strictest sense is unrealistic and impossible for an agricultural product which is produced in an environment shared with other agricultural products upon which pesticide usage is permitted and is necessary. Two routes in this dilemma are possible: (1) an administrative tolerance and (2) a finite tolerance.

An "administrative tolerance" recognizes that zero is not attainable, but does not specify a finite tolerance. As methodology improves, the "administrative tolerance" can be lowered even though the levels and source of residues remain the same. As methodology further improves, still lower administrative tolerances could be set and this could quickly reach a point beyond the capability of industry to comply, even under the best practices.

HEINEMAN (1963) has outlined concisely the arguments for a finite tolerance: "A finite tolerance is not subject to adjustment with each improvement in methodology. A finite tolerance of 0.1 p.p.m. in 3.5 percent fat milk for the aggregate of the DDT group plus several of the commonly occurring chlorinated hydrocarbons obviates the disadvantages of the administrative tolerance and complies with important criteria. It is sufficiently low so as to constitute no hazard to health in terms of prevailing or anticipated patterns of consumption of milk and milk products. It complies with the requirements of the pesticide amendment for the regulation of raw agricultural commodities and would put the *Food and Drug Administration* in a completely sound and defensible position. The level proposed of 0.1 p.p.m. fluid milk basis is sound scientifically and is in reach of practical achievement by industry. Moreover and importantly, in recognition of the unique position of milk in the diets of infants and normal and ill adults and of the vast quantity in which it enters the American diets, this proposed tolerance level provides that greater margin of safety which has been so strongly advocated for this major food product."

In the absence of a practical finite tolerance, further and more drastic restrictions will be necessary on the use of chlorinated organic pesticides for most segments of agriculture. "Handbook 120" of the *U.S. Department of Agriculture* would require a major revision, and many insecticides now used would be banned. The alternative, biological and other methods of control without the use of synthetic pesticides, is a fine objective, but apparently is for the future with respect to general application in agriculture.

IX. Methodology for detecting insecticide residues in milk

There are many techniques available for the determination of specific pesticide residues (*Dairy Industry Committee* 1961). Since milk may contain three to five or more residues at low levels, a test for one specific insecticide in a sample is not suitable for use in rapid screening methods. The chlorinated hydrocarbons are the residues that have received most of the attention of the dairy industry since they are stored in the fat of the dairy cow and translocated into the milk.

Some testing procedures for chlorinated hydrocarbons that have been used in screening milk supplies for residues are:

a) *Fly bioassay*

This procedure is a non-specific and not very sensitive method of screening products suspected of being contaminated with spray residues. It has been largely superseded by more specific and sensitive tests (DEWEY 1958).

b) *Total organic chlorides*

This is probably the least statisfactory of all chemical procedures for detecting the presence of chlorinated hydrocarbons in milk and dairy products. It is non-specific and merely indicates the presence of total organic chlorides. The percent chlorine varies among the chlorinated hydrocarbons. It is also possible that some of the chloride determined might be due to substances other than pesticide residues. In the absence of a more suitable test, this procedure was used by some laboratories as a screening test in 1959 and early 1960. The neutron-activation test is a more recent version of the total organic chloride procedure (SCHMIDT and ZWEIG 1961). It has the same disadvantage of lack of specificity, but is apparently more sensitive.

c) *A.O.A.C. colorimetric test*

This test for DDT and its variation, the SCHECHTER-HALLER procedure, have been used by control officials in prosecuting violations of the administrative "zero" tolerance of residues in milk and dairy products. According to report, the test is not reliable to less than 2.5 p.p.m. on the basis of the fat, and it is specific for DDT. A recent collaborative evaluation of this test by the Analytical Reference Service of the U.S. *Public Health Service* unit at Cincinnati indicated wide variation among the results reported by the 14 collaborating laboratories (*U.S.Department of Health, Education, and Welfare, Public Health Service* 1962 b). Reported recoveries from milk contaminated with 0.5 mg. of DDT per liter ranged from 0.1 to 0.7 mg. per liter. To date this test is the official test for DDT residues in milk and is the basis for the administrative "zero" (HENDERSON 1962). A number of modifications to speed up the test have been developed by GUNTHER *et al.* (1960), but the test still lacks sensitivity for low levels of residues and it does not cover the range of residues likely to be present in milk samples.

d) *Chromatographic tests*

The chromatographic procedures that have been developed recently and which are constantly being investigated for improvements have two advantages not possessed by the three procedures listed above: (a) high sensitivity to "minute" quantities of residues and (b) determination of several residues from one sample preparation. Two types of chromatographic tests are available: paper and gas. Gas chromatographs are of two types: microcoulometric and electron-capture. A high percentage of total residues found in milk is in the range of one to two p.p.m. on the basis of the fat, which, translated to 3.5 percent fat milk, would be 0.036 to 0.072 p.p.m. in fluid milk. The chromatographic tests are sensitive to these low levels of residues:

1. Mills paper chromatographic test. — The procedure for this test was published in November, 1959 (MILLS 1959), and was the culmination of much research on this technique in the laboratories of the *Food and Drug Administration.* This test, applied to milk and dairy products, provided a rapid, practical screening test for the detection of residues in milk. It is qualitative and semi-quantitative. If a competent chemist is put in charge of a group of less highly trained technicians, a large number of samples can be tested in a day. Many collaborative studies, however, have indicated that the test must be followed precisely as outlined if comparable results are to be obtained from a number of laboratories testing the same sample. This is magnified in importance if the total residues are low; that is, in the range of one to two p.p.m. on the basis of the fat. Many of the precautions that must be observed in the MILLS test are applicable to the gas chromatographic procedures and also to some of the chemical tests. The procedure, up to the spotting of the residue on paper, is concerned with redistillation of solvents, extraction of the residues from the fat, partition, preparation of chromatographic columns, and elution from the column. These points will be discussed in more detail in connection with the presentation of the evaluation of two samples of evaporated milk analyzed by 21 laboratories using the three chromatographic procedures.

2. Microcoulometric gas chromatography. — COULSON and CAVANAGH (1959) developed the microcoulometric gas chromatographic procedure for the determination of pesticide residues. Their procedure was originally applied to vegetables, but has more recently been adapted to the determination of residues in milk and dairy products. The *Food and Drug Administration* has approximately 20 of these units and many university, commercial, and company laboratories have purchased this equipment. Results reported indicate that it is desirable to use a good cleanup before injecting the residue into the column. CASSIL (1961) has developed a special tube to be inserted just before the column and reports that with this device no cleanup is necessary for extracts of alfalfa and leafy vegetables.

The principal advantages claimed for this procedure are:

1. A graphic record is produced for all of the pesticides detectable in the sample.
2. The area under each peak is related quantitatively to the amount of residue present.
3. The guess-work is eliminated from the estimation of amounts of residue on the paper.
4. The cleanup may not have to be as extensive as that for the paper test.
5. The procedure can be adapted to the determination of sulfur-containing pesticides such as malathion by a change in the titration cell.
6. The system can be modified to accommodate an electron-capture detector.

This procedure can be used only by a very competent chemist, preferably one versed in electronics.

3. Electron-capture gas chromatography. — The electron-capture or electron-affinity detector used in conjunction with gas chromatographic separation is a recent development in the field of pesticide residue analysis of milk and dairy products. LOVELOCK and LIPSKY (1960) described the principle of this procedure[5]. They demonstrated that a beta-ray ionization detector operated at low voltage was more sensitive to certain types of organic molecules than to others. Nitrogen or other gas with a low affinity for electrons is used as a carrier gas. Electrons are supplied to the carrier gas by a source of radioactive material. The decrease in current is determined by the electron affinity of the compound introduced and by its amount. When only the carrier gas is present, the current is constant. If there are present in the gas stream any molecules of a substance that attracts and captures the free electrons, the detector stream is reduced. Electron-capture is highly characteristic of the halogen elements. The minute current fluctuations are amplified to provide an output to operate a recorder.

Quantitative measurements are made by comparison of peak heights or areas under the peaks to known standards. The method was first applied to chlorinated hydrocarbon residues found on vegetables, hay, and other plant material. Attempts to use the equipment for residues in fatty substances were found to be complicated due to the mistaken idea that very little clean-up was required. A collaborative study in 1962 indicated that at that time the electron-capture method yielded results that were lower in total residues than the paper chromatographic or the microcoulometric methods (HENDERSON 1963) (Also, see Tables VIII and IX, laboratories *S*, *T* and *U*).

e) Collaborative studies of chromatographic procedures

Two samples of commercially produced evaporated milk were submitted to 21 laboratories for analysis by chromatographic procedures. Ten laboratories used the paper chromatographic test only, seven used both the paper and the microcoulometric method, one used the microcoulometric method only, two used the electron-capture procedure only, and one used all three procedures.

The samples were selected as representative of the types of toxicants at levels commonly found in mixed milk in the San Joaquin Valley of California. The levels of residues are low and doubtless have influenced the wide variations reported. Tables VIII and IX show the results obtained. The laboratories participating represent a cross-section of university, regulatory, commercial, and dairy company laboratories from many sections of the United States. Previous collaborative studies made by the writer and by others indicate that when residues are low, wide variations between the laboratories are usual.

A summary of the data of Table VIII follows (see page 105).

One collaborator who has had extensive experience with both the MILLS paper test and the microcoulometric gas chromatographic procedure reports that his laboratories usually obtain considerably higher results with the microcoulometric test than with the paper test when the total quantity of

[5] Editor's note: See several papers in Residue Reviews, vol. 5 (1964) for discussions of this technique.

toxicants adds up to around 1.0 p.p.m. on the basis of the fat. When quantities are higher than this, the agreement between the two methods is better. Since the microcoulometric test involves the titration of chloride ion, the

Table VIII. *Summary of results for sample #8811 (evaporated milk)*

Lab. no.[a]	Method of analysis[b]	DDE	DDT	DDD (TDE)	Heptachlor epoxide	Lindane or BHC	Methoxychlor	Dieldrin	Endrin	Total residue, p.p.m. (on fat basis)
A	P	0.3	0.7	—	—	0.1	—	—	—	1.1
A	M	0.34	0.13	0.23	—	0.01	—	—	—	0.71
B	M	0.52	0.45	0.49	—	Trace	—	—	—	1.46
B	P	0.40	0.20	0.20	—	0	—	—	—	0.80
C	M	0.46	0.35	0.28	—	Trace	—	—	—	1.09
C	P	0.40	0.20	0.20	—	0	—	—	—	0.80
D	P	0.30	0.12	0.17	—	Trace	—	—	—	0.59
E	P	0.30	0.20	0.10	—	0	—	—	—	0.60
F	P	0.12	0.12	Trace	—	0	—	—	—	0.24
G	M	0.50	0.40	—	—	—	—	—	—	0.90
H	P	0.16	1.23	0.14	0	0.14	—	0	—	1.67
I	P	1.20	0.6	Trace	—	—	—	—	—	1.80
J	P	0.25	0.13	0.14	—	—	—	—	—	0.52
J	M	0.28	0.30	(combined)		—	—	—	—	0.58
K	P	0.42	0.25	0.28	—	—	—	—	—	0.95
K	M	0.44	0.22	0.29	—	—	—	—	—	0.95
L	P	0.36	0.36	0.36	—	0.24	—	—	—	1.32
M	P	0.25	0.1	0.1	—	—	—	—	—	0.45
N	P	Trace	0.068	0.041	—	—	—	—	—	0.109
O	M	0.2	0.1	0.3	—	—	—	—	—	0.6
O	P	0.2	0.1	0.1	—	—	—	—	—	0.4
P	P	0.24	0.36	0.12	—	—	—	—	—	0.72
Q	P	0.356	0.143	0.143	—	—	0.357	—	—	0.99
R	M	0.25	0.25	0.38	—	0.1	0.33	—	—	1.31
R	P	0.20	0.15	0.15	—	0.2	—	—	—	0.70
						(lindane or methoxychlor)				
S	E	DDE + DDT + TDE combined, Av.						—	—	0.80
T	E	0.36	—	0.06	—	0.024	—	—	—	0.444
U	E	0.276	0.276	0.036	—	—	—	—	—	0.588
U	M	0.528	0.24	0.24	0.036	0.06	—	—	—	1.104
U	P	0.72	0.36	0.24	—	0.24	—	—	0.036	1.596

[a] Results averaged when more than one test was reported.
[b] P = Paper chromatograph.
M = Microcoulometer with DOHRMANN gas chromatograph.
E = Electron-capture gas chromatograph (JARRELL-ASH).

Summary of data of Table VIII

Method	No. of labs.	Av. p.p.m. (basis of fat)	Range, p.p.m.
Paper	18	0.853	0.109—1.80
Microcoulometric	9	0.967	0.6 —1.46
Electron-capture	3	0.610	0.444—0.8

analysis is probably more accurate than that with the paper chromatograph. The summary above indicates slightly higher total residues with the microcoulometric method and a narrower range.

Tables VIII and IX show variations in the kinds of residues and in the amounts determined. Sample 8811 was shown by most of the laboratories to contain DDE, DDT, DDD (TDE), and traces of lindane (BHC). More thorough cleanup, as shown by laboratory *U*, indicated that the microcoulometric gas test revealed heptachlor epoxide. The presence of endrin was shown by the dimethyl sulfoxide extraction method with paper chromatographic identification. The sample was first eluted from a Florisil column with a 6 + 94 ether mixture to recover most of the pesticides and then with 15 + 85 ether mixture to obtain dieldrin and endrin. The 15 + 85 ether eluent was saponified and passed through a magnesium-Celite column. Endrin was identified by paper chromatography.

The dimethyl sulfoxide extraction procedure was designed to provide a test when extreme sensitivity was necessary. The sample can consist of as much as the extract from 100 g. of fat; the entire amount can be spotted on paper or injected into the column of the microcoulometric gas chromatograph (EIDELMAN 1962). None of the other laboratories passed the residues through a magnesium-Celite column. One collaborator *(G)* used an acid-Celite column.

Many of the collaborators deviated in one or more details from the outlined MILLS procedure. Some of the deviations were made after research in a particular laboratory had indicated greater efficiency in extraction, speed of operation, or improvement in some other step of the process. These changes doubtless caused some differences in results obtained by the various laboratories. It is probable that some of the changes could be subjected to collaborative study and perhaps incorporated in a standard procedure, but until this is done, it is recommended that the MILLS test be adhered to in every detail if comparable results are to be secured.

Some of the variations included the following:

Fat extraction procedure. Some used a Waring Blendor, others separatory funnels, and still others the centrifuge. GUNTHER *et al.* (1960) and BLINN and GUNTHER (1963) have reported that the manual technique of extraction yields results that are substantially lower than when the Blendor technique is used.

Activation and treatment of Florisil. The variation ranged from no heat activation to 600° C. The most common practice was to heat to 350° C for two hours. The Florisil columns ranged in length from four inches to eight inches. A six-inch column, either solid or broken into two or three equal layers with anhydrous sodium sulfate between the layers, was the most common arrangment.

Elution mixture. This ranged from six to 20 percent diethyl ether mixed with petroleum ether to yield 100 percent solution. The most common mixture was six percent followed by ten percent and 12.5 percent.

Amount of extract spotted from fat. This varied from 0.2 to two or three g. of fat.

Care in evaporating solvents. Evaporation of solvents from the acetonitrile extraction was an important factor. DDE appeared to be much more labile than DDT in this part of the sample preparation.

Purity of solvents. Some collaborators found that failure to redistill solvents, particularly acetonitrile, was very important.

Cleanup. Most of the laboratories that used both the paper and the microcoulometric tests spotted aliquots of a sample prepared by the MILLS clean-up with variations. A study of the tables indicates that where both tests were used (laboratories *D*, *J*, and *K*), the results on total residues were nearly identical in a particular laboratory. This emphasizes the effect of cleanup in the amounts of residues found. Laboratory *U* used a thorough cleanup with the MILLS procedure.

Electron-capture. Three different procedures were used by laboratories *S*, *T*, and *U* in the cleanup for the electron-capture analysis. Laboratory *S* used alkaline hydrolysis followed by hexane extraction and direct introduction into the electron-capture gas chromatograph. In this procedure, the DDD (TDE) and DDT were converted to DDE, and lindane was destroyed. Laboratory *T* used a Florisil column after extraction of fat with petroleum ether. The eluting solvent from the column was 20 percent diethyl ether in hexane. Laboratory *U* used a thorough cleanup based on the MILLS procedure. Laboratory *U* did not identify lindane, endrin, or heptachlor epoxide in sample 8811, or lindane and endrin in sample 8812 when they were tested by the electron-capture procedure.

f) Current collaborative study on methods of analysis and cleanup procedures

During the last year, extensive work by regulatory laboratories and by instrument manufacturers have developed the electron-capture analysis to a point where it is reliable when properly used. A number of manufacturers have developed electron-capture detectors and gas chromatographic equipment for pesticide residue analysis. Double column instruments provided with temperature programming and recorders equipped with integrators are being used in a number of laboratories.

For the new "actionable level" for pesticide residues in milk and dairy products, where certain members of the chlordane series must be determined at 0.01 p.p.m. or lower, gas chromatographic procedures with either micro-coulometer or electron-capture are the indicated procedures. Two recent publications of the Division of Foods, *Food and Drug Administration*, present current data on the microcoulometric gas chromatograph (BURKE and JOHNSON 1962, BURKE 1963). A recent paper of the Food Division reports on electron-capture gas chromatograph for the determination of DDT in butter and some vegetable oils (KLEIN *et al.* 1963).

g) Thin-layer chromatography

Thin-layer chromatography is now receiving attention for use in pesticide residue analysis. Two recent papers, one from the U.S. *Department of Agriculture* laboratories and one from the Food Division of the *Food and Drug Administration*, report on the procedure and sensitivity (ADAMS and SCHECHTER 1963, KOVACS 1963). KOVACS (1963) reports that the procedure is a rapid, sensitive method for the detection and estimation of chlorinated organic pesticide residues. Compared to paper chromatography, the method is reported to be faster, more sensitive, and in most cases, more specific. Chlorinated pesticide residues have been identified in extracts of various food products at concentrations as low as one part per billion. The results were verified by gas-liquid chromatographic analysis.

Because of the greater sensitivity of thin-layer chromatography over paper chromatography, and because it is faster, it is more suitable as a rapid screening method. This procedure is also valuable as a confirmatory method in conjunction with gas-liquid chromatography or other analytical methods for chlorinated pesticide residue analysis.

Table IX. *Summary of results for sample #8812 (evaporated milk)*

Lab. no.[a]	Method of analysis[b]	DDE	DDT	DDD (TDE)	Heptachlor epoxide	Lindane or BHC	Methoxychlor	Dieldrin	Endrin	Total residue, p.p.m. (on fat basis)
A	P	0.4	0.8	—	—	0.20	—	—	—	1.4
A	M	0.36	0.11	0.21	—	0.03	—	—	—	0.71
B	M	0.51	0.49	0.35	—	Trace	—	—	—	1.35
B	P	0.30	0.20	0.30	—	0.1	—	—	—	0.9
C	M	0.45	0.20	0.24	—	Trace	—	—	—	0.89
C	P	0.30	0.20	0.30	—	0.1	—	—	—	0.90
D	P	0.30	0.12	0.17	—	Trace	—	—	—	0.59
E	P	0.30	0.30	0.10	—	0	—	—	—	0.70
F	P	0.19	0.19	Trace	—	0	—	—	—	0.38
G	M	0.70	1.0	—	—	—	—	—	—	1.70
H	P	0.14	0.62	0.11	0	0.10	—	0	—	0.97
I	P	1.2	1.2	Trace	—	—	—	—	—	2.40
J	P	0.26	0.13	0.12	—	—	—	—	—	0.51
J	M	0.28	0.26	(combined)		—	—	—	—	0.54
K	P	0.50	0.25	0.33	—	—	—	—	—	1.08
K	M	0.56	0.28	0.037	—	—	—	—	—	0.877
L	P	0.24	0.36	0.12	—	0.12	—	—	—	0.84
M	P	0.10	0.10	—	—	—	0.3	—	—	0.50
N	P	Trace	0.068	0.041	—	—	—	—	—	0.109
O	M	0.2	0.3	0.1	—	—	—	—	—	0.6
O	P	0.1	0.1	0.1	—	—	—	—	—	0.3
P	P	0.12	0.36	0.24	—	—	—	—	—	0.72
X	P	0.286	0.178	0.143	—	—	0.468	—	—	1.075
R	M	0.35	0.33	0.51	—	0.02	0.63	—	—	1.84
R	P	0.25	0.15	0.15	0.20	(lindane or methoxychlor)				0.75
S	E	DDE + DDT + TDE combined, Av.						—	—	0.69
T	E	0.36	—	0.06	—	0.024	—	—	—	0.444
U	E	0.288	0.216	0.036	—	—	—	—	—	0.540
U	M	0.516	0.12	0.12	—	0.036	—	—	—	0.792
U	P	0.48	0.36	0.24	—	0.12	—	—	0.036	1.236

a Results averaged when more than one test was reported.
b P = Paper chromatograph.
M = Microcoulometer with DOHRMANN gas chromatograph.
E = Electron-capture gas chromatograph (JARRELL-ASH).

One sample of evaporated milk was submitted to a number of regulatory and company laboratories. Four of the laboratories have completed their tests and reported the results. All of these laboratories were collaborators in

Table X. *Summary of results for sample #4039 (evaporated milk)*

Lab.	Cleanup procedure	Method of analysis[a]	Residue, p.p.m. on basis of fat							
			DDT	DDE	DDD (TDE)	BHC	Lindane	Methoxy-chlor	Dieldrin	Total residues
A	Mills (1959)	E. C.	0.19	0.44	0.21	Tr.	0.007	—	—	0.847
A	Liska (1963)	E. C.	0.14	0.40	0.29	—	0.003	—	—	0.833
B	Mills (1959)	P. C. (3)[b]	0.25	0.34	0.16	—	—	—	—	0.75
B	Liska (1963) (Modified)	P. C. (2)[b]	0.25	0.30	0.13	—	Tr.	0.06	—	0.74
C	Mills (1959)	P. C.	0.31	0.31	Tr.	—	—	—	—	0.62
D	Onley (1963)	E. C. (4)[b]	0.34	0.48	0.16	—	0	—	0.034	1.02
D	Onley (1963)	M. C.	0.29	0.34	0.14	—	0	—	0	0.77
D	Mills (1961)	E. C. (2)[b]	0.29	0.35	0.18	—	0	—	0.15	0.97
D	Mills (1961)	M. C. (2)[b]	0.21	0.36	0.20	—	0	—	0	0.77
	Average	—	0.25	0.37	0.16	—	—	—	—	0.81

[a] E. C. = Electron-capture.
P. C. = Paper chromatography.
M. C. = Microcoulometric analysis.

[b] Averages of these number of replicates reported.

the previous study reported in Tables VIII and IX. The current results are reported in Table X. A study of this table as compared with Tables VIII and IX indicates much greater uniformity. These laboratories, however, were among the better equipped laboratories with respect to personnel and physical facilities.

The current study included two cleanup procedures that were not available when the previous study was made (ONLEY 1963, LISKA *et al.* 1963). The ONLEY and the LISKA methods are reported to be more rapid than procedures that require the extraction of the pesticide from the fat. In the ONLEY method there is a direct extration of pesticides from whole milk. Laboratory *D* reports that ONLEY's method gave recoveries somewhat higher than the MILLS (1961) procedure: that is, simpler, faster, and more complete clean-up. The LISKA procedure is a rapid Florisil column clean-up procedure.

The sample (#4039) analyzed by four laboratories and reported in Table X was a commercial sample of evaporated milk. The analyses indicate that DDT, DDE, and DDD (TDE), at the levels present, were extracted in comparable amounts by the two MILLS (1959 and 1961), procedures, by the ONLEY (1963) method, and by the LISKA (1963) method. The electron-capture analysis indicated the presence of dieldrin. The microcoulometric procedure did not detect dieldrin. The average total residues for the nine analyses on the basis of fat was 0.81 p.p.m., the range was 0.62 to 1.02 p.p.m., and the median was 0.83 p.p.m.

Summary

Pesticide residues of concern in milk and dairy products are the chlorinated hydrocarbons, which are stored in the fat of the cow and are translocated and secreted in the milk.

The DDT series, plus methoxychlor, are the most common types of residues found in milk. Lindane and members of the aldrin-dieldrin-endrin group are less frequently detected, partly because of restrictions in their use and partly due to methodology that cannot detect the residues at low levels.

Milk becomes contaminated from improper use of sprays on cows, in or around barns, and from ingestion of contaminated feed and forage. This latter source is by far the most significant. The contamination arises from the improper use of sprays on crops and drift from the application of sprays on non-forage crops adjacent to forage corps and pastures.

The policy of the U. S. *Food and Drug Administration* has been to regard any residue found in milk as an adulterant. The denial of a petition requesting 0.25 p.p.m. tolerance for methoxychlor in milk apparently set the policy with respect to finite tolerances in milk. In the absence of a finite tolerance, an "administrative zero", limited by the sensitivity of the SCHECHTER-HALLER test to 2.5 p.p.m. on the fat basis, was used in enforcing the Food, Drug, and Cosmetic Act.

Seizures of product on the basis of the "administrative zero" alerted the dairy industry to direct their efforts to reducing residues in milk and dairy products. The *Dairy Industry Committee*, an industry-wide organization, appointed a *Technical Advisory Committee* to study and report on all phases of the problem of pesticide residues in milk and to make recommendations for programs to lower residues. Laboratories were established, and during a two year period, 31,548 samples of milk and dairy products were analyzed and reported to the Committee. The report indicated that the aggregate residues of DDT, DDE, DDD (TDE), and methoxychlor, in most instances, were well below 0.1 p.p.m. on the basis of the milk, or 2.5 p.p.m. on the basis of the fat.

The roles of the U. S. *Department of Agriculture* and the *Food and Drug Administration* with respect to pesticide residues in milk are discussed. A specific example of the processing of a petition to illustrate the mechanism used for presenting a petition for a tolerance under the Miller Amendment to the Food, Drug, and Cosmetic Act is presented.

The implications of an administrative tolerance versus a finite tolerance are discussed.

Methodology for detecting residues in milk is discussed and two collaborative studies are presented to illustrate recent improvements in methodology which have resulted in a lower "actionable level" for enforcing the provisions of the Food, Drug, and Cosmetic Act.

Résumé *

Les résidus de pesticides dans le lait et les produits laitiers présentant de l'importance sont ceux qui s'accumulent dans les tissus adipeux des vaches et sont excrétés par le lait qui les emmagasine.

Les corps de la série du DDT y compris le méthoxychlore sont les constituants les plus fréquents des résidus trouvés dans le lait. Le lindane et les représentants du groupe aldrine-dieldrine endrine sont moins fréquemment détectés en raison soit de leurs emplois limités, soit de l'absence de méthode permettant leur caractérisation à faibles concentrations.

La contamination du lait résulte d'un emploi indiscriminé d'aérosols sur les vaches au sein ou aux alentours des étables ou de l'ingestion d'aliments ou de fourrages pollués. Cette dernière origine est de loin la plus importante. La pollution résulte de l'usage dans des conditions inadéquates d'aérosols sur les cultures ou de la dispersion résultant de l'épandage de tels aérosols sur des cultures non fourragères situées près de cultures fourragères ou de paturages.

La politique de l'U. S Food and Drug Administration est de considérer tout résidu trouvé dans le lait comme un agent d'adultération. C'est le rejet d'une requête demandant une tolérance de 0,25 p.p.m. pour le méthoxychlore dans le lait qui a préludé à l'établissement de la politique concernant le problème des limites de tolérances dans le lait. En l'absence de telles limites c'est le zéro administratif correspondant, en raison des limites de sensibilité de la réaction de SCHECHTER-HALLER à 2,5 p.p.m. rapportés aux matières grasses qui a constitué la base d'application du «Food, Drug and Cosmetic Act».

---

* Traduit par R. TRUHAUT.

La saisie des produits sur cette base a poussé l'industrie laitière à orienter ses efforts vers la réduction des résidus dans le lait et les produits laitiers. Le Comité des Industries laitières, vaste organisation industrielle a constitué un Comité technique consultatif pour étudier tous les aspects du problème des résidus de pesticides dans le lait, établir des rapports et présenter des recommandations sur les moyens à mettre en oeuvre pour diminuer les résidus. Des laboratoires ont été créés et, pendant une période de deux années, 31.548 échantillons de lait et de produits laitiers ont été analysés et les résultats d'analyses transmis au Comité. Le rapport d'ensemble indique que les taux résiduels groupés de DDT, DDE, DDD (TDE) et de méthoxychlore restent, dans la plupart des cas, très inférieurs à 0,1 p.p.m. rapportés au lait total au à 2,5 p.p.m. rapportés aux matières grasses.

Les rôles de l'«U. S. Department of Agriculture» et de la «Food and Drug Administration» en ce qui concerne les résidus de pesticides dans le lait sont discutés. Un exemple spécifique de la mise en forme d'une «pétition» est fourni, de mainère à faire comprendre le mécanisme mis en oeuvre pour introduiue une requête en faveur d'une tolérance conformèment au «Miller Amendment» au «Food, Drug and Cosmetic Act». Les avantages et les inconvénients du système de tolérances administratives comparativement à celui des tolérances définies sont discutés.

La méthodologie pour la détection des résidus dans le lait s'est également et deux études en collaboration sont présentées pour mettre en lumière de récents perfectionnements qui ont permis d'abaisser «le taux pouvant servir de base à une action» dans l'application des stipulations du «Food, Drug and Cosmetic Act».

Zusammenfassung *

Bedenkliche Pesticid-Rückstände in Milch und Molkereiprodukten sind die chlorierten Kohlenwasserstoffe, die im Körperfett der Kuh gespeichert und transportiert und mit der Milch ausgeschieden werden.

Die DDT-Serie einschließlich Methoxychlor sind die verbreitetsten Rückstandstypen, die in Milch gefunden werden. Lindan und Stoffe aus der Aldrin-Dieldrin-Endrin-Gruppe werden seltener gefunden, z. T. weil ihre Verwendung beschränkt ist und z. T. weil die Methodik zur Erfassung geringer Rückstandswerte nicht ausreicht.

Durch unvorschriftsmäßige Spritzungen von Milchkühen oder innerhalb und in der Nachbarschaft von Scheunen und durch die Aufnahme von rückstandhaltigem Frisch- und Vorratsfutter kann Milch Rückstände aufnehmen; die letzte Quelle ist bei weitem die bedeutsamste. Dabei stammt die Verunreinigung aus unvorschriftsmäßiger Anwendung von Spritzungen auf Futterpflanzen und von Spritznebeln, die von benachbarten Feldern auf Futterpflanzen und Weiden herübergetrieben werden.

Die Nahrungs- und Arzneimittelbehörde der Vereinigten Staaten („FDA") hat den Grundsatz, jeden in der Milch gefundenen Rückstand als Verfälschung zu betrachten. Ein Gesuch, für Methoxychlor einen Rückstandswert von 0,25 ppm in Milch zuzulassen, wurde abgelehnt und damit

* Übersetzt von G. HECHT.

die Haltung gegenüber irgendwelchen Zahlenwerten in Rückständen für Milch festgelegt. Solange zahlenmäßige Toleranzwerte fehlen, wurde ein „behördlicher Nullwert" zur Einhaltung des Lebensmittelgesetzes verwertet, der durch die Erfassungsgrenze des Schechter-Haller-Testes von 2,5 ppm im Fett begrenzt ist.

Beschlagnahmungen von Erzeugnissen aufgrund dieses „behördlichen Nullwertes" haben die Meierei-Betriebe veranlaßt, sich um die Verkleinerung der Rückstandswerte in Milch- und Molkereiprodukten zu bemühen. Eine Organisation des gesamten Meierei-Gewerbes ernannte ein technisches beratendes Komitee, um alle Phasen des Problems der Pesticid-Rückstände in Milch zu untersuchen, darüber zu berichten und Empfehlungen für Programme zur Herabsetzung der Werte aufzustellen. Daraufhin wurden Laboratorien eingerichtet und innerhalb 2 Jahren 31 548 Proben von Milch- und Meierei-Produkten analysiert und an das Komitee berichtet. Der Bericht bringt zum Ausdruck, daß die zusammen erfaßten Rückstände von DDT, DDE, DDD (TDE) und Methoxychlor in den meisten Fällen weit unterhalb 0,1 ppm, bezogen auf Milch, oder 2,5 ppm, bezogen auf Fett, liegen. Die Rolle des Landwirtschaftsministeriums und der Lebensmittelbehörde in den Vereinigten Staaten in Hinsicht auf Pesticid-Rückstände in Milch werden erörtert. Es wird ein spezielles Beispiel für die Behandlung eines Gesuches vorgebracht, um den Mechanismus zu illustrieren, nach dem ein solches Gesuch für einen Rückstandswert entsprechend dem sogenannten „Miller Amendment" des Lebensmittelgesetzes der Vereinigten Staaten behandelt wird.

Die Auswirkungen des Gegensatzes zwischen einem behördlichen Nullwert und einer zahlenmäßig fixierten Toleranz werden diskutiert.

Die Methodik zur Erfassung von Rückständen in Milch wird erörtert und zwei Studien aus Gemeinschaftsarbeiten werden vorgeführt, um die neueren Fortschritte in der Methodik zu erläutern. Sie haben eine Herabsetzung des Höchstgehaltes zur Folge gehabt, der durch die Vorschriften des Lebensmittelgesetzes gefordert wird.

References

ANONYMOUS: In Food Chem. News, October 10 (1960).

— In Food Chem. News, June 26 (1962).

— In Agr. Chemicals (1963).

BLINN, R. C., and F. A. GUNTHER: Rapid colorimetric determination of DDT in milk and butter. J. Assoc. Official Agr. Chemists **46**, 191 (1963).

BURKE, J.: Programmed temperature gas chromatography (PTGC) and microcoulometric detection of chlorinated insecticides. J. Assoc. Official Agr. Chemists **46**, 198 (1963).

CARTER, R. H.: Estimation of DDT in milk by determination of organic chlorine. Anal. Chem. **19**, 54 (1947).

—, and H. D. MANN: DDT content of milk from a cow sprayed with DDT. J. Econ. Entomol. **42**, 708 (1949).

—, H. V. CLABORN, G. T. WOODWARD, and R. F. ELY: Pesticide residues in animal products. "Animal Diseases", U. S. Dept. Agr., Yearbook of Agriculture. Washington, D. C. 1956.

CASIDA, J. E.: Problems posed by plant and animal metabolism of pesticides. Nat. Acad. Sci. Nat. Research Council Publ. 1082. Washington, D. C. 1962.

CASSIL, C. C.: Quartz insert injection tube for microcoulometric gas chromatographic block. Stanford Research Inst. Pesticide Research Bull. **1**, (No. 1), 4 (1961).

CLIFFORD, P. A.: Pesticide residues in fluid market milk. Public Health Reports 72, 729 (1957).

—, J. L. BARSEN, and P. A. MILLS: Chlorinated organic pesticide residues in fluid milk. Public Health Reports **74**, 1109 (1959).

COOK, J. W.: Action of rumen fluid in pesticides. In vitro destruction of some organophosphate pesticides by bovine rumen fluid. J. Agr. Food Chem. **5**, 859 (1957).

COULSON, D. M., L. A. CAVANAGH, and J. STUART: Gas chromatography of pesticides. J. Agr. Food Chem. **7**, 250 (1959).

Dairy Industry Committee: Pesticide residues in milk and other agricultural products. Bibliography — Abstr. Research Literature. Washington, D. C. 1961.

DEWEY, J. E.: Utility of bioassay in the determination of pesticide residues. J. Agr. Food Chem. **6**, 274 (1958).

EIDELMAN, M.: Determination of micro-quantities of chlorinated organic pesticide residues in butter. J. Assoc. Official Agr. Chemists **45**, 672 (1962).

ELY, R. E., L. A. MOORE, P. E. HUBANKS, R. H. CARTER, and F. W. POOS: Results of feeding methoxychlor sprayed forage and crystalline methoxychlor to dairy cows. J. Dairy Sci. **36**, 309 (1953).

FISTERE, C. M.: Legal requirements for establishment of tolerances for pesticide chemicals in milk and milk products. Communication to Tech. Advisory Committee on Pesticides, *Dairy Industry Committee.* Washington, D. C. 1961.

Food Protection Committee: Use of chemical additives in foods. Nat. Acad. Sci. Nat. Research Council Publ. 750. Washington, D. C. 1959.

GUNTHER, F. A., R. C. BLINN, D. E. OTT, and J. H. BARKLEY: The half day analytical detection of DDT and some other insecticides in milk and butter. Mimeo. Citrus Research Center and Agr. Expt. Sta., Univ. Calif., Riverside, Aug. 15 (1960).

HARVEY, J. L.: What can industry do to help solve problems of antibiotics and insecticides? Milk Ind. Foundation Convention Proc., Lab. Sect., Miami Beach 1959.

HEINEMAN, H. E. O., and C. B. MILLER: Pesticide residues and the dairy industry. J. Dairy Sci. **44**, 1775 (1961).

— — Pesticide residues in milk — incidence, sources, and control. Assoc. Food Drug Officials U. S. Quart. Bull. **23**, 121 (1963).

HENDERSON, J. L.: Pesticide tolerances in milk. Food Technol. **16**, (No. 6), 6 (1962).

— Comparison of laboratory techniques for the determination of pesticide residues in milk. J. Assoc. Official Agr. Chemists **46**, 209 (1963).

KLEIN, A. K., J. O. WATTS, and J. N. DAMICO: Electron capture gas chromatography for determination of DDT in butter and some vegetable oils. J. Assoc. Official Agr. Chemists **46**, 165 (1963).

KOVACS, M. F., JR.: Thin-layer chromatography for chlorinated pesticide residue analysis. J. Assoc. Official Agr. Chemists **46**, 884 (1963).

LANGLOIS, B. E., A. R. STEMP, and B. J. LISKA: Rapid cleanup of dairy products for chlorinated insecticide residue analysis. 144th Nat. Meeting, Amer. Chem. Soc., Los Angeles, Mar. 31—April 5 (1963).

LOVELOCK, J. E., and S. R. LIPSKY: Electron affinity spectroscopy — a new method for the identification of functional groups in chemical compounds separated by gas chromatography. J. Amer. Chem. Soc. **82**, 431 (1960).

Manufacturing Chemists Associations, Inc.: Agricultural chemicals, what they are/how they are used. Washington, D. C. 1963.

MARTH, E. H., and B. F. ELLICKSON: Insecticides in milk and milk products. I. Insecticide residues in milk from treatment of dairy cows and barns. J. Milk Food Technol. **22**, 112 (1959 a).

— — Insecticide residues in milk and milk products. II. Insecticide residues in milk from dairy cattle fed treated crops. J. Milk Food Technol. **22**, 145 (1959 b).

MILLS, P. A.: Detection and semi-quantitative estimation of chlorinated organic pesticide residues in foods by paper chromatography. J. Assoc. Official Agr. Chemists **42**, 734 (1959).
— Collbatorative study of certain chlorinated organic pesticides in dairy products. J. Assoc. Official Agr. Chemists **44**, 171 (1961).
ONLEY, J. H.: Rapid method for chlorinated pesticide residues in fluid milk. J. Assoc. Official Agr. Chemists **47**, 317 (1964).
PANKASKIE, J. E., F. C. FOUNTAINE, and P. A. DAHM: The degradation and detoxication of parathion in dairy cows. J. Econ. Entomol. **45**, 51 (1952).
President's Science Advisory Committee: Use of pesticides. The White House, Washington, D. C. May 15, 1963; Residue Reviews **6**, 1 (1964).
SCHECHTER, M.: Comments on the pesticide residue situation. 77th Meeting Assoc. Official Agr. Chemists, Washington, D. C., Oct. 14—17 (1963). J. Assoc. Official Agr. Chemists **46**, 1063 (1963).
SCHMITT, R. A., and G. ZWEIG: Total organic chloride content in milk butterfat by a rapid neutron activation analysis. J. Agr. Food Chem. **10**, 481 (1962).
U. S. Department of Agriculture: Insecticide recommendations of the Entomology Research Division for the control of insects attacking crops and livestock for 1963. Agr. Handbook No. 120, Washington, D. C. 1963.
U. S. Department of Health, Education, and Welfare, Public Health Service: Determination of pesticides in dairy products. Training course manual, Robert A. Taft Sanitary Engineering Center, Cincinnati 1962 a.
— Milk DDT-residue No. 1. Anal. ref. serv. rept., Robert A. Taft Sanitary Engineering Center, Cincinnati 1962 b.
ZWEIG, G., L. M. SMITH, and S. A. PEOPLES: Feeding trials with dairy cows show DDT detectable in milk is proportional to DDT in daily feed. Calif. Agr. **15** (No. 3), 13 (1961).

Ergebnisse, Probleme und Tendenzen bei der Entwicklung von Pestiziden

Von

G. Unterstenhöfer *, W. Bartels * und M. Boness *

Inhalt

I. Einleitung

Chemische Substanzen werden heute in breitem Umfange in der Bodennutzung als Produktionsmittel eingesetzt. Nicht nur in den intensiv genutzten landwirtschaftlichen und gärtnerischen Kulturen, sondern auch in der extensiven Land- und Forstwirtschaft gehört die Anwendung chemischer Präparate, sei es für Zwecke der Schädlings- und Unkrautbekämpfung als Fungizide, Insektizide, Bakterizide, Rodentizide, Repellents und Herbizide, sei es für Zwecke des erleichterten Maschineneinsatzes und der Qualitäts-

* Biologisches Institut der Farbenfabriken Bayer AG, Leverkusen, Germany.

verbesserung als Defoliants, Desiccants und Krautabtötungsmittel, zu den routinemäßigen Wirtschaftsmaßnahmen.

Aus dem Tatbestand, daß es sich hierbei um biologisch aktive Stoffe handelt, ergibt sich die Notwendigkeit, der zuverlässigen Beantwortung der Frage nach den Wirkstoffrückständen auf den Ernteprodukten wegen möglicher direkter oder indirekter Nebenwirkungen auf den Konsumenten die entsprechende Bedeutung beizumessen. Das um so mehr, als diese chemischen Substanzen unersetzbare Produktionsmittel für die Bodennutzung sind und vieles dafür spricht, daß sie in Zukunft in noch stärkerem Maße für diesen Zweck verwendet werden. Das jetzt schon weite Arbeitsfeld der Rückstandsforschung, die sich mit diesem Problem beschäftigt und die heute als ein elementarer Bestandteil der Entwicklung chemischer Präparate für die Land- und Forstwirtschaft anzusehen ist, wird deswegen an Umfang in Zukunft noch zunehmen.

Es erschien deswegen dem Herausgeber dieser Schriftenreihe sinnvoll, einen Überblick über den gegenwärtigen Stand und die Entwicklungstendenzen auf dem Gebiet des Einsatzes von Pestiziden im weitesten Sinne zu geben. Ein solcher Überblick dürfte besonders dazu angetan sein, die Rückstandsforschung jetzt und in Zukunft in das richtige Licht zu stellen.

Massenvermehrungen von Schädlingen, Krankheiten und Unkräutern sind eine natürliche und naturgemäße Erscheinung in künstlich durch Menschenhand geschaffenen Reinkulturen mit hochgezüchteten und meist anfälligen Sorten. Das dokumentiert sich in besonders ausgeprägtem Maße in den ausgedehnten Monokulturen mit häufig standortsfremden Pflanzenarten, die es erst möglich machen, die begrenzten Landreserven ohne eine untragbare Steigerung des Arbeitsaufwandes voll auszunutzen, gilt aber grundsätzlich für jeden, auch noch so kleinen Reinbestand. Diese Massenkalamitäten werden im Falle der Krankheiten und Schädlinge durch die Schaffung optimaler Lebensmöglichkeiten, unter denen das überreiche einseitige Nahrungsangebot von besonderer Wichtigkeit ist, ausgelöst. Ganz allgemein gilt, daß einem massierten Anbau einer Kulturpflanze eine Massenvermehrung der entsprechenden Parasiten parallel läuft. Ihre Wirkung ist insofern naturgemäß, als sie eine Art Selbstregulierung darstellt, die befähigt ist, den ursprünglichen Naturzustand wiederherzustellen.

Reinkulturen sind aber aus landbautechnischen und wirtschaftlichen Gründen notwendig. Die Aufgabe des Pflanzenschutzes besteht darin, diese Form der Bodennutzung nicht nur daseinsfähig zu erhalten, sondern sie darüber hinaus zu höchstmöglichen Erträgen zu bringen.

Wenn man von diesem heute allgemein anerkannten Tatbestand ausgeht, dann wird deutlich, daß das Schwergewicht der Verhütung von Schäden, die durch Massenvermehrungen ausgelöst werden, auf der direkten Bekämpfung der Schadenserreger zu liegen hat. Diese Schlußfolgerung bedeutet keineswegs eine Abwertung der prophylaktisch wirkenden, die Prädisposition der Pflanzen herabsetzenden Hygienemaßnahmen. Diese sind jedoch nicht in der Lage, die oben kurz skizzierte Sachlage im Prinzip zu ändern. Das gilt auch für eine der wichtigsten pflanzenbaulichen Vorbeugungsmaßnahmen, den Fruchtwechsel. Eine Sonderstellung nimmt die

Pflanzenzüchtung ein, soweit ihr Zuchtziel auf Resistenz, Toleranz oder Immunität ausgerichtet ist. Ihr sind jedoch Grenzen gesetzt.

Von den Möglichkeiten zur Bekämpfung von Massenvermehrungen, den biologischen, mechanischen, und chemischen Maßnahmen, erwiesen sich — von einzelnen Spezialfällen abgesehen — die chemischen Methoden als die bei weitem wirksamsten. Erst mit ihrer Hilfe wurde es möglich, ausgesprochene Katastrophen in der Land- und Forstwirtschaft zu verhüten.

Beschränkte sich zunächst die Anwendung chemischer Substanzen darauf, solchen Katastrophen zu begegnen, so dehnte sie sich von hier aus wegen ihrer überzeugenden Wirkung auch auf Indikationen aus, bei denen es sich um ertrags- und qualitätsmindernde Schadensursachen handelte. Dies wurde um so mehr möglich, je intensiver die Forschungsarbeiten über die Biologie und Epidemiologie der Krankheitserreger, Schädlinge und Unkräuter einerseits und über die Entwicklung neuer Bekämpfungsmittel und -geräte andererseits betrieben wurden. Als Ergebnis dieser beiden sich sinnvoll ergänzenden Arbeitsrichtungen verfügt die Schädlings- und Unkrautbekämpfung über einige Hundert bearbeitete chemische Wirkstoffe, für deren Einsatz geeignete Hilfsmittel vorhanden sind (Tabelle I).

Tabelle I. *Zahl der Wirkstoffe in den zugelassenen Pflanzenschutzmitteln*

Wirkstoffe [a]	USA [b]	Deutschland [c] (Bundesrepublik)	Österreich [d]	Holland [e]
Insektizide (einschl. Insekten-Repellents)	ca. 150	70—80	ca. 60	ca. 60
Fungizide	ca. 130	ca. 30	ca. 30	ca. 50
Herbizide, Defoliants, Wuchsstoffe, und Keimhemmungsmittel	ca. 100	ca. 40	ca. 40	ca. 45
Nematizide	ca. 10	ca. 10	ca. 5	ca. 10
Sonstige (Rodentizide, Tier-Repellents, Vogelbekämpfungsmittel, Schneckenbekämpfungsmittel, Fischbekämpfungsmittel)	ca. 30	ca. 15	ca. 10	ca. 15

a Bei den Fungiziden ist zu beachten, daß in Deutschland, Österreich und Holland die Gruppe der quecksilberhaltigen Fungizide in den Mittelverzeichnissen nicht nach einzelnen Wirkstoffen aufgeschlüsselt wird, in den USA hingegen sind in der Gesamtzahl der Fungizide die einzelnen Quecksilberverbindungen enthalten. Ähnliches gilt für die unter obiger Gruppe „Sonstige" auftauchenden Tier-Repellents, diese werden in den USA genau deklariert, während sie in den europäischen Mittelverzeichnissen zum Teil nur gruppenweise zusammengefaßt werden.

b Frear, D. E. H.: Pesticide Handbook, 15. Auflage. State College, Pennsylvania, S. 264—301 (1963); Johnson, O., N. Krog, und J. L. Poland: Pesticide CW report, part I: Insecticides, miticides, nematocides, rodenticides. Chem. Week 92, 117 (1963) (nur für Nematizide benutzt).

c Biologische Bundesanstalt für Land- und Forstwirtschaft in Braunschweig: Pflanzenschutzmittelverzeichnis 1963, Merkblatt 1 (16. Auflage) der BBA, 1963, 71 S. und Nachtrag Nr. 1.

d Bundesanstalt für Pflanzenschutz, Wien: Amtliches Pflanzenschutzmittelverzeichnis und Pflanzenschutzgeräteverzeichnis 1963. Der Pflanzenart 16 (1963), 1. Sondernummer 43 S.

e Landbouwgids 1963, Utrecht 1963, und Tuinbouwgids 1963, Den Haag 1963.

Es dürfte wohl kaum eine Nutzpflanze geben, bei deren Kultur nicht regelmäßig oder zumindest doch gelegentlich chemische Mittel zur Bekämpfung von Schädlingen und Unkräutern eingesetzt werden. Die Auswirkungen dieses sich ständig erweiternden Einsatzes chemischer Mittel in der Bodennutzung erstrecken sich nicht nur auf erhöhte Ernteerträge, sondern auch auf eine Verbesserung der Ernteprodukte. Es gehört zur Selbstverständlichkeit in gut geführten Betrieben, daß Ausfälle nach Quantität und Qualität der Ernten durch viele wichtige Schädlinge und Unkräuter nicht mehr vorkommen.

II. Haupteinsatzgebiete der verschiedenen Pestizid-Gruppen

Die Breite des Einsatzes der verschiedenen Pestizid-Gruppen mag anhand einiger markanter Beispiele demonstriert werden.

a) Fungizide

Präparate zur Bekämpfung von Pflanzenkrankheiten gehören mit den Insektiziden zu den ältesten Pflanzenschutzmitteln. Die Gründe hierfür liegen darin, daß eine Reihe von Mykosen schwerste Ertragsausfälle verursachten und gelegentlich sogar die Existenz der betroffenen Kultur insbesondere dann gefährdeten, wenn es sich um eingeschleppte Krankheitserreger handelte, die bekanntlich seit der Mitte des 19. Jahrhunderts häufig mit vernichtender Heftigkeit auftraten.

Von der Erkenntnis, daß dem früher immer wieder verheerenden Auftreten des Weizensteinbrandes *(Tilletia tritici)* durch Abtötung der am Samen haftenden Pilzsporen mit Hilfe von Fungiziden erfolgreich begegnet werden kann, ging eine der wichtigsten Pflanzenschutzmaßnahmen, die Saat- und Pflanzgutbeizung, aus. Denn bald wurde festgestellt, daß zahlreiche Krankheiten, insbesondere solche der keimenden Pflanzen, über das Saat- und Pflanzgut übertragen werden. Die Saatgutbeizung ist eine der am regelmäßigsten durchgeführten chemischen Pflanzenschutzmaßnahmen bei den meisten Kulturpflanzen.

Ebenso kann die Anwendung von Fungiziden als Spritz- und Stäubemittel zur Bekämpfung von Mykosen am Sproß auf eine relativ lange Vergangenheit zurückblicken und große Erfolge aufweisen. Sie wurde ausgelöst durch die rein zufällig festgestellte Wirkung des Kupfersulfats auf die Rebenperonospora *(Plasmopara viticola)* durch Millardet im Jahre 1882 (Horsfall 1956). Mit den im Laufe der letzten Jahrzehnte entwickelten und dem Pflanzenschutz heute verfügbaren Blattfungiziden ist es möglich, die wichtigsten Pilzkrankheiten zuverlässig zu bekämpfen. Aus der Fülle der ökonomisch bedeutsamen Mykosen seien genannt: der Apfel- und Birnenschorf *(Venturia inaequalis, V. pirina)* und der Apfelmehltau *(Podosphaera leucotricha)* im *Obstbau,* die Rebenperonospora *(Plasmopara viticola),* der Rote Brenner *(Pseudopeziza tracheiphila)* und der echte Mehltau *(Uncinula necator)* im *Weinbau,* der falsche Mehltau *(Pseudoperonospora humuli)* im *Hopfenbau,* die Brusone-Krankheit *(Piricularia oryzae)* im *Reisbau* und die Sigatokakrankheit der Banane *(Mycosphaerella musicola).*

Die Zahl der heute verwendeten und in aussichtsreicher Entwicklung befindlichen Fungizide darf man mit insgesamt etwa 150 beziffern. Sie sind teils anorganischer, teils synthetisch-anorganischer und synthetisch-organischer Natur, teils werden sie, wie die Antibiotika, aus Mikroorganismen gewonnen.

b) Insektizide

Schon lange ist den Naturvölkern die Wirkung verschiedener Pflanzeninhaltsstoffe auf Insekten bekannt. Dieser Kenntnis bediente man sich dann auch frühzeitig bei der Bekämpfung schädlicher Insekten in der Bodennutzung. Das um so mehr, je wirksamere und billigere Insektizide entwikkelt wurden. Während die Fungizide etwa 25 Prozent der insgesamt verbrauchten Pflanzenschutzmittel ausmachen, beträgt zur Zeit der Insektizidanteil fast 50 Prozent. Darin spiegelt sich einmal die große Bedeutung der Insekten als Schädlinge in der Bodennutzung wider, andererseits werden hier aber auch die gewaltigen Erfolge deutlich, die in den letzten Jahren gerade auf dem Gebiet der Insektizidforschung zu verbuchen sind. Die Zahl der heute im Handel befindlichen bzw. kurz vor Abschluß der Entwicklung stehenden Wirkstoffe dürfte bei etwa 200 liegen.

Mit Hilfe der verfügbaren Präparate ist es heute möglich geworden, die wichtigsten saugenden und beißenden Schädlingsarten, deren Zahl von ca. 5000 eher zu niedrig als zu hoch geschätzt ist, zu bekämpfen. Darüber hinaus ist es mit Hilfe der systemischen Insektizide erstmals möglich geworden, über die Bekämpfung der Vektoren einigen durch persistente Viren verursachten Krankheiten an annuellen Kulturen, wie der Blattrollkrankheit der Kartoffel und der Vergilbungskrankheit der Rüben erfolgreich zu begegnen. Der Einsatzbereich der Insektizide erstreckt sich auf praktisch alle Kulturpflanzen der gemäßigten, subtropischen und tropischen Zonen. Im Gegensatz zu den Fungiziden, die meist gegen einen bestimmten Erreger in einem bestimmten Pflanzenbestand eingesetzt werden, wird von den Insektiziden sehr häufig bei der Anwendung ein breiteres Wirkungsspektrum wegen des gleichzeitigen Auftretens verschiedener Schädlinge in Anspruch genommen. So wird bei einer Reihe von Intensivkulturen, wie Obst, Wein, Hopfen, Baumwolle, Reis, Zitrus usw., eine Polytoxizität der Wirkstoffe verlangt. Meist wird die kombinierte Wirkung auf saugende und beißende Schädlinge gefordert, häufig ist dazu noch eine akarizide Potenz erwünscht.

Von den heute kaum noch zu übersehenden Indikationen für Insektizide mögen einige besonders wichtige genannt sein, um die Bedeutung dieser Wirkstoffgruppe für die Bodennutzung zu demonstrieren: von den polyphagen Schädlingen weltweiter Bedeutung, wie den Heuschrecken, den Bodeninsekten (Drahtwürmer, Engerlinge), den Spinnmilben, Blattläusen, Schildläusen, Zikaden, und Thripsarten abgesehen, seien noch genannt: im *Baumwollbau* Kapselkäfer und Kapselraupen, im *Reis* und *Mais* Stengelbohrer, im *Kartoffelbau* der Coloradokäfer *(Leptinotarsa decemlineata)*, im *Rübenbau* Rübenfliege *(Pegomyia hyoscyami)* und verschiedene Käferarten, im *Ölfruchtbau* Rapsglanzkäfer *(Meligethes aeneus)* und Kohlschotenrüßler *(Ceutorrhynchus assimilis)*, im *Gemüsebau* Dipteren und Raupen, im *Obst-*

bau neben der Obstmade *(Carpocapsa pomonella)* verschiedene Raupenarten, im *Weinbau* Traubenwickler *(Clysia ambiguella, Polychrosis botrana)* und verschiedene Raupen- und Käferarten, im *Kaffee* der Kaffeekirschenkäfer *(Stephanoderes hampii)*, im *Tee* Raupen- und Wanzenarten, im *Kakao* Raupen, Wanzen und Schmierläuse, im *Bananenanbau* Käferarten, im *Citrusbau* Fruchtfliegen, im *Olivenbau* Olivenfliege *(Dacus oleae)* und Olivenmotte *(Prays oleellus)* und in der Forstwirtschaft zahlreiche Raupen-, Käfer- und Blattwespenarten. Aber nicht nur bei der Erzeugung, sondern auch bei der Lagerung pflanzlicher Substanz spielen Insekten als Schädlinge eine bedeutende Rolle.

Die heute verwendeten Insektizide sind vorwiegend synthetisch-organischer Natur. Daneben stehen aber noch anorganische Wirkstoffe sowie pflanzliche und mikrobielle Substanzen zur Verfügung.

c) Herbizide und Wuchsstoffe

Die Herbizidforschung ist in den letzten Jahren besonders intensiv betrieben worden. Wenn auch schon seit langem die Anwendung von Kalkstickstoff, Kainit und Kupfermitteln als selektive Unkrautbekämpfungsmittel im Getreidebau bekannt ist, so erfuhr doch die Herbizidforschung entscheidende Impulse durch die Erkenntnis, daß substituierte Phenoxyfettsäuren mit Wuchsstoffcharakter als selektive Herbizide mit bestem Erfolg in Getreidebeständen eingesetzt werden können. Die damit erzielten Ertragssteigerungen in Verbindung mit den arbeits- und maschinentechnischen Vorteilen veranlaßten die Forschung, die Entwicklung von Unkrautbekämpfungsmitteln auch für andere Kulturpflanzen mit aller Intensität zu betreiben. Man darf sagen, daß kaum eine Kulturmaßnahme in den letzten Jahrzehnten einen so entscheidenden Einfluß auf die Gestaltung der Landwirtschaft ausgeübt hat, wie die chemische Unkrautbekämpfung. Am deutlichsten beweist das die Möglichkeit der selektiven Unkrautbekämpfung im Mais- und im Hackfruchtbau.

Besonders interessante Perspektiven ergeben sich für den Herbizideinsatz — in diesem Falle des DNOC — im Pflanzkartoffelbau. Nach neueren Untersuchungen kann bei Herbizideinsatz auf die Bodenbearbeitungsmaßnahmen im Pflanzenbestand verzichtet werden. Es wurde nämlich festgestellt, daß die durch Bodenbearbeitung erzielte Bodenlockerung praktisch keinen wesentlichen Effekt auf das Wachstum der Kartoffelpflanzen hat, vielmehr liegt der Haupteffekt der Bodenbearbeitung in der Vernichtung der Unkräuter. Diese Unkrautvernichtung kann aber in gleicher Weise durch den Einsatz von DNOC erzielt werden.

Hinzu kommt, daß beim Herbizideinsatz die Gefahr einer mechanischen Übertragung des *X*- und des *Y*-Virus, die bei normaler Bodenbearbeitung gegeben ist, wesentlich gemindert wird (Becker 1962).

Heute werden bereits in großem Umfange Herbizide eingesetzt im Getreidebau einschließlich Mais und Reis, im Kartoffel- und Rübenbau, im Gemüsebau, bei Leguminosen einschließlich Luzerne, in Lein, auf Grünland, im Forst-, im Obst-, Wein- und Citrusbau, im Baumwollbau, in Zukkerrohr usw. Darüber hinaus verwendet man nicht selten in der Bodennutzung sogenannte Totalherbizide zur Vernichtung schwer bekämpfbarer Unkräuter auf stark verunkrauteten Flächen, bei der Neulandkultivierung sowie auf Wegen, Bahndämmen und Industriegelände. Schließlich werden sie bei der Entkrautung von Ent- und Bewässerungsgräben eingesetzt.

Die schon genannten substituierten Phenoxyfettsäuren sowie Abkömmlinge der Naphthylessigsäure werden außer als Herbizide auch als Mittel zur Fruchtausdünnung (Bömeke 1961) — mit dem Ziel der Brechung der Alternanz zur Schaffung gleichmäßiger Erträge — und zur Verhütung des Fruchtfalls (Curtis 1961, Hoffmann 1961) im Obstbau sowie zur Erzeugung parthenokarper Früchte — etwa im Tomatenanbau — eingesetzt.

Zum erweiterten Komplex der Herbizide werden auch die Defoliants für den Baumwollbau und die Desiccants für Samenrüben, Hirse, Sojabohnen, Luzerne, und Klee gezählt. Sie dienen der Erleichterung und der Möglichkeit des Einsatzes von Maschinen bei der Ernte. Zur Zeit dürften die Herbizide bereits 25 Prozent des gesamten Pflanzenschutzmittelverbrauches einnehmen und damit an Bedeutung den Fungiziden entsprechen. Die Prognose geht dahin, daß sie in Zukunft den größten Anteil an Pflanzenschutzmitteln einnehmen werden.

Ihre Zahl einschließlich der in Entwicklung befindlichen Wirkstoffe dürfte sich auf mindestens 150 belaufen.

Die heute bekannten Wirkstoffe sind synthetisch-organischer und anorganischer Natur. Eine Sonderstellung nimmt das Gibberellin als Produkt pilzlicher Herkunft ein.

d) Nematizide

Die zunehmende Verengung der Fruchtfolge hat die Verseuchung der Böden mit Nematoden außerordentlich begünstigt. Wenn auch durch eine Erweiterung der Fruchtfolge dieser Entwicklung speziell bei monophagen Nematodenarten entgegengewirkt werden kann, so sind diesem Wege doch aus agrarpolitischen und betriebswirtschaftlichen Gründen Grenzen gesetzt, unabhängig davon, daß er gegen polyphage Arten nur bedingten Wert besitzt. Es versteht sich deshalb, daß das Problem der Entseuchung des Bodens als der am vorteilhaftesten erscheinenden Gegenmaßnahme an die biologisch-chemische Forschung herangetragen wurde. Diese hat sich aber erst in den letzten Jahren eingehender mit der Entwicklung von Nematiziden beschäftigt, nachdem durch die besonders in der Nachkriegszeit erheblich intensivierte Erforschung der biologischen Grundlagen die Voraussetzungen für eine systematische Arbeit geschaffen waren. Hierzu kam die durch systematische Erhebungen über den Umfang des Auftretens parasitärer Nematoden untermauerte Erkenntnis, daß es sich hier um eine Aufgabe handeln würde, für deren Lösungen Aufwendungen vertretbar sind. Wenn auch heute bereits verschiedene Mittel zur Verfügung stehen, so befindet sich doch dieser neue Forschungszweig erst in den Anfängen. Auch der Umfang des Einsatzes von Nematiziden ist noch, verglichen mit den Fungiziden, Insektiziden und Herbiziden gering. Daran wird sich wesentliches auch erst dann ändern, wenn es gelingt, die durch die heute noch erforderlichen hohen Präparatmengen bedingten Kosten nennenswert zu senken. Vorerst beschränkt sich die Nematizidanwendung auf hoch intensive

Kulturen mit entsprechend hohen Geldeinnahmen, wie Gemüse, Zierpflanzen und Baumschulen und hier bevorzugt auf Saatbeete und Gewächshäuser. Sie richtet sich in erster Linie gegen Wurzelgallennematoden (*Meloidogyne* spec.) und freilebende Wurzelnematoden als Großschädlinge. Eine nennenswerte Bekämpfung der zystenbildenden Arten (*Heterodera* spec.) erfolgt noch nicht. Doch ergibt sich hierfür mehr und mehr eine zwingende Notwendigkeit.

Die Zahl der verfügbaren und bearbeiteten Wirkstoffe dürfte bei etwa 20 liegen. Sie sind synthetisch-organischer Natur.

e) Rodentizide und Vogelabwehrmittel

Mittel zur Bekämpfung schädlicher Nagetiere werden schon seit langem angewendet, sowohl in Verbindung mit Ködern als auch als Vergasungsmittel und neuerdings auch als Spritzpräparate zur Flächenbehandlung. Sie werden vor allem bei Beginn ausgesprochener Plagen eingesetzt, wie sie insbesondere typisch für Feldmäuse sind. In manchen Gebieten erfolgt aber auch eine regelmäßige Bekämpfung vorwiegend der Wühlmäuse und der Taschenratten *(Geomyidae).*

Zu dieser Gruppe von Schädlingsbekämpfungsmitteln gehören auch Präparate mit Repellentwirkung zwecks Verhütung von Vogelfraß und solche mit toxischer Wirkung auf schädliche Vögel. Letztere werden neuerdings in Gebieten eingesetzt, in denen durch Einfall riesiger Schwärme von Vögeln in die Kulturpflanzenbestände Totalschäden eintreten können. Das ist z. B. in verschiedenen Landstrichen in Afrika durch die Webervögel *(Ploceidae)* und auch in Südamerika durch andere Vogelarten nicht selten der Fall.

Die Zahl der für die genannten Zwecke verwendbaren Mittel dürfte etwa bei 20 liegen. Es handelt sich dabei sowohl um metallische Gifte als auch um organische Verbindungen synthetischer Natur oder pflanzlicher Herkunft.

III. Ökonomische und biologische Faktoren, die den Einsatz von Pestiziden bestimmen

Es ist nun nicht nur interessant, sondern auch für die konstruktive Weiterarbeit wichtig, sich ein klares Bild von den Gründen zu verschaffen, die die Bodennutzung dazu veranlassen, sich in ständig zunehmendem Maße chemischer Mittel zu bedienen. Ganz allgemein darf gesagt werden, daß sie produktionstechnischer und ökonomischer Natur sind. Über die wichtigsten Gründe läßt sich im einzelnen folgendes sagen.

a) Zuverlässige Wirkung und damit sichere Verzinsung des investierten Kapitals

Die heute zur Anwendung gelangenden Mittel sind in aller Regel im Anschluß an eingehende Untersuchungen durch die Hersteller noch einer sorgfältigen, mehrjährigen Prüfung durch neutrale amtliche Stellen unterzogen und auf Grund der ermittelten Befunde für bestimmte Zwecke als geeignet befunden und anerkannt worden. Es läßt sich deswegen mit einer für die Wirkung landwirtschaftlicher Produktionsmittel höchstmöglichen Zuverlässigkeit voraussagen, daß der zu erwartende Effekt eintritt. Im Falle der Pestizide bedeutet das, daß der zu bekämpfende Parasit abgetötet und dadurch keine Minderung der Ernte nach Qualität und Quantität verursacht wird. Das ist von um so größerer wirtschaftlicher Bedeutung, je intensiver die Bodennutzung betrieben wird, je höher also der Aufwand an Arbeit und Kapital ist. Denn je höher die Vorleistungen sind, um so größer sind die ökonomischen Einbußen, wenn plötzlich ein Massenauftreten von Krankheiten und Schädlingen — das klassische Beispiel sind die Heuschrecken — stattfindet. Eine wesentliche Aufgabe der Bekämpfungsmittel besteht darin, die Rentabilität aller anderen Aufwendungen sicherzustellen.

b) Keine Änderung der Betriebsorganisation

Im Gegensatz zu vielen oekologischen Maßnahmen erfordert der Einsatz chemischer Mittel *keine Änderung der Betriebsorganisation,* sondern lediglich eine Erweiterung der laufenden Betriebsführung. So ist jede Änderung der Fruchtfolge mit tiefgreifenden Wandlungen der Gestalt eines Betriebes verbunden. Eine Reduzierung des Zuckerrübenanbaues, etwa aus Gründen des Auftretens der Rübennematoden *(Heterodera schachtii)* oder des Rübenkopfälchens *(Ditylenchus dipsaci),* hat notwendigerweise Einfluß auf die Viehhaltung, indem früher im eigenen Betrieb erzeugtes Futter, wie Rübenblätter und Schnitzel, zugekauft oder der Viehbestand reduziert werden muß. Im Falle des Einsatzes eines Bekämpfungsmittels dagegen kann die bestehende Betriebsorganisation erhalten bleiben. Die betriebswirtschaftliche Bedeutung dieser meist unterbewerteten Nebenwirkung von direkten Bekämpfungsmaßnahmen wird verständlich, wenn man sich den auf die vorhandenen Anbauverhältnisse ausgerichteten Maschinen- und Gerätepark und außerdem den Vorfruchtwert der Rübe etwa für den Weizenbau vergegenwärtigt.

c) Die zunehmende Verbilligung der Pestizide

Die chemischen Mittel sind nicht nur real, sondern auch im Verhältnis zu den Agrarprodukten laufend billiger geworden. Das ergibt sich aus den Tabellen II, III, und IV. Tabelle II demonstriert am Beispiel des 2,4-D und des DDT, wie stark real die Preise rückläufig sind.

Tabelle II. *Wie stark real die Preise rückläufig sind*

Pestizid[a]	cents/pound	
	1951	1960
2,4-D techn. . .	55,—	40,—
DDT	46,30	23,—

[a] (Agricultural Statistics 1961, S. 495. Washington, D. C. 1962.) Die in den Tabellen III und IV aufgeführten Werte sind dem *Statistischen Jahrbuch über Ernährung, Landwirtschaft und Forsten* 1962, Hamburg und Berlin 1963, S. 233 bzw. 228, entnommen.

Diese Werte demonstrieren in überzeugender Weise, daß die Pflanzenschutzmittel — wie übrigens auch die Treib- und Brennstoffe — sowohl gegenüber den anderen landwirtschaftlichen Betriebsmitteln als auch gegenüber den Erzeugerpreisen für landwirtschaftliche Produkte einen sehr viel geringeren Preisanstieg zu verzeichnen haben.

Tabelle III. *Index der Einkaufspreise landwirtschaftlicher Betriebsmittel*

Betriebsmittel	Jahr	
	1938/39	1961/62
Handelsdünger	100	198
Futtermittel	100	221
Saatgut	100	269
Treib- und Brennstoffe	100	141
Allg. Wirtschaftsunkosten	100	182
Unterhaltung der Gebäude	100	320
Unterhaltung der Maschinen	100	261
Pflanzenschutzmittel	100	136
Waren und Dienstleistungen für die laufende Produktion sowie Neubauten und Maschinen insgesamt	100	218

Tabelle IV. *Index der Erzeugerpreise landwirtschaftlicher Produkte*

Produkte	Vergleich	
	1938/39	1961/62
Getreide- und Hülsenfrüchte	100	208
Hackfrüchte	100	251
Öl- und Faserpflanzen	100	206
Heu und Stroh	100	157
Genußmittelpflanzen	100	310
Obst	100	192
Gemüse	100	308
Weinmost	100	155
Saatgut	100	190
Pflanzliche und tierische Produkte insgesamt	100	220

d) Die Verteuerung der Arbeitskraft und der Hang zu bequemerer Arbeit

Diese sind eine der wichtigsten Gegebenheiten in der landwirtschaftlichen Produktion. Eine Vorstellung von der Verteuerung der Arbeitskraft ergeben die in Tabelle V aufgeführten Vergleiche zwischen den Tarif-

Tabelle V. *Tariflöhne in der Landwirtschaft*

Arbeiter	Vergleich (Stundenlöhne)	
	1938	1961/62
Spezial-Arbeiter	100	374
Landarbeiter (schwere Arbeiten)	100	392
Landarbeiter (leichte Arbeiten)	100	453

löhnen in der Landwirtschaft 1938 und 1961/62, die wiederum dem *Statistischen Jahrbuch über Ernährung, Landwirtschaft und Forsten* 1962, S. 238 entstammen.

Es soll nicht nur mit weniger Menschen, sondern auch mit verkürzter Arbeitszeit das gleiche geleistet werden. Darüber hinaus sind die Menschen bequemer und anspruchsvoller geworden. Sie lehnen die mühsamen Hack- und Pflegearbeiten auf dem Felde weitgehend ab. Dieser Umstand hat wesentlich mit dafür gesorgt, daß der Umfang der Anwendung von Herbiziden so sehr zugenommen hat und aller Voraussicht nach relativ noch stärker zunehmen wird als der Einsatz der übrigen Pestizide.

e) Die Motorisierung und Mechanisierung der Landwirtschaft

Die sich immer stärker auswirkende Mechanisierung der Bodennutzung und Pflege der Saaten als Folge des Arbeitskräftemangels einerseits und die allgemeine Tendenz zur Rationalisierung der Produktionsvorgänge andererseits liefert zwar ein schnelleres, aber häufig auch nicht gleich sorgfältiges Ergebnis wie die Handarbeit. Hinzu kommt noch das Problem des Schlepper- und Maschinendruckes auf den Boden mit der Folge von Bodenverdichtungen. Dadurch wird, wie nachgewiesen werden konnte, die Verunkrautung gefördert. Auf der anderen Seite verlangt der Einsatz mancher Geräte, insbesondere des Mähdreschers, möglichst saubere Getreidebestände. Allein diese Gründe sind von entscheidender Bedeutung dafür, daß die chemische Unkrautbekämpfung immer stärker vorangetrieben wird.

Darüber hinaus sind verschiedene hochleistungsfähige Erntemaschinen erst dann voll befriedigend einsatzfähig, wenn die Pflanzenbestände entsprechend präpariert wurden. Das gilt z. B. für die Baumwollpflückmaschinen, deren Einsatz eine vorherige Entblätterung der Pflanzen mit sogenannten Defoliants zweckmäßig erscheinen läßt. Auch die maschinelle Samengewinnung bei Rüben, Klee und anderen Leguminosen ist bekanntlich um so besser, je ausgereifter die Pflanzen sind. Um das zu beschleunigen, werden sogenannte Desiccants angewendet. Der Prozeß der Mechanisierung vieler Arbeitsvorgänge in der Landwirtschaft ist keineswegs abgeschlossen. Neue Maschinen, die bessere Arbeit leisten als die alten, treten an deren Stelle. Die Erfahrung hat aber gelehrt, daß jede Änderung von Wirtschaftsmaßnahmen irgendeine Folgeerscheinung nach sich zieht und daß die Belange des chemischen Pflanzenschutzes dabei sehr häufig berührt werden.

f) Die Zunahme der Krankheiten und Schädlinge

Effektiv hat im Laufe der letzten Jahrzehnte die Zahl der Krankheiten und Schädlinge zugenommen. Dies wurde ausgelöst einmal dadurch, daß Parasiten von Wildpflanzen auf Kulturpflanzen übergingen (falscher Mehltau des Hopfens, Vergilbungskrankheit der Rübe), und zum anderen durch Einschleppung von Krankheiten und Schädlingen im Rahmen des internationalen Güteraustausches. Gerade der letztgenannte Prozeß hat unter dem Einfluß des modernen Weltverkehrs dazu beigetragen, daß die Elemente der Fauna und Flora zwischen Ländern und Kontinenten immer intensiver ausgetauscht werden. So sind in den USA mindestens die Hälfte der schädlichen Insekten fremden Ursprungs.

Überzeugende Beispiele sind unter anderem:

im Weinbau der echte und der falsche Mehltau, der aus Amerika nach Europa verschleppt wurde;

der aus Japan stammende falsche Mehltau des Hopfens *(Pseudoperonospora humuli)* und

die aus Nordchina stammende San José-Schildlaus;

die endgültige Einschleppung des Kartoffelkäfers *(Leptinotarsa decemlineata)* aus den USA auf den europäischen Kontinent während des ersten Weltkrieges (Braun und Riehm 1952);

die Einschleppung des Weißen Bärenspinners *(Hyphantria cunea)* aus den USA nach Ungarn im Jahre 1940 und dessen Ausbreitung auf die angrenzenden Länder (Fischer und Zesewitz 1962);

das starke Auftreten der Phytophthora-Kraut- und -Knollenfäule in den Jahren 1843 und 1844 in Nordamerika und die darauffolgende, im Jahre 1845 beginnende, schlagartige Ausbreitung in den Kartoffelanbaugebieten Europas, die ja bekanntlich in Irland zu Hungersnöten führte, in deren Gefolge eine starke Auswanderungswelle nach Nordamerika einsetzte (Sorauer 1928) und

die Einschleppung des Tabakblauschimmels *(Peronospora tabacina)* aus Australien nach England im Jahre 1957 und die schnelle katastrophale Ausbreitung der Krankheit auf dem europäischen Kontinent, beginnend im Jahre 1959, ist ein Beispiel neueren Datums (Klinkowski 1962).

Diese Epidemien, die neu in ein Gebiet einbrechen, greifen in der Regel in den ersten Jahren verheerend um sich, um sich dann erst langsam auf einen konstanten Wert einzupendeln und den Charakter endemischer, von alters her in einem Gebiet heimischer Seuchen anzunehmen. Dieser Prozeß kommt erst dann zum Abschluß, wenn die Gegenspieler der Seuche wirksam geworden sind. Das aber kann lange Zeit beanspruchen.

g) Die Vereinfachung der Fruchtfolge

Die im wesentlichen aus dem Mangel an Arbeitskräften resultierende Notwendigkeit zur Mechanisierung der Arbeitsvorgänge in der Bodennutzung bringt zwangsläufig das Problem mit sich, dafür zu sorgen, daß sich die angeschafften Maschinen baldmöglichst bezahlt machen. Das ist bekanntlich um so eher der Fall, je häufiger die Geräte eingesetzt werden. Das aber wiederum ist eine Frage des Anbaues der diesen Maschinen zugänglichen Nutzpflanzen, fördert also die Monokultur und den anbaumäßig einseitig ausgerichteten Betrieb. Je einseitiger die Bodennutzung, um so besser die Verzinsung eines nach wenigen Schwerpunkten ausgerichteten Maschinenparkes. Einseitige Bodenbewirtschaftung führt zu Massenvermehrungen, denen der Fruchtwechsel entgegenwirkt. Chemischen Mitteln wird diese neue Last aufgebürdet. Die Zunahme des Weizenanbaues hat zu einer starken Zunahme von *Ophiobolus graminis, Cercosporella herpotrichoides,* und der Brachfliege geführt. Hinzu kommt die erst neuerdings erkannte Möglichkeit, die Wirkung einer guten Vorfrucht durch den Einsatz von Herbiziden noch zu verbessern. Z. B. ist es möglich, Grünland (Kleegrasgemenge) für die Einsaat des nachfolgenden Weizens nicht umzupflügen, sondern die Grasnarbe mit Hilfe von Aminotriazol abzutöten. Die nach drei- bis vierjährigem Anbau des Kleegrasgemisches direkt unter der Grasnarbe angereicherte organische Substanz und die Verbesserung der Krümelstruktur bleiben bei diesem Verfahren — im Gegensatz zum Umpflügen — in hohem Maße erhalten (Arnott und Clement 1962).

h) Erhöhte Forderungen an die Qualität der Ernteprodukte

Die Ansprüche des Verbrauchers an die äußere Qualität, Haltbarkeit, Transport- und Lagerfähigkeit der Lebensmittel werden immer höher. Die Landwirtschaft kann sich diesen Forderungen nicht verschließen. Sie muß die angebotenen Waren den Wünschen der Verbraucher anpassen. Anderenfalls erleidet sie Verluste. So ist schorfiges Obst praktisch nicht mehr verkäuflich, besonders nicht in Jahren mit einem hohen Angebot. Auch werden für schlecht ausgefärbte Früchte niedrigere Preise bezahlt. Der Erzeuger ist also nur dann voll wettbewerbsfähig, wenn er die Forderung des Marktes nach einwandfreier Ware erfüllt. Das zwingt ihn also, sich der chemischen Pflanzenschutzmittel zu bedienen. Denn nur mit ihrer Hilfe ist es möglich, Parasiten, die wie der Schorf oder andere Fruchtschädlinge die äußere Qualität mindern, auszuschalten und sich der jeweils gegebenen Marktsituation anzupassen. In die gleiche Richtung zielt der Einsatz von Krautabtötungsmitteln im Kartoffelbau als Maßnahme zur Erzeugung gesunden Pflanzgutes und der Herbizideinsatz zur Verbesserung der Zusammensetzung der Grünlandflora (Kabiersch 1963, Kay 1963).

i) Erhöhte Anfälligkeit der Nutzpflanzen

Auch die Ansprüche an die innere Qualität der Ernteerzeugnisse steigen laufend. Die Pflanzenzüchtung bemüht sich besonders, dem Rechnung zu tragen und hat deswegen den Genußwert der Pflanzen als ein entscheidendes Zuchtziel aufgestellt. Dabei kommt es aber vielfach zwangsläufig dazu, daß die den Geschmack mindernden Inhaltsstoffe zurückgedrängt oder gar eliminiert werden, wie etwa die Bitterstoffe und Hartelemente. Diese Stoffe sind aber häufig Ursache einer mehr oder weniger ausgeprägten natürlichen Widerstandsfähigkeit gegen Krankheiten und Schädlinge. In ihrer Zurückdrängung liegt nicht selten die Erklärung dafür, daß die qualitativ hochwertigen Sorten empfindlicher sind als die robusten Landsorten. Sie bedürfen noch mehr als letztere eines direkten Schutzes mit Hilfe chemischer Mittel.

Diese den Einsatz chemischer Mittel in der Bodennutzung nicht nur begünstigenden, sondern vielfach sogar erzwingenden Faktoren wirken unverändert fort. Sie gestalten die Wirtschaftsweise der modernen Bodennutzung, die das tut, was sie nach Maßgabe der vorhandenen Arbeitskräfte und nach ökonomischen Erwägungen tun muß. Daß sich das nicht immer voll und ganz mit dem deckt, was nach Maßgabe biologischer Überlegungen richtig wäre, wird durchaus nicht verkannt. Das Streben geht deswegen auch dahin, einen technisch und ökonomisch vertretbaren Kompromiß ausfindig zu machen. Solange dieser aber nicht gefunden ist, werden wir bei dem geübten Verfahren bleiben müssen. Das um so mehr, als sich die Menschheit einen Rückgang der Ernteerträge nicht leisten kann, wie das bei der Betrachtung der Beziehungen zwischen Bevölkerungszunahme und Ernährung mit aller Deutlichkeit erkennbar ist. Gerade diese Frage ist heute angesichts der steten Vermehrung der Bevölkerung Gegenstand zahlreicher, teils allerdings auch spekulativer Betrachtungen. Tatsache ist aber, daß beim gegenwärtigen Wachstum von 160 000 Menschen pro Tag die Erdbevölkerung in 40 Jahren sich einmal verdoppelt, während zu Beginn des Jahrhunderts der Zuwachs von einer Milliarde Menschen noch 60 Jahre beanspruchte. Wenn auch theoretisch allein durch Kultivierung noch nicht genutzten Bodens die landwirtschaftliche Produktion auf das Vierfache erhöht werden kann, so besteht doch kein Zweifel, daß diese Neulandgewinnung großen praktischen Schwierigkeiten begegnet, die begründet sind in ungünstigen Boden-, Klima- und Arbeitsbedingungen. Dagegen wird die Möglichkeit zur Produktionssteigerung auf den bereits bebauten Flächen wesentlich günstiger beurteilt. Von den hierfür anwendbaren Methoden besitzt die Verhütung von Ertragsausfällen durch Krankheiten, Schädlinge, und Unkräuter eine besonders große Bedeutung, indem sie die elementare Voraussetzung jeder Intensivierung der Bodennutzung ist.

In einer eingehenden Untersuchung konnte dieser Einfluß der Schädlingsbekämpfung auf die Erhöhung der Flächenproduktion nachgewiesen werden. Dabei ergab sich zunächst, daß Pflanzenkrankheiten und Pflanzenschutz Standortsfaktoren in betriebswirtschaftlichem Sinne sind, d. h. daß sie selbständige, eigengesetzlich wirkende betriebsgestaltende Kräfte darstellen. Dieser Tatbestand war für die Untersuchung nach dem Einfluß der Pflanzenkrankheiten und des Pflanzenschutzes auf die Gestalt und die Gestaltung der Bodennutzung von fundamentaler Bedeutung.

Die Ergebnisse der Untersuchungen lassen sich in zwei Gesetzen zusammenfassen:

Zunehmende Ertragsausfälle wirken ebenso wie ein Sinken der Produktenpreise oder ein Steigen der Produktionsmittelpreise auf eine Extensivierung der Bodennutzung hin.
Steigende Fortschritte in der Verhütung dieser Verluste wirken ebenso wie ein Steigen der Produktenpreise bzw. ein Senken der Produktionsmittelpreise auf eine Intensivierung der Bodennutzung hin.

Diese Resultate sind zwingende Konsequenzen aus dem für die Bodennutzung schlechthin maßgebenden Gesetz vom abnehmenden Ertragszuwachs. In ihnen liegt letzterdings der Schlüssel zum Verständnis dafür, daß in der rationell betriebenen Bodennutzung durch die Fortschritte auf dem Gebiet der Schädlingsbekämpfung nicht nur quantitativ, sondern auch qualitativ hochwertigere Ernten produziert werden (UNTERSTENHÖFER 1956).

IV. Gründe für die Notwendigkeit weiterer Pestizidforschung

Wenn auch der Stand der Technik auf dem Gebiet der chemischen Produktionsmittel für die Bodennutzung hoch ist, so besteht doch eine zwingende Notwendigkeit zur Weiterarbeit. Die Gründe hierfür sind sehr vielfältiger Natur: einmal besitzen manche Wirkstoffe Eigenschaften, die nicht voll befriedigen oder gar als Nebenwirkungen unerwünscht sind. Zum anderen befinden sich die Probleme der Schädlingsbekämpfung in einem ständigen Wandel, indem jede Änderung der Kulturmaßnahmen im weitesten Sinne einschließlich der Schädlings- und Unkrautbekämpfung irgendeine Folgeerscheinung nach sich zieht, welche die Belange der Schädlingsbekämpfung im allgemeinen und die Eigenschaften der Bekämpfungsmittel im besonderen tangiert. Von ganz besonderer Bedeutung sind zwei Nebenwirkungen, die offenbar mit jeder Kultur- und Bekämpfungsmaßnahme verbunden sind: 1) Wechsel der Artendominanz und 2) Resistenzentwicklung bei den bekämpften Arten.

Es ist eine vielfach belegte Erfahrung, daß jeder Eingriff in das Gefüge der Natur notwendigerweise Folgen nach sich zieht. Denn jede Änderung der Lebensbedingungen irgendeines Faktors der Lebensgemeinschaft, sei es eines natürlichen oder sei es eines künstlich geschaffenen Pflanzenbestandes, muß zwangsläufig Reaktionen der anderen, zu dieser Gemeinschaft gehörenden Elemente auslösen. Die bereits eingangs hervorgehobene Tatsache, daß die Umwandlung natürlicher Lebensgemeinschaften in zweckorientierte Nutzpflanzenbestände zu den nach ökonomischen Gesichtspunkten als schädlich zu bezeichnenden Massenkalamitäten führte, ist der erste und gravierendste Beleg dafür.

Ganz allgemein kann man sagen, daß Veränderungen des Lebensraumes Veränderungen der gesamten Lebensgemeinschaft zur Folge haben. So haben z. B. die modernen Bodenbearbeitungs- und Düngungsmaßnahmen einen starken Einfluß auf die Unkrautflora ausgeübt. Einige Unkrautarten sind verschwunden, andere stark in den Vordergrund getreten, so daß wir es heute teilweise mit anderen Unkrautarten im Feldbau zu tun haben als vor etwa 100 Jahren. Auch die Anwendung von Schädlingsbekämpfungsmitteln wirkt auf lange Sicht im Sinne einer Veränderung des Lebensraumes. Durch intensive Bekämpfungsmaßnahmen können Großschädlinge an Bedeutung verlieren und zahlenmäßig zurückgehen. An ihre Stelle treten dann Arten, die bis dahin nur eine zweitrangige Rolle spielten, gegen die aber die angewendeten Mittel entweder aus artspezifischen Gründen nicht wirksam sind oder die zu einer Zeit auftreten, zu der keine Bekämpfungsmaßnahmen durchgeführt werden. Gerade in den Intensivkulturen sind solche Veränderungen der Schädlingsfauna und Schädlingsflora immer wieder festzustellen. Besonders auffällig ist die ständig zunehmende Bedeutung der Spinnmilben, ausgelöst durch das Zusammenwirken neuzeitlicher Kultur- und Bekämpfungsmaßnahmen und des Apfelmehltaus *(Podosphaera leucotricha)*. Die Schädlingsbekämpfung sieht sich also laufend neuen Gegebenheiten gegenübergestellt, denen sie sich anzupassen hat, und zwar in der Weise, daß sie Wirkstoffe mit neuen, den veränderten Anforderungen angepaßten Wirkungsspektren entwickelt.

Was die Resistenzentwicklung angeht, so vollzieht sich dieselbe ebenso wie der Wechsel der Artendominanz nicht nur unter dem Einfluß von Bekämpfungsmitteln, sondern auch unter der Einwirkung resistenter Pflanzensorten usw. — Sie stellt also nicht nur die Pflanzenschutzmittelforschung, sondern auch die Pflanzenzüchtung ständig vor neue Aufgaben.

Unter Resistenz gegenüber Bekämpfungsmitteln verstehen wir die Erscheinung, daß Wirkstoffe, die gegen einen bestimmten Schädling während eines mehr oder weniger langen Zeitraumes erfolgreich verwendet werden konnten, in ihrer Wirkung progressiv nachlassen und schließlich für die Bekämpfung unbrauchbar werden. Eine ursprünglich anfällige Art ist resistent oder tolerant geworden. Im gleichen Sinne wie Bekämpfungsmittel wirken resistente Zuchtsorten.

Eindrucksvolle Beispiele sind der Zusammenbruch der Phytophthora- und Krebsresistenz der Kartoffel und der Rost- und Flugbrandresistenz beim Weizen. Auf dem Gebiet der Schädlingsbekämpfung mit chemischen Mitteln sind Resistenzerscheinungen bekannt bei Spinnmilben, Dipteren und einer Reihe von Käfer- und Raupenarten. Sie betreffen alle bisher bekannten wichtigen Wirkstoffgruppen, und zwar jeweils um so mehr, je häufiger die Mittel angewendet werden. Die Erklärung dafür, daß nicht nur alle bekannten Wirkstoffgruppen, sondern auch Zuchtsorten oder ganz allgemein jede Maßnahme, die auf die Vernichtung einer Art zielt, von dieser mit Resistenz beantwortet wird, liegt darin begründet, daß sie einen Ausleseprozeß auslösen. Offenbar sind in jeder Population Vertreter vorhanden, die von Natur aus befähigt sind, sich erfolgreich mit den veränderten Lebensbedingungen im weitesten Sinne auseinanderzusetzen. Sie rücken in dem Maße in den Vordergrund, wie die anfälligen Individuen eliminiert werden und stellen schließlich die Population in der Gesamtheit dar. In dieser Erscheinung dokumentiert sich die außerordentliche Plastizität der Natur. Pflanzenzüchtung und Schädlingsbekämpfung stehen vor der Aufgabe, neue Sorten bzw. Mittel zu schaffen (UNTERSTENHÖFER 1956 u. 1961). Von den theoretischen Möglichkeiten, die beiden Phänomene des Wechsels der Artendominanz und der Resistenzentwicklung, wenn auch nicht zu eliminieren, so doch in der Entwicklungsgeschwindigkeit zu hemmen, wird vielfach der Bereitstellung selektiver Bekämpfungsmittel eine große Bedeutung beigemessen. Dabei versteht man unter selektiven Mitteln solche biologisch aktiven Stoffe, die nur gegen eine bestimmte Art toxisch zu wirken vermögen. Dadurch, daß sie sich nur gegen den zu bekämpfenden Schädling richten, bleiben die natürlichen Gegenspieler unbeeinflußt und können durch ihr Wirken die Bekämpfungsmittel insofern nützlich ergänzen, daß sie sich auf die überlebenden resistenten Individuen konzentrieren müssen. Diese überzeugend erscheinende, aber noch nicht genügend untermauerte Überlegung ist ein wichtiger Bestandteil der sogenannten integrierten Schädlingsbekämpfung, die sich bemüht, alle wirksamen Faktoren einschließlich der Kulturmaßnahmen in den Dienst des Erfolges zu stellen. Es versteht sich, daß die Forschung auf dem Gebiet der Entwicklung von Bekämpfungsmitteln das bei ihren Arbeiten sorgfältig berücksichtigen muß. Daran darf auch nichts der Tatbestand ändern, daß aus bekämpfungstechnischen und wirtschaftlichen Gründen bei vielen pflanzenschutzintensiven Kulturen, bei denen oft zu gleicher Zeit mehrere Schädlinge bekämpft werden müssen, ein echter Bedarf an polytoxischen Wirkstoffen besteht. Noch spielen diese Mittel eine überragende Rolle vor den selektiven Substanzen. Von der einfacheren Handhabung abgesehen — sie erfordern keine exakte Diagnose — hat dazu auch die Lagerhaltung beim Händler wie beim Verbraucher beigetragen. Sie ist bei einem vielseitig verwendbaren Mittel natürlich einfacher und rentabler als bei einem nur gelegentlich gefragten Präparat.

Von diesen biologisch-ökonomischen Gegebenheiten abgesehen, kommt noch der Faktor der Warmblütertoxizität als wesentliches Kriterium bei der Entscheidung für ein neues Mittel hinzu. Es versteht sich, daß unter sonst gleichen Bedingungen das mindertoxische Präparat den Vorzug verdient und daß die Bemühungen um möglichst ungefährliche Stoffe mit allem Eifer fortgesetzt werden müssen. Es ist aber ebenso selbstverständlich, daß die

Wahl zugunsten des toxischen Präparates ausfällt, wenn es nicht gefährlich, aber ökonomisch ist. Für die Bewertung der Gefährlichkeit eines Mittels spielen insbesondere die Faktoren Anwendungskonzentration, Stabilität, Wirkstoffmetaboliten und Wirkstoffkumulation eine Rolle. Gefährlichkeit und Giftigkeit sind wohl voneinander zu trennen. Das um so mehr, als man die Forschung auf präparativem Gebiet nicht vor praktisch unlösbare Aufgaben stellen darf. Denn in der Regel ist die immer noch geforderte breite Wirkung speziell bei Insektiziden durchweg mit erhöhter Warmblütertoxizität und Selektivität mit geringer Giftigkeit verbunden. Zweifellos gibt es Ausnahmen von dieser Regel. Doch sind sie außerordentlich selten und oft nur scheinbar. Das wird vor allem bei einem Vergleich der letalen Dosen deutlich. Hinzu kommt beim Einsatz selektiver Präparate, daß bei dem sehr häufigen Auftreten verschiedenartiger Schädlinge die Anwendung mehrerer selektiver Mittel zu einer Vermehrung der Bekämpfungsmaßnahmen, zu Konzentrationserhöhung und Erhöhung des gesamten Präparateaufwandes führen kann, wodurch die Rückstandsfrage und die Beeinflussung der „Gegenspieler" der Schädlinge, z. B. der nützlichen und räuberischen Insekten, im Endergebnis ungünstiger aussehen können als bei der nur wenige Male erfolgenden Anwendung eines polytoxischen Mittels in niedrigeren Konzentrationen.

V. Ausblick auf neue Wege der Schädlingsbekämpfung

Neben der Entwicklung neuer Wirkstoffe ist es auch die Aufgabe der Pestizidforschung, neue Wege der Mittelanwendung aufzufinden.

Zu diesen neuen Wegen gehört z. B. die Verfeinerung der Anwendungstechnik. Durch Terminspritzungen, deren Zeitpunkte mit Hilfe eines gut organisierten Warndienstes festgestellt werden, gelingt es unter Umständen bei optimaler Wirkung gegenüber dem Schädling bzw. Krankheitserreger mit geringeren Mittelmengen auszukommen als bei der normalen Routinespritzung.

Es lassen sich dann wesentliche Einsparungen erzielen, und zwar an Kosten sowohl für Arbeit als auch für Präparate. Auf Grund der geringeren applizierten Präparatemenge kann unter Umständen die auf der Pflanze verbleibende Rückstandsmenge wesentlich vermindert werden.

Durch die Anwendung spezieller Formulierungen der Präparate, durch besondere Applikationstechniken — wie etwa die Bandspritzung —, durch Kombination von Wirkstoffen mit Synergisten, und durch sinnvolle Ausnutzung der Nebenwirkungen der Pestizide kann man in gleicher Richtung wirken.

Die Forschung auf dem Gebiet der Pflanzenschutzmittel und der Applikationsmethoden geht aber nicht nur davon aus, daß die Vernichtung einer Schädlingspopulation unbedingt auf unmittelbar toxische Präparate angewiesen wäre. Sie bezieht auch in die Erwägungen Repellentwirkung, Lockwirkung, und neuerdings sehr stark die Feststellung ein, daß es Stoffe gibt, die Insekten zu sterilisieren vermögen. Die auf dem Wege der Sterilisation erzielten Bekämpfungserfolge sind, nach dem gegenwärtigen Stand zu urteilen, beachtlich. Doch wird man gerade bei Mitteln mit diesen Eigenschaften, den sogenannten Sterilisantien, wegen der meist unspezifischen Wirkung aus toxikologischen Gründen besondere Vorsicht walten lassen müssen.

Schließlich sei noch erwähnt, daß nicht nur mit chemischen Stoffen, sondern auch mit Hilfe von Mikroorganismen speziell tierische Schädlinge vernichtet werden können. Die Vernichtung von Feldmäusen mit Hilfe von Mäusetyphusbazillen und die neuerdings sehr intensiv betriebenen Arbeiten mit *Bacillus thuringiensis* auf dem Gebiet der Insektenbekämpfung beweisen das.

Man darf erwarten, daß in Zukunft die Anwendung biologischer Agentien in der Schädlingsbekämpfung Bedeutung bekommen wird. Doch sollte man die Erwartungen, auf diesem Gebiet zu prinzipiell neuen und effektiveren Maßnahmen zu gelangen, nicht zu hoch stellen!

Zusammenfassung

In der Bodennutzung müssen insbesondere zur Verhütung von Ertragsausfällen durch Krankheiten und Schädlinge in breitem Umfange und in zunehmendem Maße chemische Substanzen, sogenannte Pestizide, angewendet werden. Dieser Tatbestand wird einer eingehenden Analyse unterzogen.

Zunächst werden die vorhandenen Wirkstoffe nach ihren Haupteinsatzgebieten gruppiert und kurz charakterisiert. Daran schließt sich eine Betrachtung der ökonomischen und biologischen Faktoren an, die für den umfangreichen und steigenden Einsatz der Pestizide verantwortlich sind:

1. Zuverlässige Wirkung und damit sichere Verzinsung des investierten Kapitals.
2. Keine Notwendigkeit für eine Änderung der Betriebsorganisation.
3. Die zunehmende Verbilligung der Pestizide.
4. Die Verteuerung der Arbeitskraft und der Hang zu bequemerer Arbeit.
5. Die Motorisierung und Mechanisierung der Landwirtschaft.
6. Die Zunahme der Krankheiten und Schädlinge.
7. Die Vereinfachung der Fruchtfolge.
8. Erhöhte Forderungen an die Qualität der Ernteprodukte.
9. Erhöhte Anfälligkeit der Nutzpflanzen.

Darüber hinaus hat der Umstand besondere Bedeutung, daß die Anwendung der Pestizide eine der wichtigsten Voraussetzungen für eine Intensivierung der Bodennutzung ist.

Trotz des hohen Standes der Technik auf dem Gebiet der Pestizide ist eine unverminderte Fortsetzung der Forschung notwendig. Dafür sind bestimmend:

1. Der Wechsel der Artendominanz.
2. Die Resistenzentwicklung.
3. Die Forderung nach ungefährlichen Pestiziden.

Den Abschluß bildet ein Ausblick auf neue Wege der Schädlingsbekämpfung.

Summary *

Chemical pesticides must be widely used on an ever increasing scale in agriculture especially to prevent harvest losses caused by crop diseases and pests. This situation is analyzed in detail.

* Translated by H. Frehse.

In the introductory section the available active ingredients are classified according to their chief uses and briefly characterized. This is followed by a study of the economic and biological factors responsible for the extensive and growing use of pesticides:

1. Reliable effectiveness thus guaranteeing sure return of profits on invested capital.
2. No necessity for changes in farm management programs.
3. Increasing reduction in prices of pesticides.
4. Rising labour costs, and the trend to easier work.
5. Motorization and mechanization of agriculture.
6. Increasing occurrence of insect pests and plant diseases.
7. Simplification of crop rotation.
8. Growing demands for higher quality of harvest produce.
9. Greater susceptibility of crops.

A further factor of special significance is that the use of pesticides constitutes one of the most important prerequisites for an intensification of soil utilization.

Despite the high technical level achieved in the field of pesticides, research must continue with undiminished purpose and intensity, for the following reasons:

1. Change of species ascendancy in pest populations.
2. Development of resistance to pesticides.
3. Demand for pesticides harmless to man and livestock.

The closing section deals with the prospects for new avenues of pest control.

Résumé *

Dans la productivité du sol, les produits chimiques, dénommés pesticides, doivent être utilisés sur de larges étendues et en quantités croissantes, en particulier pour éviter les baisses de rendement par les maladies et les déprédateurs. Une analyse approfondie de cette situation est présentée.

D'abord, les matières actives existantes sont groupées en fonction de leur principal champ d'application et brièvement caractérisées. A celà s'ajoutent des considérations sur les facteurs économiques et biologiques qui sont responsables de l'emploi étendu et croissant des pesticides:

1. Une action plus efficace et, de là, une rentabilité plus sûre du capital investi.
2. Aucune nécessité de changer l'organisation de l'exploitation.
3. La diminution du prix de revient des pesticides.
4. L'augmentation du coût de la main-d'oeuvre et la tendance vers un travail plus facile.
5. La motorisation et la mécanisation de l'agriculture.
6. La multiplication des maladies et des déprédateurs.
7. La simplification de l'assolement.
8. Les exigences accrues pour la qualité des produits des récoltes.
9. La sensibilité plus élevée aux maladies des plantes cultivées.

* Traduit par S. DORMAL VAN DEN BRUEL.

En outre, cette situation revêt une signification particulière du fait que l'application des pesticides constitue un des principaux moyens d'intensification de la productivité du sol.

En dépit du niveau élevé de la technique dans le domaine des pesticides, la continuation de recherches soutenues s'avère nécessaire. A cette fin, les sujets suivants sont déterminants:

1. La rotation des espèces.
2. Le développement de la résistance.
3. La recherche de pesticides non dangereux.

Les conclusions portent sur un aperçu des nouvelles voies de la lutte contre les déprédateurs.

Literatur

ARNOTT, R. A., und C. R. CLEMENT: Sowing winter wheat on leys destroyed with a herbicide. Nature **195**, 1277 (1962).

BECKER, G.: Unkraut- und Bearbeitungseinfluß bei der Kartoffelpflege. Zeitschrift für Acker- und Pflanzenbaut **115**, 177 (1962).

BÖMEKE, H.: Ein Beitrag zur chemischen Ausdünnung. Der Erwerbsobstbau **3**, 88 (1961).

BRAUN, H., und E. RIEHM: Krankheiten und Schädlinge der Kulturpflanzen und ihre Bekämpfung. Berlin und Hamburg: Paul Parey 1957.

CURTIS, O. F., JR.: Upgrading commercial packs of Rhode Island greening slices — II. Crop gain form delayed harvest. Proc. New York State Hort. Soc. 78 (1961).

FISCHER, H., und E. ZESEWITZ: Zur Biologie und Bekämpfung des weißen Bärenspinners (Hyphantria cunea Drury). Nachrichtenblatt für den Deutschen Pflanzenschutzdienst (Berlin) **16**, 201 (1962).

HOFFMANN, M. B.: Upgrading commercial packs of Rhode Island greening canned apple slices — III. The need for a drop control treatment on late picked greenings. Proc. New York State Hort. Soc. 84 (1961).

HORSFALL, J. G.: Principles of fungicidal action. P. 4. Waltham, Mass.: Chronica Botanica 1956.

KABIERSCH, W.: Die Krautabtötung im Pflanzkartoffelbau. Nachrichtenblatt des Deutschen Pflanzenschutzdienstes (Braunschweig) **15**, 107 (1963).

KAY, B. L.: Effects of Dalapon on a medusahead community. Weeds **11**, 207 (1963).

KLINKOWSKI, M.: Die europäische Pandemie von Peronospora tabacina Adam, dem Erreger des Blauschimmels des Tabaks. Biol. Zentralblatt **81**, 75 (1962).

SORAUER, P.: Handbuch der Pflanzenkrankheiten. Band 2. Die pflanzlichen Parasiten, 1. Teil, 5. Auflage, S. 397. Berlin: Paul Parey 1928.

UNTERSTENHÖFER, G.: Über die betriebswirtschaftlichen Grundlagen der Pflanzenpathologie. Mitt. Biol. Bundesanstalt Berlin-Dahlem **85**, 66 (1956).

— Ergebnisse, Probleme und Tendenzen bei der biologischen Entwicklung und Erforschung von Insektiziden unter besonderer Berücksichtigung organischer P-Verbindungen. Höfchen-Briefe **14**, 53 (1961).

Cuticula of leaves and the residue problem

By

H. F. LINSKENS *, W. HEINEN *, and A. L. STOFFERS *

With 21 figures

Contents

---

* Department of Botany, University, Nijmegen, The Netherlands.

I. Introduction

The most important parts to accept deposits of chemicals used in plant protection are the leaves of green plants. The literature up to 1958, including the botanical aspects, is to be found in the synopsis of ZEUMER (1958). More recent publications are those of CRAFTS and FOY (1962), in this series, and of FREHSE and NIESSEN (1963). We shall therefore restrict our review to the purely botanical problems of the physiology and pathology of the cuticular layers, including a discussion of the cuticula as a place to encounter residues.

II. Physiology of the cuticle

a) Biochemical properties of cuticular compounds

The cuticle of plant leaves consists of several layers, each of which is distinguished from the others by its chemical and physical properties. In many species the cellulose membrane is followed by a pectic layer, which again is succeeded by the cutin layer; a coating of waxy material covers the outside (TREIBER 1955, ROELOFSEN 1959, SCHIEFERSTEIN and LOOMIS 1959). However, the organization is not always so well defined and in these cases a so-called "cutinized layer" is observed, consisting of a mixture of cellulose, pectin, cutin, and sometimes even wax, mostly covered by a somewhat better defined cutin layer (SCOTT and LEWIS 1953, MEARA 1955, SITTE 1957).

1. Cuticle (synthesis and decomposition). — Because of the difficulties in making clear-cut experiments with a material so ill-defined and heterogenious, the greater part of the research about the physiological properties of the cuticle of plants has been based on the well-organized cuticles described above; in the following survey we shall refer to cuticle with this kind of structure in mind.

It is obvious from the chemical composition of cuticular compounds (e.g., CRAFTS and FOY 1962) that the synthesis as well as the decomposition of the cuticle will be catalysed by enzymic processes. Although fossil cuticle of leaves has been detected rather frequently and was used for the determination of some million-year-old plants (HARRIS 1956), the chances for an unchanged survival of the material throughout a long period of time exists only under strictly anaerobic conditions. Otherwise we would expect to find cuticular substances in a rather highly purified state wherever green plants are, or have been, growing. Thus, with a sufficient supply of oxygen provided, all compounds of the cuticle will be gradually decomposed by the action of bacteria, molds, or other microorganisms. The initial steps towards decomposition may even get started by the enzymes of the disorganized dead plant cell itself. On the other hand, there is no doubt, of course, that the synthesis of the cuticular compounds is established by the corresponding enzymes of the plant and therefore this should be no point of discussion. Thus, the present report can be limited to the enzymes participating in the synthesis and decomposition of cuticular material.

We need not to discuss here, however, the breakdown and the synthesis of the cellulose part of the cuticle, which follows the well-known pattern of hydrolytic reactions, as recently reviewed by SIU and REESE (1953). Nor should main deviations from the normal pathway be expected for the decomposition of the pectic layer. As shown by several investigators (ORGELL 1955, SKOSS 1955, HEINEN 1960, 1962, HEINEN and LINSKENS 1960), this part of the cuticle is readily attacked by "pectinase" (pectinesterase and pectin-polygalacturonidase) from various sources, and the results of this process are frequently applied to isolation techniques (ORGELL 1955, SKOSS 1955, HEINEN 1962). The synthesis of the pectic layer, on the other hand, has not been studied very intensively so far. However, it has been reported recently that the formation of pectin in experimentally injured *Gasteria*-leaves seems to be secondary to the synthesis of cutin (HEINEN and VAN DEN BRAND 1963). Furthermore, the same experiments have shown that there are numerous direct connections between the cutin and the cellulose part of the cuticle. These may also serve as a passage for the supply to growing leaves of cutin-precursors by which the cutin layer is thickened from the inner side and can be stretched during growth. These results lead to the conclusion that a supply of new pectin can be managed during the growth of the leaf by means of extrusion of preformed precursors of pectin (poly-galacturonic acid) around these areas. Until now this proposed scheme has not been confirmed, however, by other investigators. The chemical and physical properties of the *cutin layer* have been studied quite intensively during the last 40 years; a review on this subject has already appeared in *Residue Reviews* (CRAFTS and FOY 1962). From the analytical studies of LEGG and WHEELER (1929), as well as those of MATIC (1956), we know that the cutin layer is formed by fatty acids in the C_{18}-range [with terminal hydroxyl groups as well as at different places in the middle of the chain (MATIC 1956, BAKER *et al.* 1964)] but the kind of intermediate binding remains obscure.

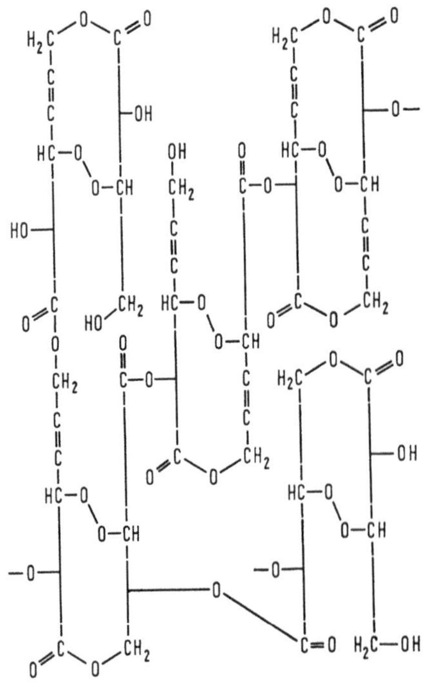

Fig. 1. Proposed structure of cutin from *Gasteria verricuosa*. Single chains are linked by peroxide groups to form double- and triple-chain units. Esterification of the terminal hydroxyl groups and the carboxyl groups occurs either at both ends (upper right) to form a closed double-chain-unit, or only at one side, the second site being used then to bind other units (lower right). Free hydroxyl groups will be linked to other chains, leading to a three-dimensional polymeric structure

Meanwhile studies on the cutinolytic enzymes, present in the mold *Penicillium spinulosum* THOM., have shown that there are at least two different enzymes which participate in the breakdown of cutin (HEINEN 1960 and 1963, HEINEN and LINSKENS 1961, LINSKENS and HEINEN 1962), as follows:

Cutin-esterase, catalyzing the hydrolysis of ester bonds (HEINEN 1960, HEINEN and VAN DEN BRAND 1961):

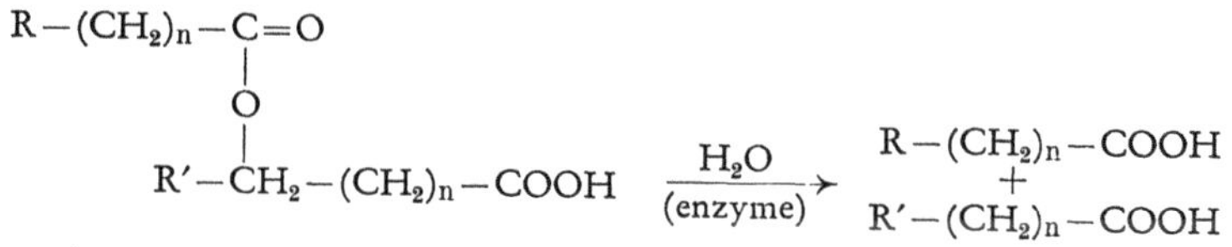

Carboxycutin-peroxidase (HEINEN 1963) catalyzes the cleavage of the peroxide bridges:

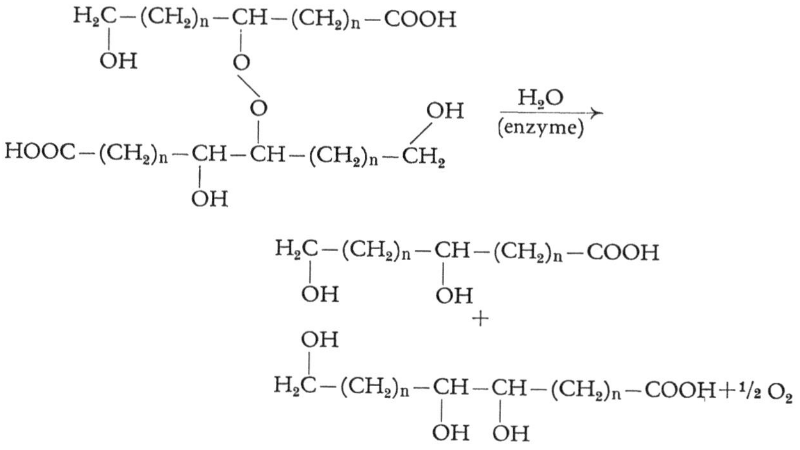

This enzyme splits the peroxide group of "carboxycutin" [this term should replace the less correct term "peroxy-cutin" (ZETSCHE 1932, CHRIST 1959)] to release two chains of hydroxy fatty acids, as shown.

It should be added here that cutin-decomposing enzymes (generally termed "cutinase") have also been observed in several phytopathogenic fungi (LINSKENS and HAAGE 1963, GÄRTEL 1964).

Further studies confirmed earlier observations by LINSKENS (1955) and other investigators (FRITZ 1935, PRIESTLEY 1943, SITTE 1955 and 1957, BOLLIGER 1959) that several oxidative steps are involved in the decomposition as well as the synthesis of cutin (HEINEN 1963). According to these results and analytical studies the basic structure of cutin is suggested as shown in Fig. 1.

Ester bonds between the hydroxylic and the carboxylic groups of the fatty acid chains and the peroxide bridges result in a mesh-like structure which resembles the chemical and physical properties of earlier reports (MEARA, 1955, SIDDIQI and TAPPEL 1956). There is, however, no direct evidence so far as to whether the ester linkage of the peroxide bond represents the "primary binding site" of cutin (HEINEN 1963).

Going into the problem of the biosynthesis of cutin we aggree with the usual picture, according to which the precursors migrate through the cellulose layer, after which polymerization into cutin under the influence of oxygen takes place (PRIESTLEY 1943, LINSKENS 1955, SITTE 1957, BOLLIGER 1959). With regard to the analytical data of several investigators (SMITH and CHIBNALL 1932, SHORLAND 1945, CROMBIE 1958, CRAFTS and FOY 1962, NEUBELLER 1963), there seems to be no doubt that plant leaves contain more polyenic fatty acids such as linoleic and linolenic acid than oleic acid, and even less saturated fatty acids such as stearic, palmitic, etc.

Furthermore, the occurrence of liquid fatty acid droplets migrating towards the cell surface during the development of the cutin layer of immature *Philodendron*-leaves were demonstrated in electron-microscopic studies (BOLLIGER 1959).

The participation of oxygen was established with isolated embryones of barley (JAMES and JAMES 1940). The amount of fatty substances extractable with ether declined markedly after 50 hours, and simultaneously with an excessive oxygen-consumption the respiration quotient decreased below one. Since no formation of polysaccharides was detectable, the oxygen is supposed to be used for the oxidation of fatty acids to cutin, the appearance of which, in the cell walls of the coleoptile, could be demonstrated by staining with Sudan III.

Recently we have shown that the activity of lipoxydase in injured *Gasteria*-leaves markedly increases during the process of healing. In the wounded area this enzyme is highly activated immediately after injury and in the inner (untreated) part of the leaf three to four weeks after the cutin synthesis has started (HEINEN 1963). We also demonstrated that stearic and oleic oxidase serve as substrate donors in order to maintain a sufficient supply of polyenic acids by oxidation of stearic to oleic acid and of the latter substrate to linoleic acid. Bearing in mind that isolated leaves of plant are able to synthesize C_{18}-fatty acids from C_2-compounds (JAMES 1962), the scheme shown in Fig. 2 for the biosynthesis of cutin has been presented

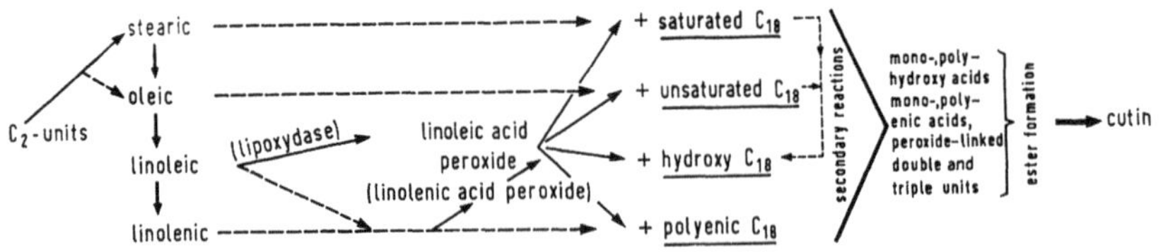

Fig. 2. Scheme for the biosynthesis of cutin. Stearic acid, synthesized from C_2-units, is oxidized by stearic acid oxidase to oleic acid. The oleic acid oxidase converts this substrate to linoleic acid, which is then further oxidized to linolenic acid, or by means of lipoxydase action to linoleic acid peroxide. The secondary reactions then lead to oligomeric structures which in turn are esterified to cutin (see text and Table I)

(HEINEN 1963). The crucial and still unidentified step in this pathway is the polymerization of linoleic acid peroxide, initiated by secondary reactions as listed in Table I.

Table I. *Secondary reactions of linoleic acid derivatives with other fatty-acid compounds* (see text)

Reactants: a	Reactants: b	Reaction products	Literature
Linoleic acid peroxide . .	12,13-Unsaturated fatty acids	$-\overset{11}{CH}=\overset{10}{CH}-\underset{\mid \atop OH}{\overset{9}{CH}}-\overset{8}{CH_2}-$ and $-\underset{\mid \atop OH}{CH}-\underset{\mid \atop OH}{CH}-$	Farmer (1946), Farmer and Sundralingam (1943)
Linoleic acid peroxide . .	Saturated fatty acids	Two monohydroxy products	Heinen and van den Brand (1963)
Linoleic acid peroxide . .	Dihydroxy-oleic acid	Double-chain unit, with peroxide bridge and two hydroxy groups	Blain and Barr (1961), Heinen and van den Brand (1963), Maier and Tappel (1959)
Dihydroxy-linoleic acid peroxide	$-H_2O$	$-\underset{\mid \atop OH}{CH}-\underset{\mid \atop OH}{CH}-CH=CH-\underset{\Vert \atop O}{C}-CH_2-$	Franke and Frehse (1954), Holman (1948), Süllmann (1942)
Dien-ketone	Saturated fatty acid	Mono- and trihydroxy compounds	Blain and Barr (1961), Franke and Frehse (1954), Holman (1948), Maier and Tappel (1959), Sullmann (1942)

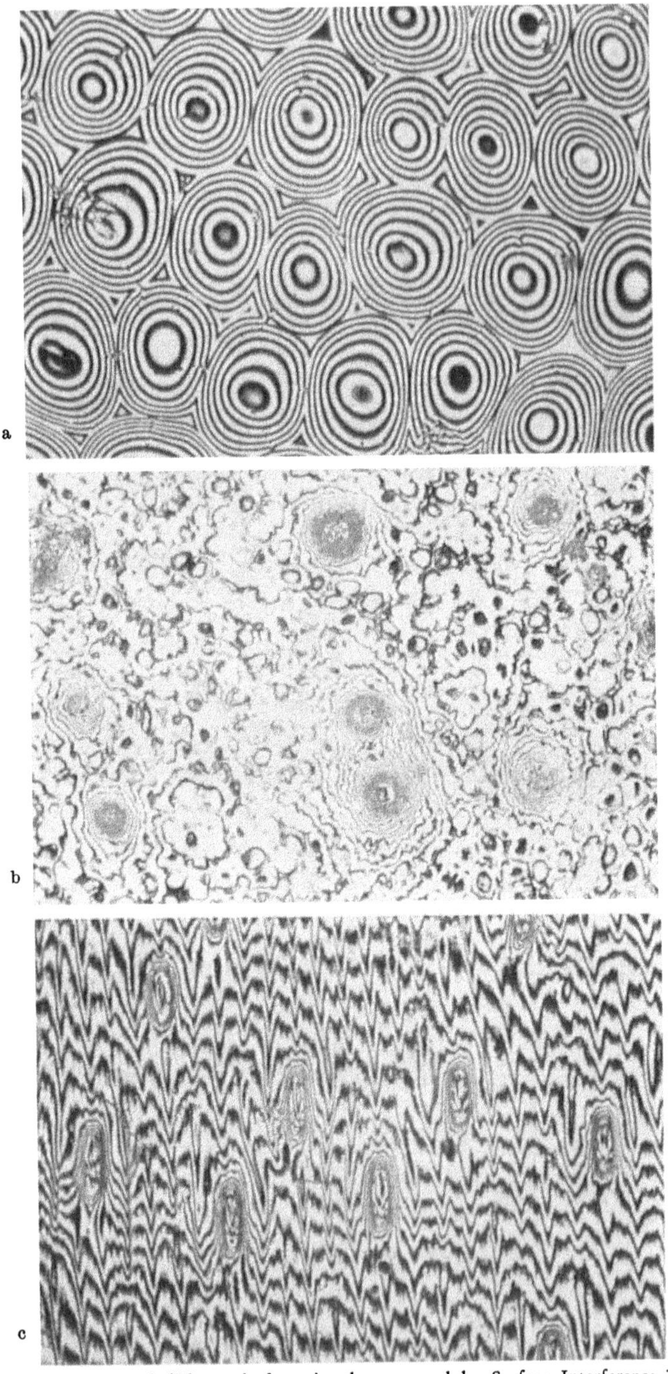

Fig. 3. Surface pattern of different leaf species demonstrated by Surface Interference Microscope, 160 *x*: *a*, upper surface *Tradescantia*, line distance $= 1.5\ \mu$; *b*, leaf of *Peperomia*, line distance $= 0.55\ \mu$; *c*, leaf of *Narcissus*, line distance $= 1.5\ \mu$. Photographs by courtesy of A. Kohaut; principles of the method described by him in Zs. VDI **94**, 456 (1952), Werkstatt u. Betrieb **86**, 725 (1953); instrument: Kohaut Interferenz Mikroskop KTA für Oberflächenprüfung

So far there is no possibility of deciding whether selective enzymes favour certain of these reactions or not, although great efforts have been made to elucidate this problem (SULLMANN 1942, FARMER and SUNDRALINGAM 1943, FARMER 1946, HOLMAN 1948, FRANKE and FREHSE 1954, SIDDIQI and TAPPEL 1956, MAIER and TAPPEL 1959, BLAIN and BARR 1961).

2. Wax film. — The outer coating of the cuticle is made up of a *wax film* which is formed as the young leaf is breaking through the coleoptile. From the many publications dealing with the chemistry of wax material (HORN and MATIC 1957, RICHMOND and MARTIN 1959, ROBERTS *et al.* 1959, RUDLOFF 1959, SILVA FERNANDES *et al.* 1964), we know that plant waxes consist of free alcohols, hydrocarbons, unsaturated ketones, long-chain (C_{28}) aldehydes, and glycerol compounds, the main component being neutral or hard wax. Other studies have shown that these waxes may serve as substrates for a number of microorganisms (IMAI 1956, MILLMAN and YOTIS 1958, HEINEN 1962, STADHOUDERS *et al.* 1962). There has been some arguing about the question of whether or not the mature cutin layer possesses openings for the extrusion of wax, but contrary to somewhat obscure staining techniques, ectodesmata did not exist according to quite intensive electron-microscopic examinations (MULLER *et al.* 1954, HILKENBÄUMER 1958, JUNIPER and BRADLEY 1958, JUNIPER 1959, STADHOUDERS *et al.* 1962).

From similar studies it seems to be a generally accepted fact that the structural differences among the wax layers are specific for the species examined thus far (MULLER *et al.* 1954, JUNIPER and BRADLEY 1958, JUNIPER 1959, STADHOUDERS *et al.* 1962) and that this pattern might change according to different growing conditions and to the age of the leaf as illustrated in Fig. 3.

Up till now there is no direct evidence for a relationship between the chemical composition of the wax and the optical structure of this film. One should, however, bear in mind that chemical distinctions may cause a difference in the charge of the molecule and that the cutin layer is also slightly charged by the free carboxyl and hydroxyl groups of the cutin polymer. Depending on the charge patterns of the cutin layer and of the wax film, the visible arrangement of the wax layer could differ from plant to plant with regard to the distribution of repelling and attracting forces on the surface of the leaves. This would also explain the reports that the wax film can often be removed by relatively soft treatments, whereas in other species refluxing with ethyl alcohol or even more intensive methods have to be applied (MEARA 1955). These results suggest that the "binding" of the wax film to the cutin surface can be more or less tight, depending probably on the amount as well as the distribution of charges along the surface of the leaf.

b) Ectodesmata

When substances that will be absorbed by a leaf have passed the cuticle, a transport through the cell wall is necessary; reference should be made to the comprehensive reviews of CRAFTS and FOY (1962) and

MITCHELL *et al.* (1960). Nowadays, more attention is paid to ectodesmata. Whereas the presence of plasmodesms—fine protoplasmatic strands that pass through the cell walls, grouping the cells of a multicellular organism

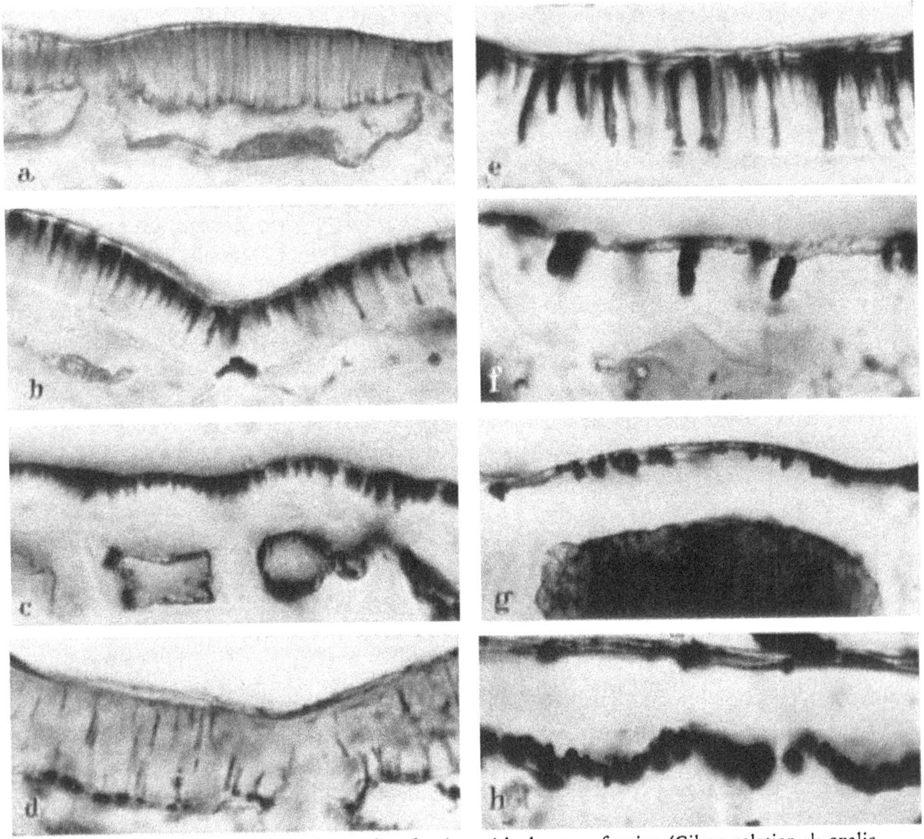

Fig. 4. Different forms of ectodesms after fixation with the same fixative (Gilson solution + oxalic acid). Transections of epiderm cells of the upper leaf-side. Magnification ca. 900×. *a, Primula veris* ssp. *macrocalyx*, ectoderms very thin, passing through the whole cell wall; *b, Corthusa matthioli*, ectodesms passing about half the cell wall; *c, Primula acaulis*, ectodesms very short, very fine; *d, Cyclamen neapolitanum*, „Abbau“ form of fine ectodesms; *e, Cyclamen ibiricum*, thick ectodesms passing through the whole cell wall; *f, Gentiana przewalskii*, ectodesms very thick, passing about half the cell wall; *g, Primula pubescens*, ectodesms very thick and short; *h, Cyclamen neapolitanum*, extreme „Abbau“ forms of thick ectodesms. From SCHNEPF (1959). Reproduced with permission

to a protoplasmatic unity—has been accepted generally, the existence of protoplasmatic strands in the outer cell walls of the epidermis (ectodesmata) was denied for a long time (MÜHLDORF 1937). Since their discovery by SCHUMACHER and HALBSGUTH (1939) the existence of these ectodesmata has still been doubted or disputed.

However, recently more attention has been paid to these plasmaorganellas (LAMBERTZ 1954, SCHUMACHER 1957, SCHNEPF 1959, SIEVERS 1959, FRANKE 1960 and 1961), and their possible function in foliar absorption and cuticular excretion has been emphazised by FRANKE (1961 and 1962).

Ectodesmata occur in taxonomically very different groups (LAMBERTZ 1954) and in nearly all parts of the plant (LAMBERTZ 1954, SCHNEPF 1959, STRUGGER 1957). However, they are mostly found in special parts of the

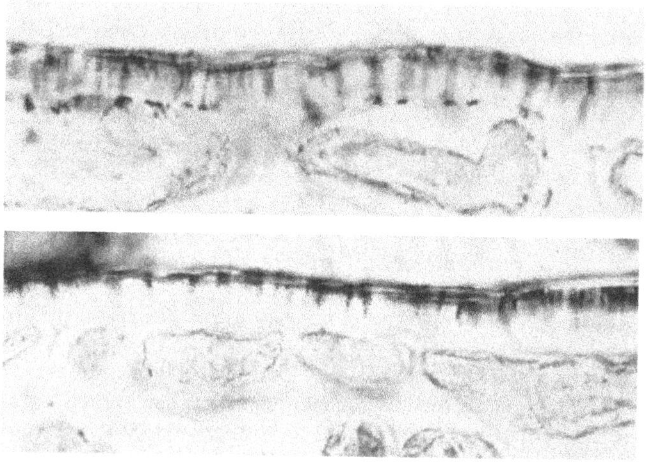

Fig. 5. Section through epiderm cells of *Primula veris* ssp. *macrocalyx*. *a*, Ectodesms in untreated leaf; *b*, ectodesmata eight hours after treatment with 0.1 percent Metasystox. Courtesy of E. SCHNEPF

plant, e.g. in glandular hairs, nectars, bases of hairs, guard cells of stomata, and anticlinal cell walls. The presence of ectodesmata is not easy to prove and strongly dependent on fixation methods (SCHNEPF 1959), on disposition of the organism as a result of day rhythm, and on influence of external factors. It has been shown that poisons and narcotics e.g. ether, concentrated carbon dioxide and carbon monoxide will injure the ectodesmata as well as hydrogen cyanide, but in the latter case injury is reversible.

The shape of the ectodesmata depends on species and organs (Fig. 4). Whereas the normal form is thread-like, band-like, or cone-shaped, some more special forms such as mushroom- and pencil-like shapes may occur (FRANKE 1962). It is remarkable that the ectodesmata do not run from cellumen to cuticle, which may be explained partly by a more or less strong imbibition of the cell wall (LAMBERTZ 1954), but also seem to be dependent on the object and on external factors (SCHNEPF 1959).

Important is the fact that ectodesmata can be influenced by application of amino acids, 2, 4-D, and ascorbic acid, whereas the insecticides Parathion and Metasystox in concentrations used in practice apparently have no strong influence on their formation (Fig. 5).

On the ground of their presence as registered with the aid of polarisation-optical methods, mercury-sublimate methods, and influence of external and internal factors, SCHNEPF (1959) concluded that ectodesmata are protoplasmatic organellas, of which the variability under the influence of external circumstances is certainly much greater than that of plasmodesms. Plasmodesms have been shown several times with an electron-microscope and it is without any doubt that they are plasmatic strings with plasma border-layers and elementary membranes (KOLLMANN and SCHUMACHER 1962) and their relation with the endoplasmatic reticulum has also been seen (SITTE 1961). Contrary to this we find SCHNEPF's (1959) observation that ectodesmata in electron microscopy are to be found as small bundles consisting of fine fibrils, but no differentiation in lamellas could be detected. Consequently the plasmatic origin of the ectodesmata might be doubted, the more so as plasmodesmata can be indicated with the mercury-sublimate method, at least if they occur in the sub-epidermal layer and in the anticlinal cell walls (LAMBERTZ 1954, FRANKE 1960).

On the other hand, the presence of ectodesmata is, apart from a rare exception, not to be proved with methods commonly used for the detection of plasmodesms (SCHUMACHER 1957), no more than the existence of deeper lying plasmodesms is to be proved with those methods used for detecting ectodesmata. However, there are differences with regard to reaction on certain chemical substances. Since in dead material the ectodesmata are not to be found any more, this is an indication for their plasmatic nature (SCHUMACHER 1957, FRANKE 1962).

As a second objection against the identity of ectodesmata and plasmodesmata it may be argued that plasmodesmata are shown with various methods in light-microscope techniques as thin strings, whereas ectodesmata are shown as rather coarse after fixation with mercury sublimate. According to FRANKE (1962), this may be explained by the fact that, with the sublimate-

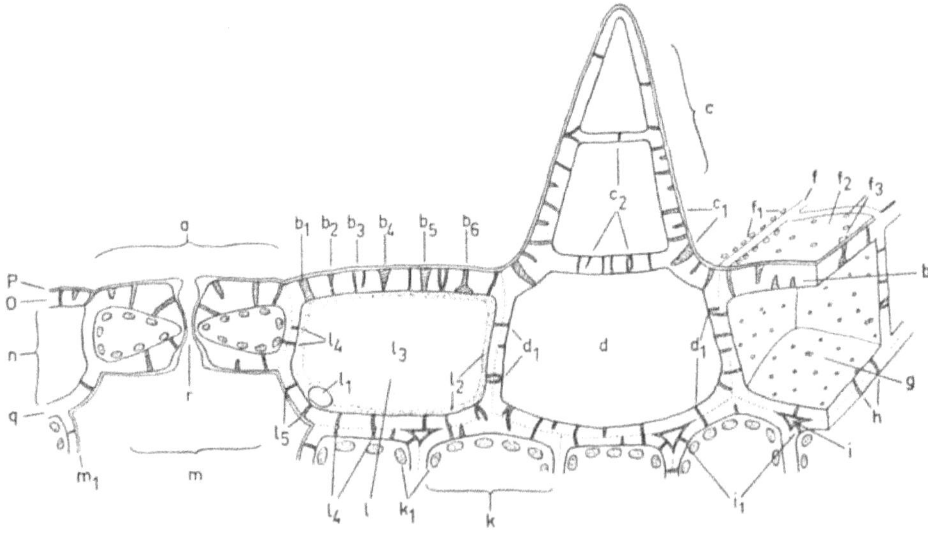

Fig. 6. Schematic section through leaf: *a*, stoma, guard cells with chloroplasts and ectodesms; *b*, ectodesms b_1 band-like; b_2 interrupted; b_3 thread-like; b_4 coneshaped; b_5 club-shaped; b_6 mushroom-shaped; b_7 break-down form); two-celled hair with extodesms in the outer cell wall (c_1) and plasmodesms in the inner cell wills (c_2); *d*, basal cell of the hair with plasmodesms in the inner cell walls (d_1); *f*, anticlinical wall in cross-section and in surface view; ectodesms in rows along the anticlinical cell walls (f_1), periclinical cell wall in the ectodesms (f_3); *g*, epiderm cell with plasmodesms; *h*, plasmodesms; *i*, intercellular space; i_1, ectodesms; *k*, pallisade cell with chloroplasts (k_1); *l*, epiderm cell with nucleus (l_1), plasmalemma (l_2), vacuole (l_3), plasmodesms (l_4), and ectodesms (l_5); *m*, air chamber; m_1, cuticle; *n*, epiderm cell; *o*, outer cell wall; *p*, cuticle; *q*, cell wall; *r*, stomatal pore. After FRANKE (1962)

method, a submicroscopic structure characterized by physiochemical properties becomes visible by precipitation of the mercuric chloride in the cell wall. Obtainable results are therefore somewhat coarse, as precipitation takes place around a condensation nucleus. During the process the Hg^{++} salt is probably reduced to a Hg^{+} salt, which, in the meantime, must have been bound to the ectodesmata-material, and becomes visible by Pyoctanin. In the process with iodine and silver (SCHNEPF 1959), ectodesmata are not found as coarse bodies, but as thin strings: the silver salt is reduced to metallic silver and is deposited on the ectodesmata-material. It must be emphasized that plasmodesmata, the presence of which is proved by using the mercury process, possess the same dimensions as ectodesmata.

There is no doubt about the substantial existence of ectodesmata as submicroscopical structures. The acceptance of a plasmatic nature of the substance is not only based upon similarities between ectodesmata and plasmodesmata in using the same technique, by the vitality of the structures, and by their reducing ability. It is also supported by observations that occasionally in release of the protoplast from the cell wall, on several places plasma remains attached to the wall exactly on those points where the presence of ectodesmata can be proved (FRANKE 1962). A diagram of the occurrence of plasmodesmata is given in Fig. 6.

c) Permeability

Evidence for permeability of the cuticle for water is found in the phenomenon of cuticular transpiration, to polar substances in the salt residues on the leaves of plants in saline habitats, and to the uptake of non-polar substances after foliar application. Permeability of the cuticle is very low in general. As stated by PFEFFER in 1897, gasses diffuse more easily than liquids. Permeability for liquids is based on pores in the cuticle, the lipoid nature of the cuticle that enables the passing of non-polar compounds (the "lipoidal pathway"), and the "aqueous pathway".

1. Pores. — Permeability as a result of cracks, fissures, and other mechanical injuries has been reported by several authors (CZAJA 1930, ORGELL 1955, CRAFTS and FOY 1962).

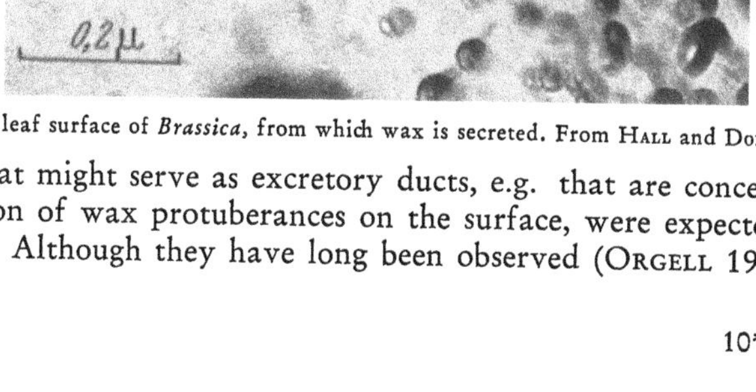

Fig. 7. Pores in leaf surface of *Brassica*, from which wax is secreted. From HALL and DONALDSON (1962)

Pores that might serve as excretory ducts, e.g. that are concerned with the formation of wax protuberances on the surface, were expected (SCOTT *et al.* 1957). Although they have long been observed (ORGELL 1954), ducts that extend up to the surface of the cuticle have not been definitely reported until recently (JUNIPER 1959, SCHIEFERSTEIN and LOOMIS 1959, MUELLER *et al.* 1954, SCOTT *et al.* 1957). They have been definitely identified by HALL and DONALDSON (1962) in the case of *Trifolium repens* (magnification of 80,000 to 200,000 diam.), *Brassica oleracea* (Fig. 7), and *Poa colensoi* by using the replica technique. According to the same authors similar pores seem to be present in the cuticle of fruits. Although it seems to have been proved that wax rodlets can be formed this way, there is no proof to date that similar pores are actually in charge of permeability.

2. Lipoid pathway. — This subject has been exhaustively discussed by CRAFTS and FOY (1962) and therefore reference should be made to this work as well as to CRAFTS (1961) and ROBERTS *et al.* (1948).

Differences in permeability of the cuticle depend on differences and variations in its composition. Moreover, recent investigation of diffusion of C^{14}-labelled compounds such as urea, benzoic acid, glucose, maleic hydrazide, simazine, and Na^{22}-sodium chloride through excised cuticles (GOODMAN and ADDY 1962) have shown that less than five percent of any labelled compound passed through the membrane, movement was greater through the lower cuticle than through the upper, and diffusion through either upper or lower cuticle was more rapid from the side of the membrane directed towards the mesophyll cells than in the reverse direction. These results might be evidence that significant absorption of organic and inorganic substances by foliage requires metabolic activity. Differences between upper and lower cuticle are the result of differences in the cuticle-complex, as electron-microscopic transverse sections have revealed.

3. Aqueous pathway. — Polar substances may penetrate through the cuticle as a result of imbibition by the cutin layers as well as through hydrophilic pectic layers. Reference should be made to EBELING (1963), CRAFTS and FOY (1962), and MITCHELL *et al.* (1960) for details.

d) Cuticular excretion

As early as 1804, DE SAUSSURE expected that leaves, upon becoming wet, would give off soluble substances. It was shown (ARENS 1934, LAUSBERG 1935) that in water used for wetting surfaces of leaves the amount of Ca^{++}, K^{+}, Mg^{++}, and PO_4^{---} compounds had increased. These compounds must have been excreted through the cuticle, a phenomenon called "cuticular excretion" and which is narrowly connected to cuticular transpiration. FREY-WYSSLING (1935) suggested that *secretion* should be used for substances formed in the anabolic (assimilatory) phase of the metabolism, *excretion* only for products from the catabolic (dissimilating) phase, and *recretion* for substances given off in the same form as they were taken up.

This terminology, however, has not been used to any considerable extent. STENLID (1958) uses the following terms:

Recretion: the giving off of inorganic substances from plants.

Secretion: when the substance is recreted from glands or through some special active mechanism.

Leaching: when plants are subjected to dilute solutions and give off substances to them.

Therefore, cuticular excretion is restricted to recretion and leaching.

According to STRUGGER (1940) and ROUSCHAL and STRUGGER (1940) salts may be transported to the leaf surface by an extra-fascicular transpiration flow. This supports the view of ARENS (1934) and LAUSBERG (1935) with regard to cuticular recretion. However, this is often denied as being not a cuticular recretion (ENGEL 1939, LUNDEGÅRDH 1954) but rather a giving off of substances through stomata.

Cuticular excretion may be an important factor in regulating the organic as well as the mineral composition of aerial parts of plants.

Simple diffusion anion-exchange mechanisms can easily account for the loss of nutrient substances through leaching of plant-foliage by rainfall and dew. ORGELL (1957) showed that ions absorbed in the cuticle can be exchanged for hydrogen ion and bicarbonate ion in carbon dioxide-saturated rainwater. Of all nutrients, potassium is most easily leached by rainwater (LONG *et al.* 1956, STENLID 1958).

We observe considerably more leaching in old leaves and from upper leaf surfaces than in young leaves and from lower surfaces (STENLID 1958). In tracer research TUKEY *et al.* (1958) showed that with regard to cations there is a great difference in rapidity of leaching, given by the following series: Na^{22}, Mn^{54}, Ca^{45}, Mg^{28}, K^{42}, S^{35}, Sr^{60}, Fe^{55-59}, Zn^{65}, and P^{32}. The latter group, as well as Cl^{36}, leach with very great difficulty.

Cuticular transpiration is dependent on external factors as well as on resistence in the cuticle. The latter depends on ion-influence, either hydrogen or hydroxyl ions as well as metal ions and other anions. Connection with lyotropic ion-series indicates imbibitional processes in the epidermal outer surface and cuticle as a regulating mechanism (HÄRTEL 1951). Cuticular transpiration is composed of a process of evaporation and a process of diffusion (RENNER 1915). If the diffusion is not in equilibrium with the evaporation, drying up of the cuticle takes place. Result of this drying up is a decrease of the cuticular transpiration or "incipient drying" (LIVINGSTON and BROWN 1912). Drying up of the cuticle is reversible. Irreversible drying up of the cuticle (GÄUMANN and JAAG 1936) could not be confirmed by HUYGEN and MIDGAARD (1954).

The relation between cuticular transpiration and imbibition of the cuticle has been emphasized by HÄRTEL (1947, 1950, and 1951). Cuticular transpiration increased by cations in the series $Li < Na < K$ and $Ca < Sr < Ba$, at alkaline or neutral reaction. In acid medium the series is reversed.

The hydrating effect of the ions increases transpiration. At pH 5 to 7 transpiration is maximal; this indicates an ampholytic nature of the cuticle. According to EISENZOPF (1952) uptake of water increases with the imbibition effect of the ions in short-time experiments. Moreover, uptake of water depends on the age of the organs. In young conifer needles the uptake is greater at neutral reaction, but in old needles it is greater at alkaline reaction. It appears that uptake of water depends on the same factors as cuticular transpiration. However, pathways along which substances are excreted remain obscure. FRANKE (1960 and 1961) could show that water and dye substances are excreted at places where ectodesmata could be detected.

e) Foliar absorption

The absorption of substances by aerial parts of the plant, especially by leaves, has been reviewed among others by WITTWER and TEUBNER (1959), BOYTON (1954), CRAFTS (1956), VAN OVERBEEK (1956), and WOODFORD *et al.* (1958). Foliar absorption is to be considered as the counterpart of excretion. In the uptake of substances the important and first step is sorption by the cuticle, the second step permeability through the cuticle, and lastly the uptake by the cell. Reviews of the whole matter concerning cuticular sorption have been made by CRAFTS and FOY (1962), MITCHELL *et al.* (1960), and MITCHELL and LINDNER (1963). As in the case of cuticular excretion, evidence is insufficient to define completely the mechanisms involved in foliar absorption of individual nutrients (WITTWER and TEUBNER 1959). FRANKE (1961 and 1962) has drawn attention to the possible role of the ectodesmata in the uptake of substances applied to leaf surfaces.

III. Pathology of the cuticle

Knowledge of the pathology of the cuticle is extremely scanty, although the cuticle has been studied more intensively during the last decennia. LINSBAUER (1930) reports fissures in the epidermis of paprika fruits (NESTLER 1906), as well as in small *Lycopersicum* fruits, that can be influenced (according to LINSBAUER) by moist air. He also mentions SORAUER's earlier work on the bursting of the cuticle and the subsequent peeling off of the outermost cuticular layer on oak and beech leaves as a result of the influence of frost. Peeling off of the cuticle, forming silver white or lead-coloured spots, which can be detected macroscopically, has been reported for *Euonymus europaeus* (PETRI 1917).

Pathological effects of the cuticle may be caused in several ways.

a) Damages by pesticides

Damages to leaves and fruits as a result of pesticides (spray damage) are frequently encountered, but they have been studied scantily. A discussion of this subject with reference to petroleum oils is given by EBELING (1963).

Damages by mercury, applied as phenyl mercuric acetate, appear to be dependent on the susceptibility of the variety (BATT and MARTIN 1960). Damage occurs when large drops of the spray hang from the fruits, i.e. under wet conditions; the drops dry slowly and the cuticles are in a swollen, receptive state. Thus, penetration is aided, the mercury builds up in a localized zone, and damage results. Under non-humid atmospheric conditions the cuticles are dry, the drops dry up quickly, and penetration is probably limited.

Differences in susceptibility have been correlated with differences in cutin (BATT and MARTIN 1960), not with differences in wax deposition, nor with a thin membrane below the surface waxes. The more the cutin is diluted by pectinaceous and other materials, the greater the ease of pene-

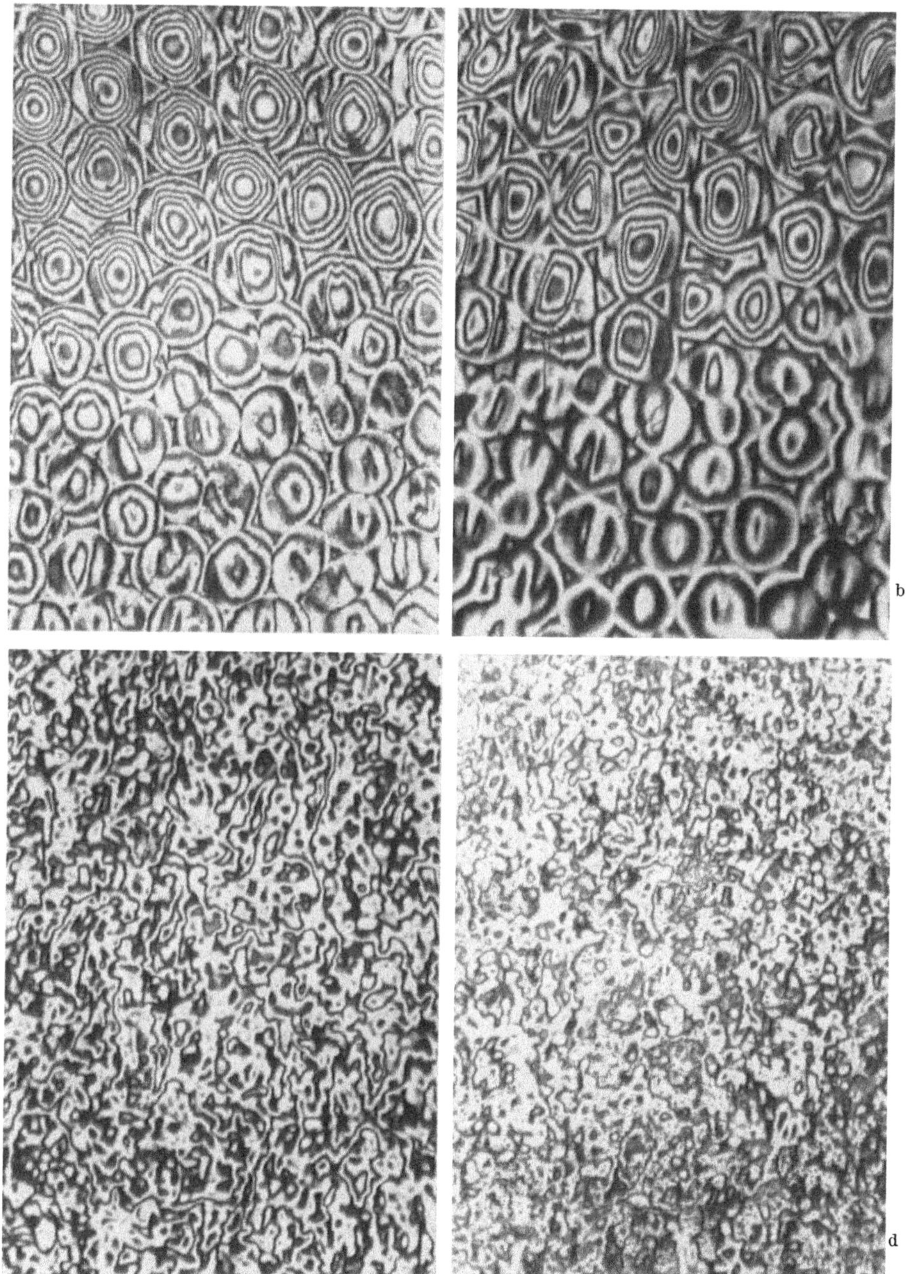

Fig. 8a—d. Surface pattern of leaves after application of pesticides, demonstrated by Surface Interference Microscope, 150×, line distance = 1.5 μ, with methods and instrument as in Fig. 3: *a*, leaf of *Begonia*, untreated; *b*, leaf of *Begonia* after treatment with 0.1 percent parathion; *c*, leaf of *Ficus elastica*, untreated; and *d*, leaf of *Ficus elastica*, after treatment with 0.5 percent copper oxychloride. Photographs courtesy of A. Kohaut

tration by mercury. As the development of cutin is probably an enzymatic process, which may be impaired by the mercury, BATT and MARTIN (1960) suppose that susceptibility of Cox fruits to mercury is a result of suppression of cutin formation by mercury as the fruits grow.

Damage by rusting ("scald") may be the result of spraying, and especially the formulation of the spray may be the main cause. To illustrate, with the same safe pesticide and the same safe concentration, but different emulsifier and wetting agent, rusting may take place. Moreover, it has been found that in substituting the methyl group by an ethyl group in organophosphorus insecticides of the acid ester type, rusting symptoms appear which normally were not found (WAECKERS, personal communication).

Morphological alteration of the cuticle by pesticides can be detected with the aid of an interference microscope. Residues of copper oxychloride, for example, can easily be detected as very small spots (Fig. 8).

Applications of trichloroacetic acid (T. C. A.) and Dalapon (sodium 2,2-dichloropropionate) to the soil are used to kill weedy grass species. However, these substances also have certain effects on the non-grassy species. In pea and *Brassica* these effects are: increased rate of transpiration, increased susceptibility to herbicides applied to the foliage, a glossier yellow-green appearance of the foliage, and loss of the ability of leaves to repel water drops (DEWEY *et al.* 1956, PFEIFFER *et al.* 1959).

JUNIPER (1959) proved that the effect of trichloroacetic acid in the soil results in a decreased number of wax-plates on the surface of the leaf at lower concentrations; at higher concentrations of T. C. A. wax is scattered in small flecks on the surface, and areas are to be found which are totally devoided of wax. These alterations cause a decrease in the contact angle of droplets, a decrease that depends on T. C. A. concentration, and that parallels the reduction of wax-plate numbers (Table II).

Table II. *Contact angles vs. trichloroacetic acid (T. C. A.) concentrations* (JUNIPER 1959)

Dosage of T.C.A. applied to soil			Contact angle (°)
lb./acre	kg./ha.	g./m.^{2}	
None	None	None	144 ± 3.5
0.63	0.68	0.56	129 ± 5.0
1.25	1.35	1.11	118 ± 5.5
2.50	2.70	2.22	68 ± 7.5

Reduction in yields of fatty substances by trichloroacetate treatment is strikingly confined to the wax only, and largely to that part that presumably exists as a particular exo-structure. There is no evidence of quantitative or qualitative change in the internal lipids or in the oils associated with the cuticle (DEWEY *et al.* 1962). The same authors report a consistent difference in the rapidity of liberation of the methanol-favouring oils in ordinary peas and kale or when the plants are grown in the treated soil. This adds another instance of the increase of permeability to those reported by DEWEY *et al.* (1956) and PFEIFFER *et al.* (1959). However, they conclude that it might be probable that treatment with trichloroacetate affects primarily some other factor in epidermal behaviour, leading to increased permeability for polar substances, including water, and at the same time upsetting the unknown mechanism by which the wax compounds are transported. The reduction of the wax of leaves caused by treatment of the soil with trichloracetate has been confirmed in kale and repeatedly in peas.

b) Infectious diseases

In making its way into the leaf for infecting the plant, a fungus has to pass through zones of intermingling substances. The thread of infection is usually formed from an appressorium on the surface; proceeding inwards a zone of cutin impregnated with waxy material has to be passed, subsequently a zone rich in pectin, and finally the outer epidermal cell wall, mainly consisting of cellulose.

The wax covering the surface of leaves is usually composed of two fractions (ROBERTS *et al.* 1960): a hard or true wax consisting of long chain paraffin compounds and a soft wax or oil. A quantity of acid occurs in the covering of some leaves. The true wax predominates near the surface; the oil and acid components are more deeply seated in the cuticle. Apple leaves affected with mildews show thicker deposits of wax and considerably thinner layers of cutin than leaves not showing the symptoms (ROBERTS *et al.* 1960) as illustrated in Table III.

Table III. *Cuticle components of apparently healthy and diseased leaves*

Component	"Thickness" of layer in μg./cm.^{2}			
	Apple, Bowden		Turnip	
	Healthy	Mildewed	Healthy	Mildewed
Surface "waxes":				
wax	15	54	2	8
acids	6	29	Nil	4
oil	9	10	1	2
Absorbed waxes	16	52	11	19
Cutin (av. for two surfaces)	68	24	14	7

In scabbed leaves of *Malus* diminishing of the cutin was notable only on the upper surface, i.e. on the surface where infection was visible only; on the affected lower surface cutin was unchanged. More or less the same results have been obtained in comparing healthy and mildewed roses: badly diseased leaves are dry and brittle, probably because of loss of water through the weakened cuticle. On the other hand, cuticular compounds of the leaves of a cider-apple variety mottled by virus showed no difference from healthy leaves.

GRETSCHUSCHNIKOW and JAKOWLEWA (1951) studied the penetration of zoospores of *Synchytrium endobioticum* in young potato plants. When the epidermis had been removed from the stem, infection did not take place, whereas plants with an intact epidermis and cuticle became infected. This phenomenon has been explained by the fact that, with micro-chemical methods, in the zoospores of *Synchytrium* a fat droplet can be detected; in touching the cuticle this fat is liberated and it wets and dissolves the cuticle, then the zoospore can penetrate the tissue very easily.

After isolation of fat taken from the cancerous growth of potato, the fat appeared to be a solvent for the cuticle. In this case the cuticle has been proved to stimulate the penetration of *Synchytrium* into the plant.

c) *Physiological diseases*

These are the scalds, russets, and squamous effects.

1. Scald. — Storage scald — or superficial scald — is a brown discolouring of the surface of the skin of apples which appears after prolonged cool storage. Although this phenomenon has been studied thoroughly, one has not been able to get it completely under control nor to find the cause of the disfiguring. A means of checking the disease is the wrapping of individual apples in oiled paper (BROOKS *et al.* 1923) and avoiding the storage of immature fruit. This method often fails, however, especially in "controlled atmosphere" storage and, moreover, scald is often increased by storage in polyethylene-film box liners (HALL *et al.* 1961). Scald can be reduced by ventilation (HALL *et al.* 1961) and it has been reported that it was checked when the fruit was treated with diphenylamine (DPA) before storage (SMOCK 1955), as well as when the fruit was exposed to vapours of crude hexane (HUELIN and KENNETT 1958).

It has been considered that scald was caused by some volatile material, other than carbon dioxide and water, produced by the fruit itself (BROOKS *et al.* 1923). This volatility theory could not be proved (FIDLER 1950, BACHLOH 1957, HUELIN and KENNETT 1958), although the study of HALL *et al.* (1961) points to some volatile agent. There is evidence for the view that the cuticle determines the rate at which the causal volatile is lost from the fruit. Scald can be reduced by removing or damaging part of the cuticle (SHUTAK *et al.* 1953). Recent experiments showed, that scald is directly proportional to carbon dioxide concentration and indirectly proportional to oxygen concentration. Good control of superficial scald was obtained with low oxygen atmosphere (ROBERTS *et al.* 1963).

2. Russet. — The russeting of fruit is caused in several ways, as by rain (DALBRO 1958), low temperatures (MITCHELL *et al.* 1960), and frost (SIMONS 1957), as well as by spray damage. True russet spots of genetic origin appear to be comparatively rare (SIMONS 1960).

There is great confusion with regard to the nomenclature of russet, scald, the squamous disease[1] we shall deal with presently (section 3), and more or less similar damages, so that further investigation is necessary.

Russeting of fruit as a result of frost injury has been described by SIMONS (1957). A frostband usually encircles the fruit near the equatorial axis, and horizontal and vertical cracking is prevalent in this area. When the russeted area is scraped away, the cuticle is wanting, but the rest of the underlying surface seems to be normal. Microscopic examination, however, reveals a greatly affected cell growth and the pattern of the cell structure is strongly disrupted. In this area a periderm develops, but a cuticle remains absent, except in those parts where frost injury is not visible. In these normal areas of the fruits injured by frost, the thickness of the cuticle increases

[1] In German: Berostung.

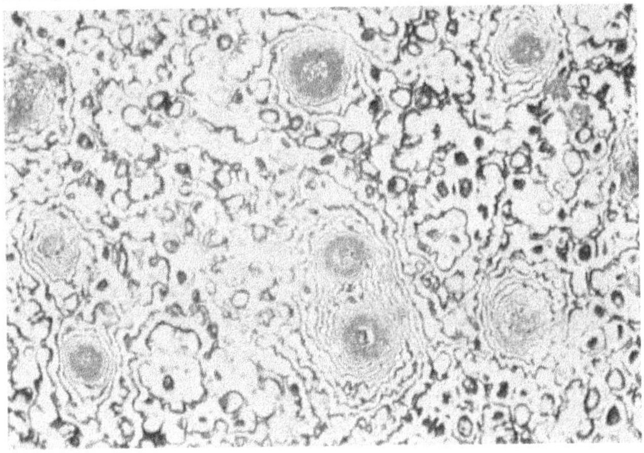

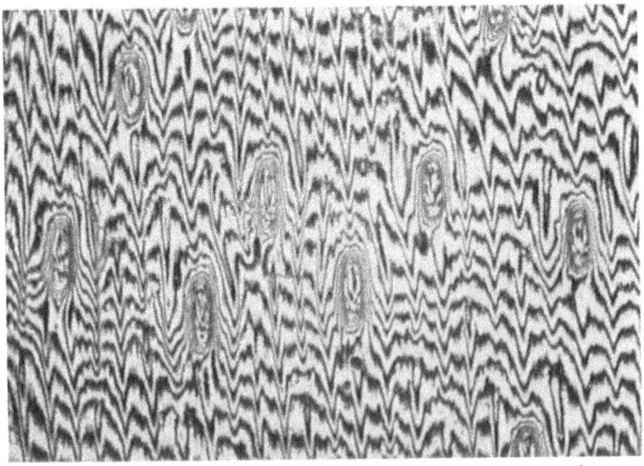

until autumn. Differences in russeted and normal fruits of Golden Delicious apples have been studied by SIMONS (1960). The thickness of the cuticle of the normal Golden Delicious is significantly greater than that of russeted fruits; at the time russet appears, epidermal cells in the russeted fruits show greater growth in tangential width than in radial length, and finally become disorganized.

Differences have been found between the quantities of phosphorus, potassium, calcium, and sodium in the leaves of "normal" trees and in leaves at the time russet of fruits was developing (Table IV).

Table IV. *Elemental analyses of "normal" leaves vs. "russeted" leaves* (SIMONS 1960)

Element	Normal	Russeted
Phosphorus (% dry wt.) . . .	0.170	0.135
Potassium (% dry wt.). . . .	1.75	1.25
Calcium (% dry wt.)	1.50	1.17
Sodium (p.p.m. dry wt.) . .	110	65

Russeting as a result of rain has been described by DALBRO (1958). A positive correlation between the number of rainy days and the amount of russeting was found, for example, when the trees were sheltered by means of plastic tents from two weeks after blossoming until harvest, the apples remained quite smooth. Also, a negative correlation was found between the amount of russeting and the quantity of potash in the soil coupled with the abundance of leaves. Positive correlations were found between the quantity of potash and the amount of Cox Orange spot; when the quantity of potash in the soil is high, the occurrence of Cox Orange spot can be reduced by the application of suitable amounts of nitrogen. It was suggested that the spots are produced when the quantity of potash in the leaf varies from too high during a dry period to too low after rain.

Russeting caused by spray substances was mentioned under "Pesticides".

3. **Squamousness.** — Squamousness of apples has been studied by JOCHEMS (1961). Transverse sections through the skin of the apple indicated that an external influence, by fungi and/or bacteria, had taken place. It could not be stated, however, whether this influence should be regarded as a primary or a secondary infection. The wax layers as well as the cutin

a
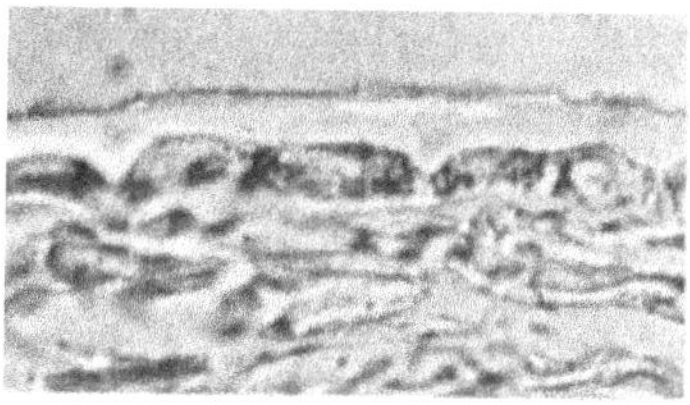
b
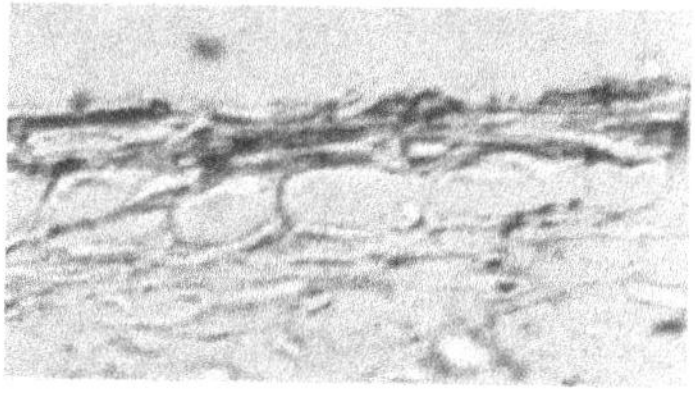

Fig. 9. Sections through skin of Golden Delicious apple: *a*, normal, healthy cuticle and epiderm layer and *b*, cuticle and epidermal layer of scald fruit [courtesy of JOCHEMS (1961)]

were affected (Fig. 9). With regard to chemical alterations, the number of double bonds in the fatty acids has decreased, a partial hydrolyses of fatty acids has taken place, and the number of free fatty acid and carboxyl-groups has increased as a result of hydrolyses of ester bonds. These results are given in Table V.

Table V. *Chemical alterations in cutin from squamousness* (JOCHEMS 1961)

Chemical property	Normal cutin		Squamous cutin	
	Without hydrolysis	After hydrolysis	Without hydrolysis	After hydrolysis
Iodine no.	46.0	48.6	38.4	40.2
Hydroxyl no..	302	320	325	330
Acid no..	21.1	206	29.2	195
Saponification no.. . .	—	255	—	240

IV. Cuticle as a site for residues

Pesticides will generally be applied to plant surfaces as sprays dissolved or suspended in water or as dusts. Because the total surface of the treated plants is usually less than the surface of the treated area of the field or ground, it is often necessary to apply large amounts of the formulation with the intention that every part of each plant surface will be reached. That part of the spray which will reach the surfaces of the plants we shall call *deposit* in accordance with GUNTHER and BLINN (1955) and DORMAL (1959).

This is the quantity of pesticide which will be retained primarily on the surface of the plant and is not yet changed qualitatively and quantitatively by weathering and other forces. From this deposit a greater part may run or slough off as a result of the position of the surface in relation to the earth. Another part of the deposit will enter the rectual openings, such as stomata, lenticels, and wounds, by capillary action. Immediately after being laid down, the deposit will also be reduced by evaporation. The remainder, held

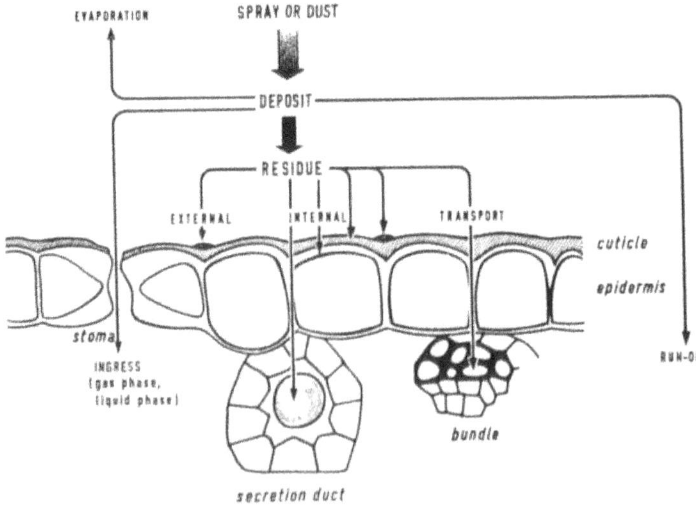

Fig. 10. Scheme for residues of leaf surfaces (original)

on the surface of the plant for some time and undergoing absorption, transportation, and degradation, we call *residue* (GUNTHER and BLINN 1955) as illustrated in Fig. 10.

It is useful do distinguish between *external* and *internal* residue, meaning by external (extracuticular) residue the fraction which will remain outside the cuticle on the surface, while by internal residue is meant the fraction which penetrates the cuticular and epidermal layer (see GUNTHER and BLINN 1955, EBELING 1963). Internal residues can be differentiated into an intracuticular ["subcuticular": GUNTHER and BLINN (1955)] and a transported part. The latter will be found within the cell walls and the cytoplasma of the epidermal layer, in the ducts of secretion, dissolved in essential oils, and diffusing into the inner tissues; part of this can be translocated

Table VI. *Amounts of Systox residues 24 hours after application on and in leaves of different types* (TIETZ 1954)

Plant species, leaves	Residue, %	
	Extracuticular	Intracuticular
Cypripedium harrisianum	62.7	37.3
Rhoeo discolor	55.5	44.5
Cyclamen persicum. . .	40.9	59.1
Primula obconica . . .	24.2	57.8

after entering the phloem and xylem. The quantities of extracuticular and intracuticular residue vary strongly according to the species (Table VI) and the time (Fig. 11) (TIETZ 1954 and 1956).

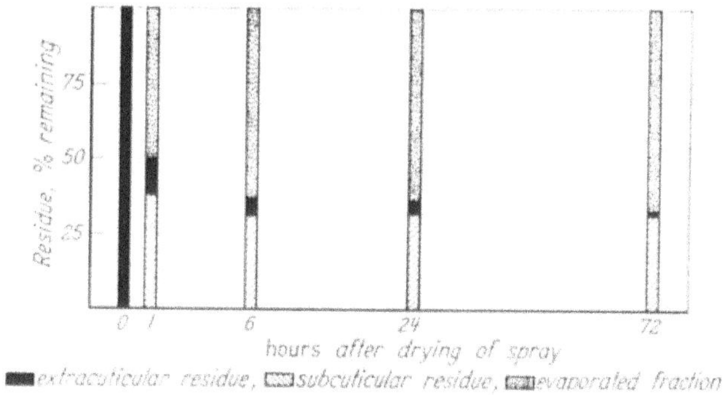

Fig. 11. Transition of extracuticular residue into subcuticular residue (redrawn from TIETZ 1954)

Fractionation of the original residue depends in part on the growth cycle and the specific functions of the surface sprayed. Therefore it will be necessary, with the physiology of cuticular layers in mind, to discuss what happens to the residues inside and outside the cuticle of the plant.

a) Adhesion

Adhesion and absorption of spray and dust constituents depend both on the chemical composition and on the structures of the covering layers, and on the chemical and physical properties of the spray solution or the dust mixture. External factors can influence both of them in various directions.

The epidermis is generally covered with a wax layer. But we have to realize that this means not only a direct protection by its intrinsic hydrophobic property, but also by the existence of a film of air. As shown by recent steric electronmicrographs (JUNIPER and BRADLEY 1958, JUNIPER 1959, BRANDES and HILLE 1962, CRAFTS and FOY 1962) the waxy rodlets on the cuticular surface are not flat, but stand up. Taken collectively these structures of wax form a coating high enough to prevent drops of fluid from touching the cuticle immediately (CRAFTS and FOY 1962, EBELING 1963). As a result of the incompact stratification of the wax rodlets cuticular transpiration is not hindered under the physiological conditions of wetting by water.

The chemical composition of waxy coatings varies strongly with different plants. Closely allied species generally produce waxes of similar or identical composition (KREGER 1948) and therefore the hydrocarbon pattern of the wax of a leaf can be used as a taxonomic criterion (EGLINTON *et al.* 1962 a and b). Hence variations in the behaviour of adhesion on the surfaces of various plants can largely be explained by submicroscopical structure and the chemical characteristics of the cuticular layers. The liquid retention is genotypically controlled by variation in wax extrusion. The degree of water repellency is a function of the number and the type of wax bodies (SALAMI 1963). Surface wax deposits are damaged by strong winds (HALL and JONES 1961) and can be removed when leaves are buffered against the ground (HALL and DONALDSON 1963).

Phenomena on the surface regulate the process of adhesion. As was formerly shown (FOGG 1947 and 1948, LINSKENS 1950, 1952 a and b), wettability changes with aging and differs on different parts of the leaf (ENNIS *et al.* 1951, CRAFTS and FOY 1962). The daily fluctuations of

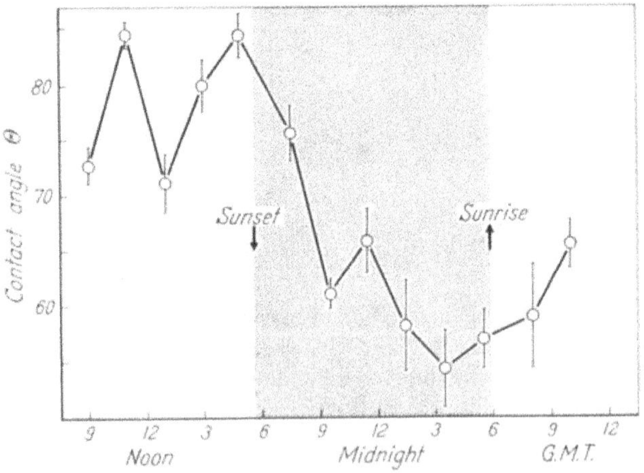

Fig. 12. Diurnal fluctuation in the advancing contact angle of water on the upper surfaces of leaves of *Brassica nigra*. Standard deviation of the mean is indicated by the vertical lines (redrawn from FOGG 1944)

wettability can be diagrammed as in Fig. 12. The average retention of sprays on leaves varies significantly according to the stage of development as in Fig. 13; the quantity and the formulation of the spray have no effect on the rate of retention of the effective substance. Small differences in the amount of retention can be shown with different varieties of wheat

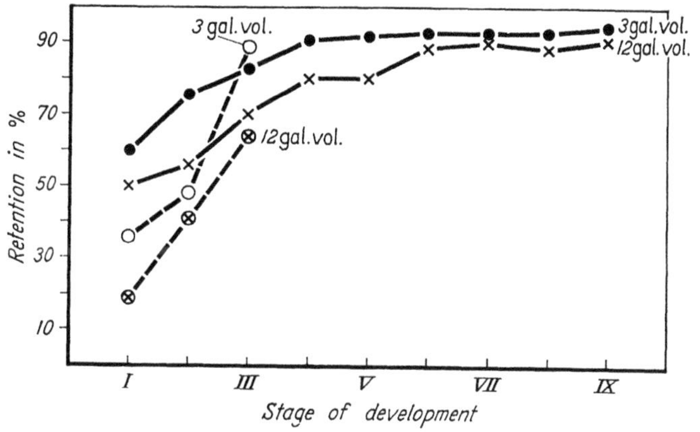

Fig. 13. Retention of 2,4-dichlorophenoxyacetic acid sprays on winter wheat at different rates and with two formulations to show dependence of retention on stage of development (WOOFTER and LAMB 1954): ———— triethanolamine salt adjusted to pH 4.5 with dilute hydrochloric acid; - - - - - isopropyl ester (commercial product)

(WHOFTER and LAMB 1954): monocotyledonous plants generally show lower wettability than dicotyledonous ones. Therefore, it will be possible to find one of the principles of the selective toxicity of the action of selective herbicides in this physical feature (STANIFORTH and LOOMIS 1949, LINSKENS 1950, BLACKMAN 1950). Absorption of substances regulating the growth on the surfaces of plants has been discussed by CRAFTS and FOY (1962), MITCHELL *et al.* (1963), and MITCHELL and LINDER (1963).

Wettability also depends on the corrugation of the leaf surface. The extent of corrugation of the cuticle of a leaf varies according to the amount of water in the underlying tissue (see Fig. 14) and to the circumstances under which the plant grows: in the field the increase of the contact angle is greater than under greenhouse conditions, but the eventual decrease takes place earlier (see Fig. 15) (LINSKENS 1952 b). The change in wetting characteristics is also influenced by minute quantities of polar substances occupying the surface. VOET and VAN ELTEREN (1937) have shown that when

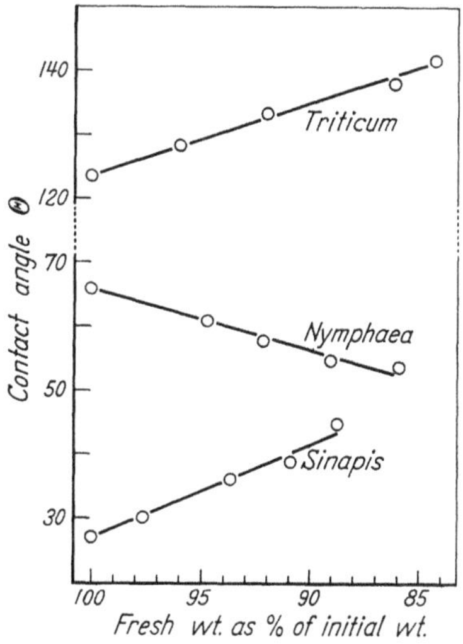

Fig. 14. Dependence of adhesion [measured by contact angle on the wilting process (measured by water content of the leaf)] in different plant leaves (FOGG 1948)

about one-third of the available space is reached this will be sufficient to result in a completely wetted surface.

Once "infected" by a detergent, the surface of the leaf can never be cleaned again (ZIEGENSPEK 1942) by simple washing and rinsing; only

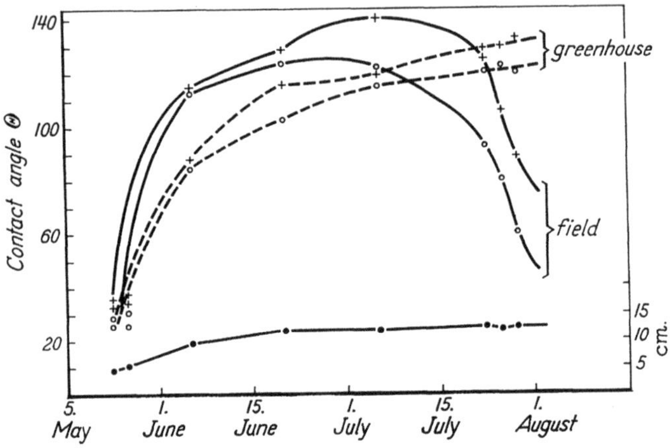

Fig. 15. Changes in adhesion (contact angle) on leaves grown under various conditions (LINSKENS 1952 b): +, upper surface; O, lower surface; ●, length of leaf in centimeters (right hand scale)

by destruction and decomposition of the surface layer as a whole over long intervals, can a restoration of the properties of the surface take place (LINSKENS 1951, SCHNEIDER 1957).

b) *Penetration*

Most pesticides are partly absorbed (penetrate) into the cuticula of the leaf, and thus change from extracuticular residues to intra- and subcuticular residues. From the standpoint of pest control it is sometimes wanted that part of the applied pesticide enter the outer layers and penetrate into lower tissues to exert systemic effects.

Among other ways, the process of penetration can be observed by decreases in surface residues with time (see Fig. 16). Penetration of the insecticide parathion into a plant was demonstrated for the first time by FROHBERGER (1948), when he found unchanged insecticide in guttation fluid after application to a cuticular surface. Many other workers have made similar observations. The fact that such applications can show various effects in the plants themselves, for example, demonstrated that the pesticides or their alteration products may penetrate. The question is raised: where and how does penetration occur?

The pathway of penetration below the surfaces of leaves can be: a) through the bases of the epidermal hairs — since the findings of STRUGGER (1940), ROUSCHAL and STRUGGER (1940) and BAUER (1953) it is known that this is the main entrance of aqueous solutions as a result of less resistance (c.f. scheme of ectodesmata in Fig. 6); b) through the cuticular layer on the epidermal cells; c) after penetration into the stomata through the inner cuticle which covers the outer surfaces of cells in the intercellular spaces (ARZT 1933, FREY-WYSSLING and HÄUSERMANN 1944); and

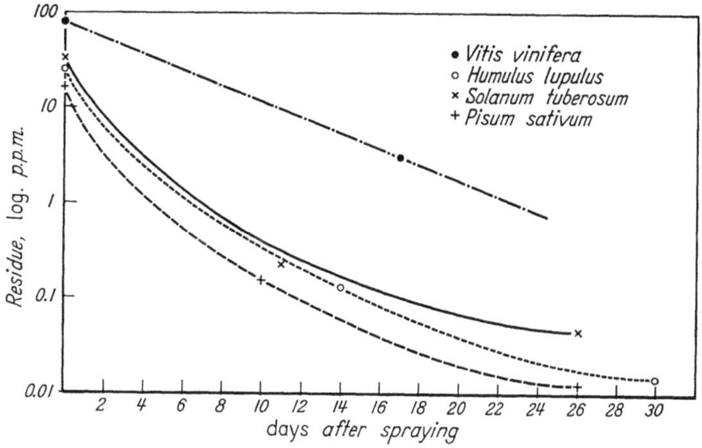

Fig. 16. Penetration of 0.1% Metasystox measured by the losses of toxic deposits on various leaves (drawn from data of TIETZ 1957)

d) through damages in the wax and cuticular layers caused by mechanical cracks and penetrating pathogens (CRAFTS and FOY 1962).

Penetration through cuticular membranes can be followed by using radioactive pesticides (TIETZ 1954, GOODMAN and ADDY 1963). The rate of penetration depends in part on the type of leaf (see Table VI) but is also a function of the solubility of the pesticide in question in the lipid layer. The penetrated fraction derives from the extra-cuticular residue. The amount of penetrated pesticide may be large within a few hours after application (Fig. 17) (see also STOBWASSER 1961). With leaves the lower cuticular membrane is more permeable than the upper one. The thickness of cuticle may account for the better penetration of lower than of upper cuticles (GOODMAN and ADDY 1963). Entry through the stomata is unimportant (FOGG 1948, GOODMAN and ADDY 1963). Penetration is mainly a process of diffusion throught the membrane. A final point of interest is that certain model compounds (urea, benzoic acid, glucose, sodium chloride, maleic hydrazide, Simazine) move more readily through the membrane from the inner to the outer side than in the opposite direction; this was true for both lower and upper cuticle (GOODMAN and ADDY 1963).

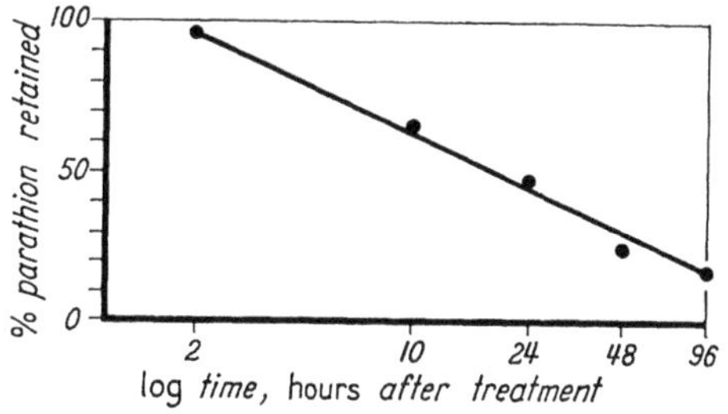

Fig. 17. Percent of parathion residues retained on apple foliage after application during a period of uniform temperature and in absence of rainfall (FAHEY et al. 1952)

Lateral diffusion of phosphoric acid esters amounts to only a few millimetres and depends on the area and the amount of substance applied (LUDICKE 1949). This vertical and horizontal diffusion inside the cuticula takes place in the continuous layers of pectinaceous substances from the exterior of the cuticula to the epidermal cells and vein extensions (PALMITER *et al.* 1946). This transport inside the cuticular layers implicates all the different mechanisms discussed in the section on the physiology of the cuticle and will be influenced by pH, and modified to some extent by cations and the presence of surfactants, sugars, and anions (ORGELL and WEINTRAUB 1955, ORGELL 1957).

A reversed penetration can be observed on oranges: after a few days' aeration parathion, formerly applied, will be found on the outer surface again. It may be assumed that the substance soluble in lipid returned from internal to external residue, from the essential oils of the ducts of secretions, or from the submicroscopical spaces in the cuticular waxes (CARMAN *et al.* 1952). DDT may also reissue from treated leaves and wood (see EBELING 1963).

c) Persistence

In addition to adhesion and penetration, the persistence of pesticide residues is another important property for it may affect the economic values of crops, and the danger of foreign chemicals as residues on and in crops is of international concern.

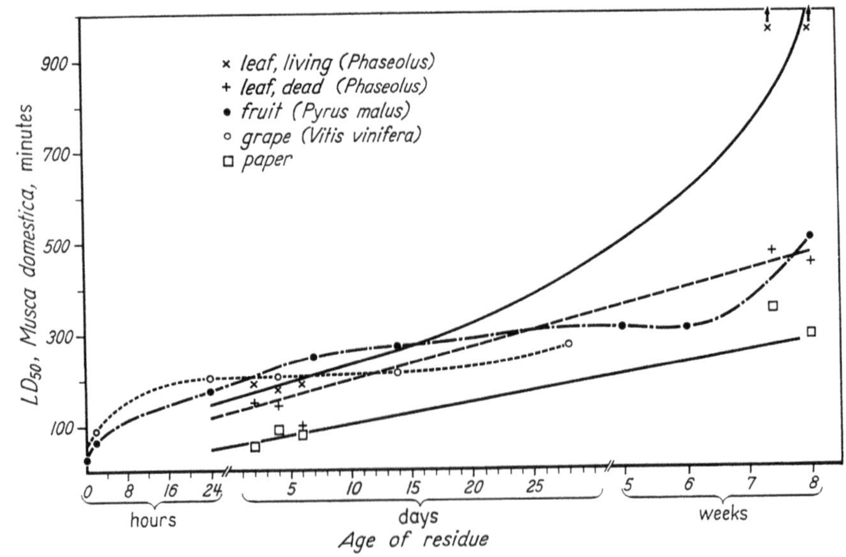

Fig. 18. Diminution of insecticidal activity on living leaves and on dead material (FROHBERGER 1949)

1. Fate and pattern of persistence. — Many observations exist on the rates of loss of residual effects. Recent literature is discussed by ANONYMOUS (1953) and VAN MIDDELEM (1963) for parathion, and by FAHMY

(1961) for DDT. The data reviewed show that generally speaking, the rates of disappearance and persistence respectively depend particularly on concentration, on doses and formulation of the pesticide applied, on the chemical composition, on the physical and living state of the surfaces of the different plants, and on the weather factors influencing the process of degradation. GUNTHER and BLINN (1955) and GUNTHER (1957 and 1962) do not agree with this thesis.

As seen in Figs. 14, 17, 18, and 19 according to experimental results of FAHEY *et al.* (1952), WARD and BURT (1956), FROHBERGER (1949) and TIETZ (1954), however, the rates of persistence cannot be foreseen because the complex of factors influencing persistence is not well known.

The pattern and persistence of deposits on the foliage are highly influenced by the method of application. Using concentrate sprayers initial deposits are about 75 percent higher on the lower surface than on the upper. Even in the absence of rain there is a marked tendency for this relative difference to increase until the residues have fallen to a low value (PIELOU and WILLIAMS 1962 b, PIELOU *et al.* 1962). Using high-volume spray applications, deposits initially were approximately 27 percent higher on the lower than on the upper surfaces of the leaves. Subsequent erosion was more rapid on the upper surface so that this disparity increased with

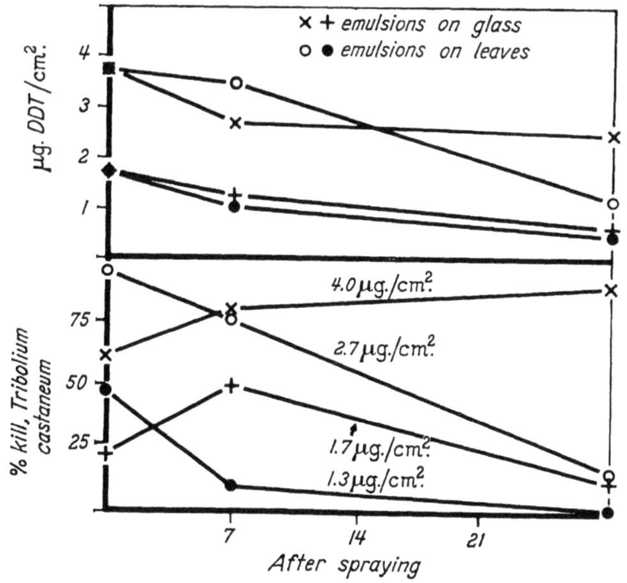

Fig. 19. Loss of DDT deposits from glass plates and growing leaves (above) as quantity of DDT residue per cm.² of leaf surface, and (below) as persistence measured by insecticidal activity (adapted from WARD and BURT 1956)

time (PIELOU and WILLIAMS 1962 a and c). The effect of surface-active agents (surfactants) such as wetters, spreaders, and stickers on the deposits of pesticides on leaves is not always readily predictable. Results are influenced by the physical and chemical properties of the pesticide preparation (solution, emulsion, suspension), the mode of application, and the nature of the plant surface. The use of additives with pesticides has to be pre-tested in every case to reach maximum efficiency (WILLIAMS and PIELOU 1962). No correlation was found up till now between the effect of a surfactant and the ionogenic class to which the surfactant belongs (EYNARD and PAGLIETTA 1962).

2. Factors affecting persistence. — Persistence may be evaluated by chemical and biological means. FAHMY (1961) compared bioassay and chemical analysis on all factors affecting the loss of insecticide deposits.

During a period of uniform temperature and in the absence of rainfall, the rate of loss of parathion from spray deposits is a function of the log of the time elapsed (Fig. 17) (FAHEY *et al.* 1952).

Generally the factors affecting persistence can be grouped as follows:

Removal or breakdown of the toxicant brought about by *atmospheric elements* (BURT and WARD 1956).

α) Rain. — The effect of rainfall on DDT deposits was first investigated by FENNAH (1945). He showd that the removal of dry deposits of crystals appeared to be due to the mechanical action of raindrops; the degree of erosion depended on the intensity of the showers. This was confirmed for other chemicals by HOPKINS *et al.* (1952), GAINES and MISTRIC (1951 and 1952), BURT and WARD (1956), FAHMY (1961) and others. Especially in the field, rainfall often produces the greatest effect during the first 24 hours after treatment and gives a relatively less injurious effect in later days. The extent of loss of residue depends on the formulations used: deposits by dusting and spraying with suspensions are much more affected than are deposits from emulsions.

β) Temperature. — It is quite clear that pesticides with high vapour pressures disappear very quickly from the surfaces of leaves. At high temperatures losses occur mainly within the initial period of exposure, after which the rate of decrease diminishes appreciably. At moderate temperatures initial losses of DDT and of parathion were much less but continued on a higher level during a longer period both in field and in laboratory experiments (FAHMY 1961).

γ) Radiation. — As was shown by GUNTHER and TOW (1964) and HOFFERBERT and ORTH (1948), deposits of pesticide emulsions and of wettable powders exposed to sunlight suffered appreciable reductions in toxicity. Deposits of suspensions and emulsions persisted longer than deposits of solutions containing non-volatile solvents. Ultraviolet is more active than red light (GUNTHER *et al.* 1946, LINDQUIST *et al.* 1946, NASIR 1953). Generally, moistening of the surface had a protective effect against breakdwon from radiation (FAMHY 1961).

Dilution of the pesticide residue by *living state and growing processes* plays an important role for substances of long effectiveness. Applied in an early stage of development, the increase of the living surface of leaves renders an attenuation of the effective substance per surface unit. Protective effect may therefore be reduced, while at the same time the properties of the surface are less involved, because a monomolecular layer is sufficient to give a completely wet surface. As shown in Figs. 18 and 19 (FROHBERGER 1949, WARD and BURT 1956, BURT and WARD 1956) persistence on dead material such as glass and paper is much higher than on leaves and fruits. Furthermore, it can be demonstrated that the living state is decisive: living leaves of the same species show much less persistence (measured as increase of the LD_{50} of flies) than do killed leaves. From the experiments of FROHBERGER (1949 and 1950) it can be concluded that the inactivation of the effect of insecticide is caused by an enzymatic breakdown; cytoplasm must be regarded as the place of inactivation. The possibility of breakdown occurring under the influence of some cuticular components cannot be excluded, though the extent of this breakdown is likely to be small (BENNETT and THOMAS 1954). Obviously certain bacteria are able to inactivate the parathion inside and outside the surface of the leaf by fermention. In a special case it was demonstrated that the compounds of metabolism are built into the phosphatides, especially in the lecithins (MÜHLMANN and TIETZ 1956).

Lastly the *physical and chemical interaction* of the pesticide residue with the substrate to which the material is applied affects persistence. Also, the solvent, diluent, and any other constituents of the formulation may influence the persistence or the disappearance of pesticides. Oxidation as a result of exposure to air, decomposition induced by heat, and degradation either occurring spontaneously or accelerated by catalytic material may effect persistence. Changing of the physical nature of the spray film as a result of a decrease of adhesion of the insecticide particles, crystallization of a solution, liquefaction of a solid, and volatilization of the pesticides all cause a change in the deposits and residues on foliage (GUNTHER and BLINN 1955, BURT and WARD 1956, EBELING 1963).

Finally, persistence can be *masked* by layers of dust or other foreign material, such as scale insects or aphids.

d) Optical properties

Optical properties of the cuticle of the plant are widely studied from ecological points of view. An important fraction of the incident visible and

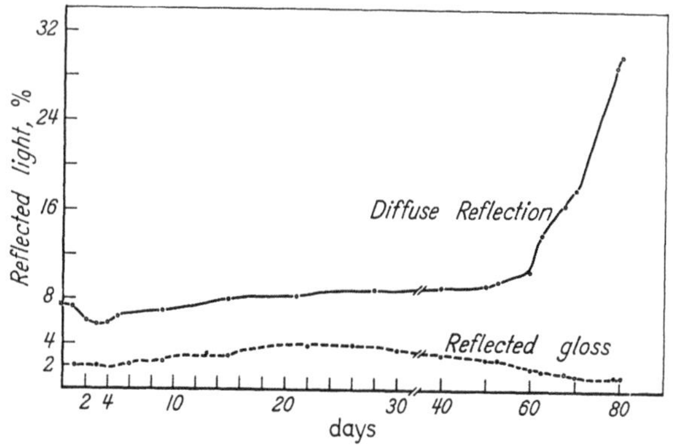

Fig. 20. Changing of reflected gloss and diffuse reflection on a leaf of *Ficus elastica* with aging. Method from METZNER (1957) with photoelectrical glancemeter by B. LANGE (original)

infra-red light on leaves is reflected (BILLINGS and MORRIS 1951, GATES and TANTRAPORN 1952, SEYBOLD 1955, BARTH 1957). Very little is known about the influence of pesticide treatments on the reflective properties on the surface of the leaf. In preliminary experiments we observed dependency on the pesticide formulation we used, with a characteristic change of diffuse reflection: generally a strong decrease of diffuse reflection and simultaneously an increase of reflected gloss. After some time, however, the treated surface gets dirty more quickly than the untreated leaf. Moreover, by the method of METZNER (1957), we found a changing of the diffuse reflection of the leaf with the process of aging: a little decline in the first days during the expanding of the leaf is followed by a slow increase of the percentage of diffuse reflected light. During the period of decay, when no further wax material is deposited, a strong increase is observed, and at the same time the reflected gloss diminishes (Fig. 20).

V. Change of the cuticular situation after application of pesticides

Once a pesticide is applied to the surface of a leaf, that surface will never return to its former state, not only because the material outside the epidermal cells is not static, but also because it is in a state of change (MARTIN 1961). As was shown in the section on the physiology of cuticula, there always remains a residue after treatment: after application of dust in the form of particles or crystals, after spraying with emulsions or solutions, an alternation of the chemical and physical situation takes place. A preliminary electron microscope study of the effect of polishing or "shining" substances on a leaf of one type shows characteristic pictures: according to the action of the polishing agent the waxy rodlets are dissolved or "planed" away, or the submicroscopical cavities are filled up. Also, mechanical polishing shows a characteristic change of the cuticular situation: by mechanical pressure foreign particles are pressed into the wax layer and the original structure is damaged or removed (Fig. 21).

It was demonstrated by CZAJA (1962) that adhering dust penetrates the wax and cutin layers and damages the cellulose cell wall beyond. These injuries are governed by considerable differences in specific types and strains of plants, also by different feeding conditions (ULLRICH 1963). The same thing happens after the application of herbicides or other pesticides, even when it may be possible to accommodate the pesticide residue in terms of pharmacology (GUNTHER 1957). A discussion of the establishment of maximum tolerance concentrations of residues in food products (BERAN 1961 a and b, 1962; MAIER-BODE 1963) is therefore somewhat academic for the demand for the ideal case (residue = zero) can never be fulfilled.

On the other hand, wax coatings are needed as plant antitranspirants (GALE 1961), and fungicides and fungistats (MATHUR and SUBRAMANYAM

Fig. 21 a—f. Changing of the submicroscopical situation on the adult leaf surface of *Ficus elastica after* application of different "shining" substances: *a*, control or untreated leaf grown protected against detritis; *b*, leaf grown unprotected and lapped before examination; *c*, leaf polished with "Leaf-Shine" (Boyle-Midway, Los Angeles); *d*, leaf treated with „Blatt 3" (Etisso/Köln); *e*, leaf treated with „Paraderil" (Dr. Maag, Dielsdorf-Zürich); *f*, leaf treated with leaf lustre "Black-Magic" (Parks-Barnes, Hermosa Beach, Calif.). Method replica technique of BRADLEY [J. roy. microsc. Soc. **79**, 101 (1960)] but shadowed with platina 30°, with preshadowed carbon replica, by courtesy of STADHOUDERS, Centre of Electron Microscopy, Nijmegen. Photographs with EM 75 Philips instrument, magnification 6600

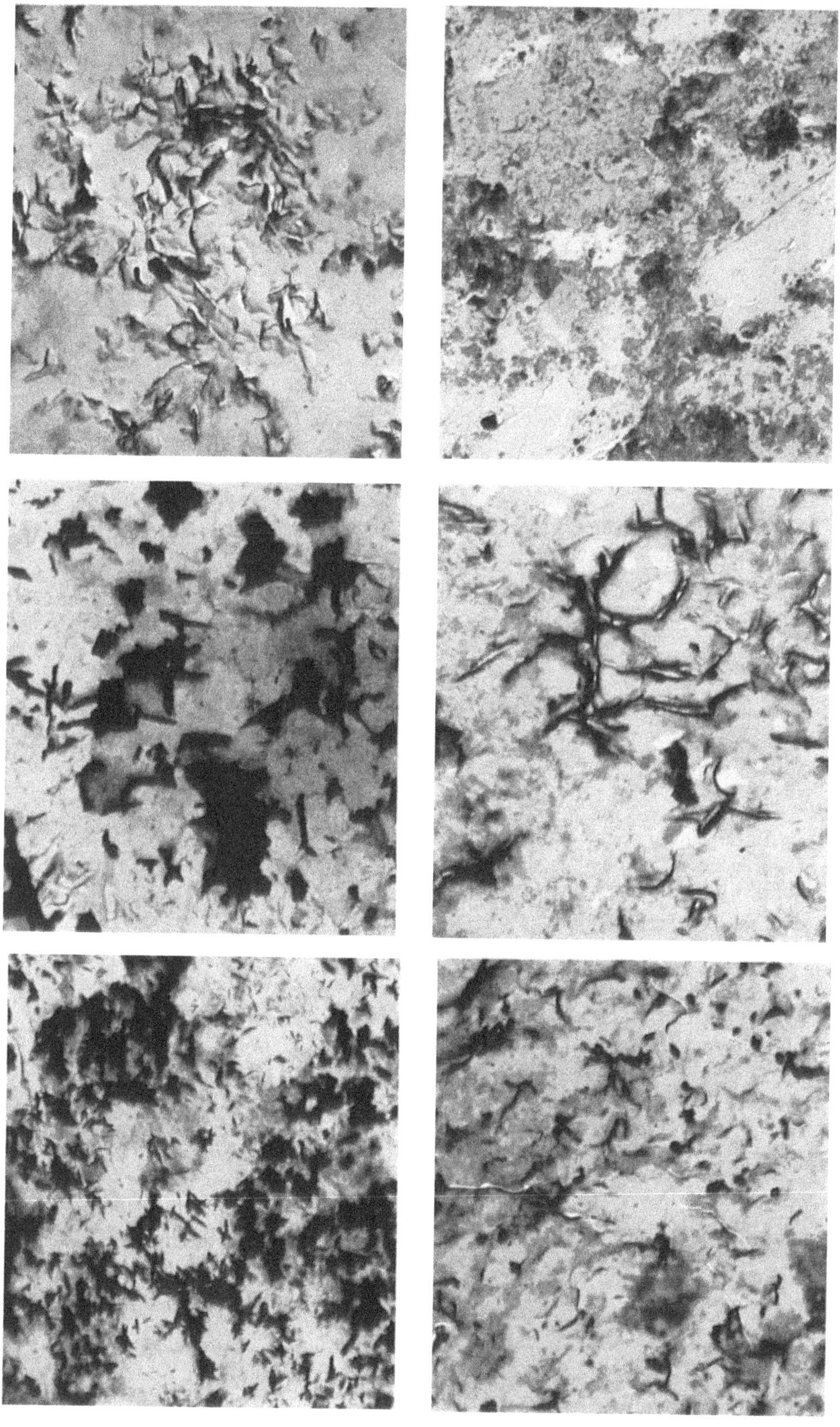

b

d

f

1956) are needed as protective residues on the cuticles of leaves and fruits. Few investigations have been made on the physiological effects of these permanent residues (cf. WILLER *et al.* 1950): an increase of the temperature of the leaf can reduce field survival (THAMES 1961), and a diminishing of transpiration reduces photosynthesis (BARR 1945, DURQUETY and MAGIMEL 1957, GALE 1961, SLATYER and BIERHUIZEN 1964).

Table VII. *Chemical names of pesticides mentioned in text*

2,4-D	2,4-dichlorophenoxyacetic acid
Dalapon	sodium 2,2-dichloropropionate
DDT	1,1,1-trichloro-2,2- bis (*p*-chlorophenyl) ethane
metasystox	*O*,*O*-dimethyl *S*-2 ethylthioethyl phosphorothioate
parathion	*O*,*O*-diethyl-*O*-*p*-nitrophenyl phosphorothioate
Systox	*O*,*O*-diethyl *S*-(2-ethylthio) ethyl phosphorothionate
T. C. A.	trichloroacetic acid

Summary

The biochemical and biophysical properties of the cuticular layers of leaves can be understood from their complex character. The synthesis as well as decomposition of the cuticular compounds will be catalyzed by enzymic processes. When sufficient oxygen is provided, all components of the cuticle will be decomposed by the action of either bacteria or molds. But also by the enzymes of the disorganized dying plant-cell itself decomposition may get started. Two different enzymes participate in breaking down of cutin: a cutin esterase, catalyzing the hydrolysis of ester bonds, and a carboxycutin-peroxidase, by which the peroxide groups of carboxycutin are split, resulting in the release of two chains of hydroxy fatty acids. According to analytical studies, a basic structure of cutin can be proposed. Biosynthesis of cutin takes place probably via stearic, oleic, and linoleic acids.

The outer wax layer of the cuticle is formed *via* the ectodesmata in the outer tangential cell walls of the epidermis. The pattern of the wax layer is species specific and depends on the amount as well as on the distribution of charges along the leaf surface. Ectodesmata play an important role in building up cuticular layers. Form and shape of the ectodesmata will be influenced by externally applied pesticides.

Pathological changes in cuticle can be caused by pesticides, microbiological infections, and physiological diseases: scald and russeting result in change of biochemical composition of the pathological cutin.

The authors conventionally distinguish between *deposit*, the part of the spray which will reach plant surfaces, and *residue*, the part of the pesticide which is held on the surface for some time and undergoes absorption, transportation, and degradation. *External* residue is the part of the total residue which remains outside the cuticle on the surface and will be mainly decomposed by the atmospheric elements; *internal* residue will be diluted by the physiological processes of the living tissue.

By the presence of pesticide residues the physical and physiological conditions on the leaf surface and in the subcuticular tissues will be irreversibly changed.

Résumé *

Les propriétés biochimiques et biophysiques des couches cuticulaires des feuilles découlent de leur caractère complexe. La synthèse autant que la décomposition des constituants cuticulaires sont catalysées par des processus enzymatiques. En présence d'une quantité suffisante d'oxygène, tous les constituants de la cuticule sont décomposés sous l'action des bactéries ou des moisissures. Mais, la décomposition peut aussi se produire sous l'action des enzymes, lors de l'autolyse des cellules végétales désorganisées.

Deux enzymes différentes participent à la destruction de la cutane: une cutinestérase qui catalyse l'hydrolyse des liaisons esters, et une carboxy-cutine-peroxydase qui scinde les groupes peroxydes de la carboxycutine, en entraînant la perte de deux chaînes d'acides gras hydroxylés. D'après des études analytiques, on peut proposer une structure de base pour la cutine. La biosynthèse de la cutine se fait probablement par l'intermédiaire des acides stéarique, oléique et linoléique.

La couche cireuse externe de la cuticule se forme à partir des ectodesmes situés dans la paroi tangentielle externe des cellules épidermiques. La structure de la couche cireuse est spécifique à chaque espèce végétale et dépend autant de la quantité que de la distribution des charges le long de la surface foliaire. Les ectodesmes jouent un rôle important dans la formation des couches cuticulaires. La morphologie des ectodesmes est influencée par les pesticides appliqués à la surface des feuilles.

Des modifications pathologiques dans la cuticule peuvent être causées par les pesticides, les infections microbiologiques et les maladies physiologiques: l'échaudure et le roussissement entraînent de la sorte un changement de la composition biochimique de la cutane.

Les auteurs font une distinction conventionnelle entre le *dépôt,* c'est à dire, la part de la pulvérisation qui atteint les surfaces végétales, et le *résidu,* c'est à dire, la part du pesticide qui est maintenue pendant un certain temps sur la surface, subit l'absorption, le transport et la dégradation. Le résidu *externe* est la part du résidu total qui persiste à l'extérieur de la cuticule, sur la surface, et qui sera décomposée principalement sous l'influence des agents atmosphériques; le résidu *interne* est celui qui sera dilué par les processus physiologiques du tissu vivant.

La présence de résidus de pesticides modifiera d'une façon irréversible les conditions physiques et physiologiques de la surface foliaire et des tissus sous-cuticulaires.

Zusammenfassung **

Die biochemischen und biophysikalischen Eigenschaften der Kutikularschichten des Blattes können verstanden werden aus deren komplexem Charakter. Sowohl am Aufbau der verschiedenen Komponenten, als auch an deren Abbau nehmen zahlreiche enzymatische Reaktionen teil. Bei Anwesenheit von Sauerstoff können alle Kutikula-Bestandteile sowohl durch

* Traduit par S. Dormal van den Bruel.
** Übersetzt von H. F. Linskens.

Bakterien, als auch durch Pilze abgebaut werden. Aber auch die pflanzeneigenen Enzyme nehmen an den Verrottungsprozessen teil. An der Kutinolyse beteiligen sich zwei verschiedene Enzymsysteme: eine Kutin-Esterase, die die Hydrolyse der Ester-Bindung verursacht, sowie eine Carboxykutin-Peroxydase, die die Peroxydgruppen des Karboxykutins abspaltet und so zur Bildung von zwei Oxy-Fettsäure-Ketten führt. Aufgrund der Abbau-Studien kann eine Struktur-Formel für die Kutin-Grundeinheit entworfen werden. Die Biosynthese des Blatt-Kutins erfolgt wahrscheinlich über Stearin-, Öl- und Linol-Säure.

Der Aufbau der die Kutikula abdeckenden Wachslage erfolgt über Ektodesmata in den tangentialen Außenwänden der Epidermis. Das Muster der Wachsablagerung ist artverschieden und hängt wahrscheinlich von Art und Verteilung der Oberflächenladung an der Blattoberfläche ab. Die Ektodesmata scheinen für den Aufbau der Kutikularschichten eine wichtige Rolle zu spielen. Ihre Größe und Aktivität wird durch von außen applizierte Substanzen beeinflußt.

Pathologische Zustände der Kutikula können verursacht werden durch Pflanzenschutzmittel, Infektionen und aufgrund physiologischer Erkrankungen: Rauhschaligkeit und Berostung äußern sich in einer Änderung der biochemischen Zusammensetzung der Kutikularschichten.

Von den Autoren wird ein Schema für die Genese der applizierten Pflanzenschutzmittel zu den verschiedenen Rückstands-Formen vorgeschlagen: von dem bei der Applikation die Blattoberfläche erreichenden *Depot* fließt ein größerer Teil aufgrund der Geometrie der Flächen ab; ein kleinerer Teil wird durch Spaltöffnungen, Lentizellen, Wunden kapillar aufgenommen. Der an der Oberfläche verbleibende Rest ist der *Rückstand*. Dieser setzt sich zusammen aus dem *externen* und *internen* Rückstand. Während der externe Rückstand in erster Linie durch die Atmosphäre und Atmosphärilien verkleinert wird, unterliegt der interne Rückstand den physiologischen Prozessen der lebenden Pflanze.

Durch die Anwesenheit der Pflanzenschutzmittel-Rückstände werden die physikalischen und physiologischen Zustände an der Blattoberfläche und in den subkutikulären Gewebeschichten irreversibel verändert.

References

Anonymous: Literaturübersicht über das Insektizid und Akarizid E 605. Bayer Pflanzenschutz, Leverkusen. P. 24 (1953).

Arens, K.: Die kutikuläre Exkretion des Laubblattes. Jb. wiss. Bot. **80**, 248 (1934).

Arzt, T.: Untersuchungen über das Vorkommen einer Kutikula in den Blättern dikotyler Pflanzen. Ber. dtsch. bot. Ges. **51**, 470 (1933).

Baker, E. A., R. F. Batt, and J. T. Martin: Studies on plant cuticule. VII. The nature and determination of cutin. Ann. appl. Biol. **53**, 59 (1964).

Barr, C. G.: Photosynthesis in maize as influenced by a transpiration reducing spray. Plant Physiol. **20**, 86 (1945).

Barth, H.: Spektrale Reflexion und Remission an Blättern und blattähnlichen Organen. Planta **49**, 103 (1957).

Batt, R. F., and J. T. Martin: Studies on plant cuticle. V. The cuticle of apple fruits in relation to damage by mercury. Long Ashton Ann. Rept. 1960, 111.

Bauer, L.: Die Frage der Stoffbewegungen in der Pflanze, mit besonderer Berücksichtigung der Wanderung von Fluorochrom. Planta **42**, 367 (1953).

BENNETT, S. H., and W. D. E. THOMAS: The absorption, translocation and breakdown of Schradan, applied to leaves, using P^{32}-labelled material. II. Evaporation and absorption. Ann. Appl. Biol. **41**, 484 (1954).
BERAN, F.: Pflanzenschutzmittelrückstände in Ernteprodukten — ein internationales Problem. Mededel. Landbouwhogeschool en opzoekingsstations Gent **26**, 1005 (1961 a).
— Das Problem der Pflanzenschutzmittelrückstände in europäischer Sicht. Pflanzenschutz-Ber. (Wien) **27**, 11 (1961 b).
— Zielsetzungen der Festsetzung von Wartezeiten für die Anwendung chemischer Pflanzenschutzmittel. Nachr. Bl. d. dtsch. Pflanzenschutzdienstes **14**, 17 (1962).
BILLINGS, W. D., and R. J. MORRIS: Reflection of visible and infrared radiation from leaves of different ecological groups. Amer. J. Bot. **38**, 327 (1951).
BLACKMAN, G. R.: The principles of selective toxicity and the action of the selective herbicides. Sci. Progress **150**, 637 (1950).
BLAIN, J. A., and T. BARR: Destruction of linoleate hydroperoxide by soya extracts. Nature **190**, 538 (1961).
BOLLIGER, R. J.: Entwicklung und Struktur der Epidermisaußenwand bei einigen Angiospermenblättern. J. Ultrastruct. Research **3**, 105 (1959).
BOYTON, D.: Nutrition by foliar application. Ann. Rev. Plant Physiol. **5**, 31 (1954).
BRANDES, J., und M. HILLE: Die Oberfläche eines Maisblattes mit dem Elektronenmikroskop stereoskopisch betrachtet. Zeiss-Werkzeitschr. **45**, 79 (1962).
BROOKS, C., J. S. COOLEY, and D. F. FISCHER: Oil wrappers, oils and waxes in the control of apple scald. J. Agr. Research **24**, 513 (1923).
BUCHLOH, G.: Zur Entstehung der Schalenbräune bei Äpfeln. Gartenbauwiss. **22**, 191 (1957).
BURT, P. E., and J. WARD: The persistence and fate of DDT on foliage I. The influence of plant wax on the toxicity and persistence of deposits of DDT crystals. Bull. Entomol. Research **46**, 39 (1956).
CARMAN, G. E., F. A. GUNTHER, R. C. BLINN, and R. D. GARMUS: The physical fate of parathion applied to citrus. J. Econ. Entomol. **45**, 767 (1952).
CHRIST, B.: Entwicklungsgeschichte und physiologische Untersuchungen über die Selbststerilität von *Cardamine pratensis* L. Zeitschr. Bot. **47**, 88 (1959).
CRAFTS, A. S.: The chemistry and mode of action of herbicides. New York—London: Interscience 1961.
—, and C. L. FOY: The chemical and physical nature of plant surfaces in relation to the use of pesticides and to their residues. Residue Reviews **1**, 112 (1962).
CROMBIE, W. M.: Fatty acids in chloroplasts and leaves. J. Exp. Bot. **9**, 254 (1958).
CZAJA, A. TH.: Über das Problem der Zementstaubwirkung auf Pflanzen. Staub **22**, 228 (1962).
DALBRO, V. K.: Iagttagelser or forsog vedr. skrubben frugt og bladpletter hos Cox's Orange. Tidskr. f. Planteavl. **62**, 112 (1958).
DEBUSCH, H.: Über die Fettsäuren aus grünen Blättern und das Vorkommen der Δ^3-trans-Hexadecensäure. Z. Naturforsch. **16 b**, 561 (1961).
DEWEY, O. R., P. GREGORY, and R. K. PFEIFFER: Factors affecting the susceptibility of peas to dinitroherbicides. Proc. 3rd Brit. Weed Control Conf. **1**, 313 (1956).
—, G. S. HARTLEY, and J. W. G. MACLAUCHLAN: External leaf waxes and their modification by root-treatment of plants with trichloro-acetate. Proc. Royal Soc. (London) **155 B**, 532 (1962).
DORMAL, S.: Étude de la persistance des résidus de pesticides dans les fruits et les légumes. Ann. de Gembloux (Belgique) **65**, 100 (1959).
DURQUETTY, P. M., and R. MAGIMEL: Actions des films hydrofuges d'organosiliciques sur le cycle végétatif et sur la résistance des végétaux à la sécheresse. Rev. Horticult. (Paris) **129**, 1734 (1957).
EBELING, W.: Analysis of the basic processes involved in the deposition, degradation, persistence, and effectiveness of pesticides. Residue Reviews **3**, 35 (1963).
EGLINTON, G., A. G. GONZALES, R. J. HAMILTON, and R. A. RAPHAEL: Hydrocarbon constituents of the wax coatings of plant leaves: a taxonomic survey. Phytochem. **1**, 89 (1962 a).

EGLINTON, G., R. J. HAMILTON, R. A. RAPHAEL, and A. G. GONZALES: Hydrocarbon constituents of the wax coatings of plant leaves: a taxonomic survey. Nature (London) **193**, 739 (1962 b).
EISENZOPF, R.: Ionenwirkung auf die kutikuläre Wasseraufnahme von Koniferen. Phyton (Horn, Österr.) **4**, 149 (1952).
ENGEL, H.: Das Verhalten der Blätter bei Benetzung mit Wasser. Jb. wiss. Bot. **88**, 816 (1939).
ENNIS, W. B., JR., R. E. WILLIAMSON, and K. P. DORSCHNER: Studies on spray retention by leaves of different plants. Weeds **1**, 274 (1951).
EYNARD, I., and R. PAGLIETTA: Effectiveness of surfactants in foliar aqueous treatments tested with radioisotopic technique. IV. Simposio Internaz. di Agrochim. (Pisa-Firenze), 3 (1962).
FAHEY, J. E., D. W. HAMILTON, and R. W. RINGS: Longevity of parathion and related insecticides in spray residues. J. Econ. Entomol. **45**, 700 (1952).
FAHMY, H. S. M.: Persistence of DDT and parathion residues on a plant surface as influenced by weather factors. Med. Landbouwhogeschool Wageningen **61** (6), 1 (1961).
FARMER, E. H.: Peroxidation in relation to olefinic structure. Trans. Far. Soc. **42**, 228 (1946).
—, and A. SUNDRALINGAM: The course of autoxidation reactions in polyisoprenes and allied compounds. J. Chem. Soc. (London) **1943**, 125.
FENNAH, R. G.: Preliminary tests with DDT against insect pests of food crops in the Lesser Antilles. Trop. Agr. **22**, 222 (1945).
FIDLER, J. C.: Studies on the physiologically active volatile organic compounds produced by fruits. J. Hort. Sci. **25**, 81 (1950).
FOGG, G. E.: Quantitative studies on the wetting of leaves by water. Proc. Roy. Soc. **B 134**, 503 (1947).
— Adhesion of water to the external surfaces of leaves. Disc. Far. Soc. **3**, **162** (1948 a).
— The penetration of 3:5-dinitro-o-cresol into leaves. Ann. Appl. Biol. **35**, 315—330 (1948 b).
FRANKE, W.: Über die Beziehungen der Ektodesmen zur Stoffaufnahme durch Blätter. I. Mitt. Beobachtungen an *Plantago major* L. Planta **55**, 390 (1960 a).
— Über die Beziehungen der Ektodesmen zur Stoffaufnahme durch Blätter. II. Mitt. Beobachtungen an *Helxine soleirolii* Req. Planta **55**, 533 (1960 b).
— Ectodesmata auf foliar absorption. Amer. J. Bot. **48**, 683 (1961 a).
— Untersuchungen zur Frage nach der Funktion der Ektodesmen. Naturwissenschaften **48**, 227 (1961 b).
— Tröpfchenausscheidung und Ektodesmenverteilung in Zwiebelschuppenepidermen. Ein Beitrag zur Frage der Ektodesmenfunktion. Planta **57**, 266 (1961 c).
— Ektodesmenstudien. I. Mitteilung über pilzförmig erscheinende Ektodesmen. Kritische Abhandlung über das Wesen der Ektodesmen. Planta **59**, 222 (1962 a).
— Weitere Untersuchungen zur Stoffaufnahme durch Blätter und deren Beziehung zu Ektodesmen. Ber. dtsch. bot. Ges. **75**, 295 (1962 b).
—, und H. FREHSE: Über Oxydationsfermente aus höheren Pflanzen. II. Zur Kenntnis der Lipoxydase und „Lipodehydrase" und ihrer Beziehungen zueinander. Z. physiol. Chem. **298**, 1 (1954).
FREHSE, H., und H. NIESSEN: Die Analyse von Pflanzenschutzmittelrückständen. Z. anal. Chem. **192**, 94 (1963).
FREY-WYSSLING, A.: Die Stoffausscheidung der höheren Pflanzen. Berlin: Springer 1935.
—, und E. HÄUSERMANN: Über die Auskleidung der Mesophyll-Interzellularen. Ber. schweiz. bot. Ges. **51**, 555 (1941).
FRITZ, F.: Über die Cuticula von Aloe- und Gasteria-Arten. Jb. wiss. Bot. **81**, 718 (1935).
FROHBERGER, P. E.: Die Guttationstropfenmethode. Höfchen-Briefe **1** (3), 23 (1948).
— Untersuchungen über das Verhalten des Insektizides Diäthyl-p-nitrophenylthiophosphat (E. 605) auf und in der Pflanze. Höfchen-Briefe **2** (2), 7 (1949); also, Thesis Köln 1949.

FROHBERGER, P. E.: Über das Verhalten des Insektizides E 605 auf und in der Pflanze. Nachr. Bl. d. Biol. Bundesanstalt (Braunschweig) **1**, 11 (1950).
GÄRTEL, W.: Personal communication (1964).
GÄUMANN, E., and O. JAAG: Untersuchungen über die pflanzliche Transpiration. Ber. schweiz. bot. Ges. **49**, 178 (1939).
GAINES, J. C., and W. J. MISTRIC: Effect of rainfall and other factors on the toxicity of certain insecticides. J. Econ. Entomol. **44**, 580 (1951).
— — Effect of environmental factors on the toxicity of certain insecticides. J. Econ. Entomol. **45**, 409 (1952).
GALE, J.: Studies on plant antitranspirants. Plant Physiol. **14**, 777 (1961).
GATES, D. M., and W. TANTRAPORN: The reflectivity of deciduous trees and herbaceous plants in the infrared to 25 microns. Science **115**, 613 (1952).
GOODMAN, R. N., and S. K. ADDY: Penetration of excised apple cuticles by radioactive organic and inorganic compounds. Phytopathol. **52**, 11 (1962).
— — Penetration of excised apple cuticular membranes by radio-active pesticides and other model compounds. Phytopathol. Z. **46**, 1 (1963).
GRETSCHUSCHINIKOW, A. I., and N. N. JAKOWLEWA (1951), cited from K. T. SUCHORUKOW: Beiträge zur Physiologie der pflanzlichen Resistenz. Berlin: Akademie Verlag 1958.
GUNTHER, F. A.: Resistance of pesticides to natural or artificial degradative action: methods of elimination of pesticide residues. IIIe Symposium sur les substances étrangères dans les aliments. P. 281 (1957).
— Instrumentation in pesticide residue determinations. Adv. Pest Control Research **5**, 191 (1962).
—, and R. C. BLINN: Analysis of insecticides and acaricides. Pp. 76 ff. New York: Interscience 1955.
—, D. L. LINDGREN, M. I. ELLIOT, and J. P. LADUE: Persistence of certain DDT deposits under field conditions. J. Econ. Entomol. **39**, 624 (1946).
—, and L. R. TOW: Inhibition of the catalyzed thermal decomposition of DDT. Science **104**, 203 (1946).
HÄRTEL, H.: Über die Quellbarkeit pflanzlicher Membranen. Phyton (Horn, Österr.) **3**, 69 (1951).
HÄRTEL, O.: Über die pflanzliche Kutikular-Transpiration und ihre Beziehungen zur Membranquellbarkeit. Sitzungsber. österr. Akad. Wiss. Math. Naturwiss. Kl. Abt. I. **156**, 57 (1947).
— Über die Beeinflussung der Transpiration durch Kupferkalkbrühe. Phyton (Horn, Österr.) **1**, 244 (1949).
— Wirkung von Ionen auf die Wasserdurchlässigkeit des primären und sekundären Hautgewebes pflanzlicher Organe. Protoplasma **39**, 364 (1950).
— Neues über die Kutikular-Transpiration. Ber. dtsch. bot. Ges. **63**, 31 (1951 a).
— Ionenwirkung auf die Kutikulartranspiration von Blättern. Protoplasma **40**, 107 (1951 b).
— Eine neue Methode zur Erkennung von Raucheinwirkungen an Fichten. Zentralbl. Forst- u. Holzwirtsch. **72**, 12 (1953).
HÄUSERMANN, E.: Über die Benetzungsgröße der Mesophyll-Interzellularen. Ber. schweiz. bot. Ges. **54**, 541 (1944).
HALL, D. M., and L. A. DONALDSON: Secretion from pores of surface wax on plant leaves. Nature **194**, 1196 (1962).
— — The ultrastructure of wax deposits on plant leaf surfaces. I. Growth of wax on leaves of Trifolium repens. J. Ultrastruct. Res. **9**, 259 (1963).
—, and R. L. JONES: Physiological significance of surface wax on leaves. Nature **191**, 95 (1961).
HALL, E. G., K. J. SCOTT, and G. G. COOTE: Control of superficial scald on Granny Smith apples with diphenylamine. Austral. J. Agr. Research **12**, 834 (1961).
— —, and T. J. RILEY: Effects of ventilation on the development of superficial scald on cool stored Granny Smith apples. Commonwealth Scient. and Ind. Research Org., Melbourne, Australia, Div. Food Preserv. Tech., Paper no. 25 (1961).
HARRIS, T. M.: The fossil plant cuticle. Endeavour **15**, 210 (1956).
HEINEN, W.: Über den enzymatischen Cutinabbau. I. Nachweis eines „Cutinase"-Systems. Acta Bot. Neerl. **9**, 167 (1960).

HEINEN, W.: Über den enzymatischen Cutinabbau. III. Die enzymatische Ausrüstung von *Penicillium spinulosum* zum Abbau der Cuticularbestandteile. Arch. Mikrobiol. **41**, 268 (1962).
— Über den enzymatischen Cutinabbau. IV. Trennung der Cutinase von oxydativen Begleitfermenten. Enzymologie **25**, 281 (1963 a).
— Über den enzymatischen Cutinabbau. V. Die Lyse von Peroxydbrücken im Cutin durch eine Peroxydase aus *Penicillium spinulosum* Thom. Acta Bot. Neerl. **12**, 51 (1963 b).
— Enzymatische Aspekte zur Biosynthese des Blatt-Cutins bei Gasteria verricuosa-Blättern nach Verletzung. Z. Naturforsch. **18 b**, 67 (1963 c).
—, und I. VAN DEN BRAND: Über den enzymatischen Cutinabbau. II. Eigenschaften eines cutinolytischen Enzyms aus *Penicillium spinulosum* Thom. Acta Bot. Neerl. **10**, 171 (1961).
—, and H. F. LINSKENS: Cutinabbau durch Pilzenzyme. Naturwissenschaften **47**, 18 (1960).
— — Enzymic breakdown of stigmatic cuticula of flowers. Nature (Lond.) **191**, 1416 (1961).
HILKENBÄUMER, F.: Elektronenmikroskopische Untersuchungen über den Aufbau kräftig entwickelter Cuticulae von Apfelfrüchten. Z. Naturforsch. **13 b**, 666 (1958).
HOFFERBERT, W., und H. ORTH: Ein Vorschlag zur inneren Therapie der Kartoffelpflanze gegen Pfirsichblattlaus mit Hilfe von E 650 f. Die Kartoffelwirtschaft 2 (2), 1 (1948).
HOLMAN, R. T.: Lipoxydase activity and fat composition of germinating soy beans. Arch. Biochem. **17**, 459 (1948).
HOPKINS, L., G. G. GYRISCO, and L. B. NORTON: Effects of sun, wind and rain on DDT dust residues on forage crops. J. Econ. Entomol. **45**, 629 (1952).
HORN, D. H. S., and M. MATIC: An investigation on sugar-cane wax. J. Sci. Food Agr. **10**, 571 (1957).
HUELIN, F. E., and B. H. KENNETT: Superficial scald, a functional disorder of stored apples. I. The role of volatile substances. J. Sci. Food Agr. **9**, 657 (1958).
HUYGEN, G., and E. MIDGAARD: A reinvestigation of the influence of varying air humidity on cuticular transpiration in *Pinus silverstris*. Plant Physiol. **7**, 128 (1954).
IMAI, M.: Studies on cerophilic growth of moulds on wax and paraffin. Bot. Mag. (Tokyo) **69**, 359 (1956).
JAMES, A. T.: Long-chain fatty acid synthesis by isolated plant leaves. Biochem. J. **82**, 28 (1962 a).
— The biosynthesis of unsaturated fatty acids in isolated plant leaves. Biochem. Biophys. Acta **57**, 167 (1962 b).
JAMES, W. O., and A. T. JAMES: Respiration of barley germinating in the dark. New Phytol. **39**, 145 (1940).
JOCHEMS, A. A. F.: Ruwschilligheidsonderzoek bij appels. Nijmegen (unpublished) (1961).
JUNIPER, B. E.: The surfaces of plants. Endeavour **18**, 20 (1959).
— The effect of pre-emergent treatment of peas with trichloroacetic acid on the submicroscopic structure of the leaf surface. New Phytol. **58**, 1 (1959).
—, and D. E. BRADLEY: The carbon replica technique in the study of the ultrastructure of leaf surfaces. J. Ultrastructure Research **2**, 16 (1958).
KERTESZ, Z. J.: Pectic enzymes. In: The Enzymes I/2, 745—768, editors J. B. Sumner and K. Myrbäck. New York: Acad. Press 1951.
KOLLMANN, R., and W. SCHUMACHER: Über die Feinstruktur des Phloems von Metasequoia glyptostroboides und seine jahreszeitlichen Veränderungen. II. Mitt. Vergleichende Untersuchungen der plasmatischen Verbindungsbrücken in Phloemparenchymzellen und Siebzellen. Planta **58**, 366 (1962).
KREGER, D. R.: An X-ray study of waxy coatings from plants. Rec. trav. bot. Neerl. **41**, 603 (1948).
LAMBERTZ, P.: Untersuchungen über das Vorkommen von Plasmodesmen in den Epidermisaußenwänden. Planta **44**, 147 (1954).

LAUSBERG, T.: Quantitative Untersuchungen über die kutikuläre Exkretion des Laubblattes. Jb. wiss. Bot. **81**, 769 (1935).
LEGG, V. H., and R. V. WHEELER: Plant cuticles. I. Modern plant cuticles. J. Chem. Soc. **127**, 1412 (1925).
LINDQUIST, A. W., H. A. JONES, and A. H. MADDEN: DDT residual-type sprays as affected by light. J. Econ. Entomol. **39**, 55 (1946).
LINSBAUER, K.: Die Epidermis. In: Hb. Pfl. Anatomie, Bd. 4. Berlin: Gebr. Bornträger 1930.
LINSKENS, H. F.: Quantitative Bestimmung der Benetzbarkeit von Blattoberflächen. Planta **38**, 591 (1950).
— Über die Änderung der Benetzbarkeit von Blattoberflächen nach Spritzungen. Z. Pflanzenkrankh. u. Pflanzensch. **58**, 327 (1951).
— Änderung der Oberflächenbenetzbarkeit während der Blattentwicklung. Naturwissensch. **39**, 65 (1952).
— Über die Änderung der Benetzbarkeit von Blattoberflächen und deren Ursache. Planta **41**, 40 (1952).
— Physiologische Untersuchungen der Pollenschlauch-Hemmung selbststeriler Petunien. Z. Bot. **43**, 1 (1955).
—, und P. HAAGE: Cutinase-Nachweis in phytopathogenen Pilzen. Phytopathol. Z. **48**, 306 (1963).
—, und W. HEINEN: Cutinase-Nachweis in Pollen. Z. Bot. **50**, 338 (1962).
LIVINGSTON, B., and W. H. BROWN: Relation of the daily march of transpiration to variations in the water content of foliage leaves. Bot. Gaz. **53**, 309 (1912).
LONG, W. G., D. V. SWEET, and H. B. TUKEY: The loss of nutrients by leaching of the foliage. Mich. State Univ. Agr. Expt. Sta. Quart. Bull. **38**, 528 (1956).
LÜDICKE, M.: On the penetration power of E 605 (parathion) into living plant tissue. Z. Pflanzenkr. u. Pflanzensch. **56**, 31 (1949).
LUNDEGÅRDH, H.: Mechanisms of absorption, transport, accumulation and secretion of ions. Ann. Rev. Plant Physiol. **6**, 1 (1955).
MAIER, V. P., and A. L. TAPPEL: Products of unsaturated fatty acids oxidation catalyzed by hematin compounds. J. Amer. Oil Chem. Soc. **36**, 12 (1959).
MAIER-BODE, H.: Insektizid-Rückstände auf Futter und Weidegras in Obstanlage nach Austrobespritzung mit Mitteln auf Basis organischer Phosphorverbindungen. Gesunde Pflanze (Bonn) **15**, 44 (1963).
MARTIN, J. T.: The plant cuticle: its structure and relation to spraying problems. Ann. Rept. 1960 Eeast Malling Research Sta., pp. 40—45 (1961).
MATHUR, P. B., and H. SUBRAMANYAM: Effect of a fungicidal wax coating on the storage behaviour of mangoes. J. Sci. Food Agr. **7**, 673 (1956).
MATIC, M.: The chemistry of plant cuticles. A study of cutin from *Agave americana* L. Biochem. J. **63**, 168 (1956).
MEARA, M. L.: Fats and other lipids. II. Cutin. In: K. PAECH and M. V. TRACY: Moderne Methoden der Pflanzenanalyse **II**, 392—394. Berlin-Göttingen-Heidelberg: Springer 1955.
METZNER, P.: Zur Optik der Blattoberflächen. Die Kulturpflanze **5**, 221 (1957).
MILLER, E. J., V. R. GARDNER, H. G. PETERING, C. L. COMAR, and A. L. NEAL: Studies on the development, preparation, properties and applications of wax emulsions for coating nursery stock and other plant material. Tech. Bull. Mich. St. Col. Agr. Expt. Sta. (1950).
MILLMAN, J., and W. YOTIS: Comparative wax esterase activity of various microorganisms. Proc. Soc. Expt. Biol. Med. **99**, 737 (1958).
MITCHELL, J. W., and P. J. LINDER: Absorption, translocation, exudation and metabolism of plant growth-regulating substances in relation to residues. Residue Reviews **2**, 51 (1963).
—, B. C. SMALE, and R. L. METCALF: Absorption and translocation of regulators and compounds used to control plant diseases and insects. Adv. Pest Control Research **3**, 358 (1960).
MUELLER, J. E., P. H. CARR, and W. E. LOOMIS: The submicroscopic structure of plant surfaces. Amer. J. Bot. **41**, 593 (1954).
MÜHLDORF, A.: Das plasmatische Wesen der pflanzlichen Zellbrücken. Beih. Bot. Cbl. **56**, 171 (1937).

MÜHLMANN, R., und H. TIETZ: Das chemische Verhalten von Methylisosystox in der lebenden Pflanze und das sich daraus ergebende Rückstandsproblem. Höfchen-Briefe 9 (2), 116 (1956).
NASIR, M. M.: Stability of contact insecticides. IV. Relationship between the ultraviolet absorption spectrum and the photolysis of DDT and the pyrethrins. J. Sci. Food Agr. **4**, 374 (1953).
NESTLER, A.: Die Rinnenbildung auf der Außenepidermis der Paprikafrucht. Ber. dtsch. bot. Ges. **24**, 589 (1906).
NEUBELLER, J.: Über den Lipoidgehalt von Apfelfrüchten während ihrer Entwicklung am Baum und ihrer Lagerung. Gartenbauwiss. **28**, 199 (1963).
ORGELL, W. H.: The isolation of plant cuticle with pectic enzymes. Plant Physiol. **30**, 78 (1955).
— Sorptive Properties of Plant Cuticle. Proc. Iowa Acad. Sci. **64**, 189 (1957).
—, and R. L. WEINTRAUB: Some principals involved in foliar absorption of 2,4-D. Plant Physiol. **31**, supp. XXI (1956).
OVERBEEK, J. VAN: Absorption and translocation of plant regulators. Ann. Rev. Plant Physiol. **31**, srppl. XXI (1956).
PALMITER, D. H., E. ROBERTS, and M. D. SOUTHWICK: Apple leaf structure in relation to penetration by spray solution. Phytopathol. **36**, 631 (1946).
PETRI, L.: Über die Ursachen der Erscheinung bleifarbiger und silberweißer Blätter an den Bäumen. Internat. Agriculturtechn. Rundschau **8**, 757 (1917).
PFEIFFER, R. K., O. R. DEWEY, and R. T. BRUNSKILL: Further investigations of the effect of pre-emergence treatment with trichloracetic and dichloropropionic acids on the subsequent reaction of plants to other herbicidal sprays. 4th Internat. Congr. Crop Prot., summary 74 (1957).
PIELOU, D. O., and K. WILLIAMS: Note on a foliage-simulating test surface for studies on the erosion of insecticide deposits by rain and sprinkler irrigation water. Can. J. Plant Sci. **42**, 371 (1962 a).
— — The pattern and persistence of deposits of Sevin, with and without surfactants, on the foliage of fruit trees. I. Application by concentrate sprayer. Proc. Entomol. Soc. Brit. Columbia **59**, 18 (1962 b).
— — The pattern and persistence of deposits of Sevin, with and without surfactants, on the foliage of fruit trees. II. Application by high volume sprayer. Proc. Entomol. Soc. Brit. Columbia **59**, 25 (1962 c).
— —, and F. E. BRINTON: Differences in the deposition and persistence of pesticides on the upper and lower surfaces of leaves. Nature **19**, 256 (1962).
PRIESTLEY, J. H.: The cuticle of angiosperm. Bot. Rev. **9**, 593 (1943).
RENNER, O.: Theoretisches und Experimentelles zur Kohäsionstheorie der Wasserbewegung. Jb. wiss. Bot. **56**, 617 (1915).
RICHMOND, D. V., and J. T. MARTIN: Studies on plant cuticle. III. The composition of the cuticle of apple leaves and fruits. Ann. Appl. Biol. **47**, 583 (1959).
ROBERTS, M. F., R. F. BATT, and J. T. MARTIN: Studies on plant cuticle. II. The cutin component of the cuticles of leaves. Ann. Appl. Biol. **47**, 573 (1959).
—, J. T. MARTIN, and O. S. PERIES: Studies on plant cuticle. IV. The leaf cuticle in relation to invasion by fungi. Ann. Rept. Agr. and Hort. Research Sta., Long Ashton, p. 102 (1960).
ROBERTS, E. A., M. D. SOUTHWICK, and D. H. PALMITTER: A microchemical examination of McIntosh apple leaves showing relationship of cell wall constituents to penetration of spray solutions. Plant Physiol. **23**, 557 (1948).
—, E. G. HALL, and K. J. SCOTT: The effects of carbon dioxide and oxygen concentrations on superficial scald of Granny Smith apples. Austral. J. Agricult. **14**, 765 (1963).
ROELOFSEN, P. A.: The plant cell wall. Hb. Pflanzenanatomie III. **4**, 86 (1959).
ROUSCHAL, E., and S. STRUGER: Der fluoreszenzoptisch-histochemische Nachweis der kutikularen Sekretion und des Salzweges im Mesophyll. Ber. dtsch. bot. Ges. **58**, 50 (1940).
RUDLOFF, E. v.: The wax of the leaves of *Picea pungens* (Colorado spruce). Can. J. Chem. **37**, 1038 (1959).
SALAMI, F.: La superficie fogliare del mais. Maydica (Bergamo) **8**, 67 (1963).

SCHIEFERSTEIN, R. H., and W. E. LOOMIS: Development of the cuticular layers in angiosperm leaves. Amer. J. Bot. **46**, 625 (1959).
SCHNEIDER, G.: Über Versuche mit synthetischen grenzflächenaktiven Stoffen als Zusatzmittel bei der chemischen Unkrautbekämpfung. Nachr. Bl. dtsch. Pfl. Schutzdienst **9**, 183 (1957).
SCHNEPF, E.: Untersuchungen über Darstellung und Bau der Ektodesmen und ihre Beeinflußbarkeit durch stoffliche Faktoren. Planta **52**, 644 (1959).
SCHUMACHER, W.: Über Ektodesmen und Plasmodesmen. Ber. dtsch. bot. Ges. **70**, 336 (1957).
—, and W. HALBSGUTH: Über den Anschluß einiger höherer Parasiten an die Siebröhren der Wirtspflanzen. Ein Beitrag zum Plasmodesmenproblem. Jb. wiss. Bot. **87**, 324 (1939).
SCOTT, F. M., K. C. HAMNER, E. BAKER, and E. BOWLER: Ultrasonic and electronic microscope study af onion epidermal wall. Science **125**, 399 (1957).
— — — — Electron microscope studies of the epidermis of *Allium cepa*. Amer. J. Bot. **45**, 449 (1958).
—, and M. LEWIS: Pits, intercellular spaces and internal "suberization" in the apical meristem of *Ricinus communis* and other plants. Bot. Gaz. **114**, 253 (1953).
SEYBOLD, A.: Beiträge zur Optik der Laubblätter. Beitr. Biol. Pfl. **31**, 499 (1955).
SHORLAND, F. B.: Occurrence of hexadeca-trienoic acid in the glycerides of rape leaf. Nature **156**, 269 (1945).
SHUTAK, V. G., E. P. CHRISTOPHER, and L. C. PRATT: Role of cutin in storage scald. Proc. Amer. Soc. Hort. Sci. **61**, 228 (1953).
SIDDIQI, A. M., and A. L. TAPPEL: Catalysis of linoleate oxidation by pea lipoxidase. Arch. Biochem. Biophys. **60**, 91 (1956).
SIEVERS, A.: Untersuchungen über die Darstellbarkeit der Ektodesmen und ihre Beeinflussung durch physikalische Faktoren. Flora **147**, 263 (1959).
— Über den Einfluß von monochromatischem Licht auf die Darstellbarkeit der Ektodesmen. Z. Naturforsch. **15 b**, 49 (1960).
SILVA FERNANDES, A. M., E. A. BAKER, and J. T. MARTIN: Studies on plant cuticle. VI. The isolation and fractionation of cuticular waxes. Ann. appl. Biol. **53**, 43 (1964).
SIMONS, R. K.: Frost injury on Golden Delicious apples — Morphological and anatomical characteristics of russeted and normal tissue. Proc. Amer. Soc. Hort. Sci. **69**, 48 (1957).
— Developmental changes in russet sports of Golden Delicious apples. — Morphological and anatomical comparison with normal fruit. Proc. Amer. Soc. Hort. Sci. **76**, 41 (1960).
SITTE, P.: Der Feinbau verkorkter Zellwände. Mikroskopie (Wien) **10**, 178 (1955).
— Morphologie des Cutins und Sporopollenins. In: E. TREIBER, Die Chemie der Pflanzenzellwand, pp. 437—442. Berlin-Göttingen-Heidelberg: Springer 1957.
— Die submikroskopische Organisation der Pflanzenzelle. Ber. dtsch. bot. Ges. **74**, 177 (1961).
SIU, R. G. H., and R. T. REESE: Decomposition of cellulose by microorganisms. Bot. Rev. **19**, 377 (1953).
SKOSS, J. D.: Structure and compositions of plant cuticle in relation to environmental factors and permeability. Bot. Gaz. **117**, 55 (1955).
SLATYER, R. O., and J. F. BIERHUIZEN: The influence of several transpiration suppressants on transpiration, photosynthesis and water-use efficiency of cotton leaves. Austral. J. biol. Sci. **17**, 131 (1964).
SMITH, J. A. B., and A. C. CHIBNALL: The phosphatides of forage grasses. Biochem. J. **26**, 1345 (1932).
SMOCK, R. M.: A new method of scald control. Amer. Fruit Grower **75**, 20 (1955).
STADHOUDERS, A. M., W. HEINEN, and H. G. KRAAN: Oberflächenveränderungen an Blättern von *Gasteria verricuosa* bei Einwirkung von Enzymen aus *Penicillium spinulosum*. (Eine elektronenmikroskopische Untersuchung zum Wachs- und Cutin-Abbau.) Proc. Koninkl. Nederl. Akad. Wetensch. (Amsterdam), Series C, **65**, 41 (1962).

STANIFORTH, D. W., and W. E. LOOMIS: Surface-action in 2,4-D sprays. Science **109**, 628 (1949).
STENLID, G.: Salt losses and redistribution of salts in higher plants. In: W. RUHLAND, Hb. Pflanzenphysiologie **4**, p. 615. Berlin-Göttingen-Heidelberg: Springer 1958.
STOBWASSER, H.: Untersuchungen über die Rückstände von Parathion und Malathion auf Salat, Bohnen, Erbsen, Gurken und Kohlarten. Mitt. a. d. Biol. Bundesanstalt **104**, 148 (1961).
STRUGGER, S.: Studien über den Transpirationsstrom im Blatt von *Secale cereale* und *Triticum vulgare*. Z. Bot. **35**, 97 (1940).
— Der Elektronenmikroskopische Nachweis von Plasmodesmen mit Hilfe der Uranylimprägnierung an Wurzelmeristemen. Protoplasma **48**, 231 (1957 a).
— Elektronenmikroskopische Beobachtungen an den Plasmodesmen des Urmeristems der Wurzelspitze von *Allium cepa:* ein Beitrag zur Kritik der Fixation und zur Beurteilung elektronenmikroskopischer Größenangaben. Protoplasma **48**, 365 (1957 b).
SÜLLMANN, H.: Bildung von Carbonylverbindungen bei der enzymatischen Oxydation ungesättigter Fettsäuren. Helv. chim. Acta **25**, 521 (1942).
THAMES, J. L.: Effect of wax coatings on leaf temperatures and field survival of *Pinus taeda* seedlings. Plant Physiol. **36**, 180 (1961).
THOMAS, W. D. E., and S. H. BENNETT: The absorption, translocation and breakdown of Schradan applied to leaves, using ^{32}P-labelled material. III. Translocation and breakdown. Ann. Appl. Biol. **41**, 501 (1954).
TIETZ, H.: Der mit ^{32}P-markierte Diäthylthiophosphorsäureester des beta-Oxäthylthioäthyläthers (Wirkstoffe des systemischen Insektizides „Systox"), seine Aufnahme in die höhere Pflanze und sein Wanderungsvermögen. Höfchen-Briefe **7** (1), 1 (1954).
— „Metasystox"-Rückstandsuntersuchungen 1956. Höfchen-Briefe 9 (5), 286 (1956).
TREIBER, E.: Die Chemie der Zellwand. In: W. RUHLAND, Hb. Pflanzenphysiologie **1**, p. 688. Berlin-Göttingen-Heidelberg: Springer 1955.
TUKEY, H. B., S. H. WITTWER, and H. B. TUKEY: Loss of nutrients by foliar leaching as determined by radioisotopes. Ann. Soc. Hort. Sci. **71**, 496 (1958).
TURRELL, F. M., and A. M. BOYCE: Effect of quality and intensity of solar radiation on injury of lemon fruit by sulphur treatment in the field. Plant Physiol. **28**, 151 (1953).
ULLRICH, H.: Forderungen an die Luftreinhaltung zum Schutze der Vegetation. Staub **23**, 147 (1963).
VOET, A., and J. E. VAN ELTEREN: The wetting characteristics of a surface. Rec. trav. chim. Pays-Bas **56**, 923 (1937).
WARD, J., and P. E. BURT: The persistence and fate of DDT on foliage. II. Comparative rates of loss of deposits from glass plates and growing leaves. Bull. Entomol. Research **46**, 849 (1954).
WILLIAMS, K., and D. P. PIELOU: The reversal of some effects of a surfactant on pesticide deposits on foliage by different methods of application. Can. Entomol. **94**, 874 (1962).
WITTWER, S. H., and F. G. TEUBNER: Foliar absorption of mineral nutrients. Ann. Rev. Plant Physiol. **10**, 13 (1959).
WOODFORD, E. K., K. HOLLY, and C. C. MCCREADY: Herbicides. Ann. Rev. Plant Physiol. **9**, 331 (1958).
WOOFTER, H. D., and C. A. LAMB: Retention and effect of 2,4-dichlorophenoxyacetic acid (2,4-D) sprays on winter wheat. Agron. J. **46**, 299 (1954).
ZETSCHE, F.: Kork und Kutikularsubstanzen. In: G. KLEIN, Hb. Pflanzenanalyse **III/1**, 217 (1932).
ZEUMER, H.: Rückstände von Pflanzenschutz- und Vorratsschutzmitteln, von sonstigen Schädlingsbekämpfungs- und Unkrautbekämpfungsmitteln sowie von Mitteln zur Beeinflussung des Pflanzenwachstums (Literaturübersicht). Mitt. a. d. Biol. Bundesanstalt f. Land- u. Forstwirtsch. (Berlin-Dahlem) **94**, 1 (1958).
ZIEGENSPEK, H.: Zur physikalischen Chemie unbenetzbarer besonders bewachster Blätter. Kolloid-Z. **100**, 401 (1942).

Subject index

www.ingramcontent.com/pod-product-compliance
Ingram Content Group UK Ltd.
Pitfield, Milton Keynes, MK11 3LW, UK
UKHW020239061126
16351UKWH00016B/51
* 9 7 8 1 4 6 1 5 8 3 9 3 6 *